新版
図解
わかる実践アナログ回路

武下博彦 著

大学教育出版

はじめに

「ハードウェアのないところにソフトウェアはない」

　この話を始めるとどうしても懐古的な郷愁話になり、このことが現在のハードウェア業界を象徴しているかのようです。

　今、サイエンスに目覚めた少年達、勉くんと学くん（勉学大好き少年の勉くんと学くんです）が最初に手にするものは何でしょうか？

　現在は先ずパソコンが思い浮かびます。これが20年前ならば8086ボードや68000ボードで、30年前であればマイコントレーニングボードです。パソコンの画面上でビジュアルなバーチャル体験が容易にできる現在において、一世代前の電気大好き少年が心をときめかした手作りハードウェアの世界は失せてしまったようです。Windowsとintelの席捲後はこの傾向は特に顕著になり、今ではハード関係書籍を探すのも苦労する有様です。

　ところが、ハードウェア設計の需要が少なくなったわけではありませんから、慢性的に技術者が不足する事態になっています。特に組込機器の業界では深刻です。また、ハードウェアの技術書においても、日本国内では販売不振ですが、これを韓国語や中国語に翻訳するとそれぞれの国で販売好調とのことです。

　このままの状態が続けば、日本国内ではハードウェアの設計、製作ができなくなります。誇張した言い方をすれば、このことは国威の衰退にもつながる由々しき事態なのです。

　このような状況下においてハードエンジニアを志すことはきわめて賢明な選択です。しかし、ハードウェアエンジニアの養成には実践経験を必要としますから、ソフトウェアエンジニアに比べ多くの時間を要します。また、ハードウェアの技術書は最近のソフトウェアのものと比べ表現が堅く、必要以上に理論武装した一時代前のものが目立ちます。これらのことがハードウェアエンジニアへの敷居を高くしています。

本書はこのことを踏まえ、徹底した実践主導で電気大好き少年の好奇心を満足させうるための基礎知識をやさしく解説します。例えば、回路の説明などにおいても理論的な説明だけにとどまらず、できるだけ実用回路を使い具体例に基づく説明を行っています。本書を手にすることで一人でも多くの方々がハードウェアの世界に興味を持ち、実践していただくことが筆者のささやかな願いです。

　　　　　　　勉　　　　　学　　　ひとみお姉さん

2009年　7月

目　次

第1章　電子回路を学ぶための基礎知識

1.1　電気単位 1
　1.1.1　電流単位 1
　1.1.2　電力単位〔W〕 3
　1.1.3　電圧単位〔V〕 4
1.2　オームの法則 4
　1.2.1　オームの法則 4
　1.2.2　電力式 5
　1.2.3　抵抗の直列接続 7
　1.2.4　抵抗の並列接続 8
1.3　キルヒホッフの法則 10
1.4　重ね合わせの定理 13
　1.4.1　「重ね合わせの定理」計算例 13
　1.4.2　「重ね合わせの定理」使用例その1 15
　1.4.3　「重ね合わせの定理」使用例その2 15
1.5　鳳－テブナン定理 17

第2章　交流電気理論の基礎講座

2.1　「交流」って何? 24
2.2　正弦波交流の大きさの表現 29
　2.2.1　平均値 29
　2.2.2　実効値 30
　2.2.3　PP値（peak to peak value） 31
2.3　交流電力計算 33
　2.3.1　コイルの特質 33
　2.3.2　コイルに流れる電流 35
　2.3.3　交流電力 36
2.4　三相交流 38

2.4.1　つなぎ方その1　スター結線 39
　　　2.4.2　つなぎ方その2　デルタ結線 41
　2.5　三相交流の電力 44

第3章　受動部品の使い方

　3.1　抵抗 50
　　　3.1.1　抵抗の種類 50
　　　3.1.2　いろいろな形状の抵抗 52
　　　3.1.3　抵抗の選定 53
　　　3.1.4　抵抗値の読み方 54
　　　3.1.5　可変抵抗 60
　3.2　コンデンサ 63
　　　3.2.1　コンデンサの原理 63
　　　3.2.2　コンデンサの基礎講座 65
　　　3.2.3　直流に対するコンデンサの作用 67
　　　3.2.4　交流に対するコンデンサの電圧位相と電流位相 71
　　　3.2.5　容量性リアクタンス 73
　　　3.2.6　コンデンサの用途 74
　　　3.2.7　コンデンサの選択 76
　　　3.2.8　コンデンサの種類 84
　3.3　コイル 87
　　　3.3.1　コイルの大きさの単位 87
　　　3.3.2　コイルの製作実験 89
　　　3.3.3　コイルの直並列接続 92
　　　3.3.4　コイルの用途 93
　　　3.3.5　コイルの不確定要素 97
　　　3.3.6　直流に対するコイル L の作用 102
　　　3.3.7　交流に対するコイルの電圧位相と電流位相 106
　　　3.3.8　誘導性リアクタンス 106
　　　3.3.9　インピーダンス 109
　　　3.3.10　共振 113

第4章　電子回路部品の使い方

　4.1　ダイオード 118

4.1.1	ダイオードの基礎知識	118
4.1.2	整流ダイオード	125
4.1.3	ツェナダイオード	128
4.1.4	可変容量ダイオード	131

4.2 オプトデバイス 137
4.2.1	発光ダイオード	137
4.2.2	受光素子	140
4.2.3	フォトカプラ	143
4.2.4	いろいろなオプトデバイス	148

4.3 サイリスタとトライアック 155
4.3.1	サイリスタ	155
4.3.2	トライアック	157

4.4 圧電素子 159
4.4.1	水晶発振子	159
4.4.2	セラミック発振子	163
4.4.3	圧電発音体	164

4.5 標準ロジック IC 167
4.5.1	ロジック IC とは	167
4.5.2	ロジック IC の種類	168
4.5.3	ロジック IC の機能	171

4.6 CPU、MPU 176
4.6.1	コンピュータとは	176
4.6.2	プログラムの実行	179
4.6.3	CPU と MPU の違い	181

4.7 プログラマブルロジック 181

4.8 半導体メモリ 183
4.8.1	半導体メモリの種類	183
4.8.2	メモリへのアクセス	184

4.9 電子デバイスいろいろ 186
4.9.1	リレー	186
4.9.2	スナバ素子	189
4.9.3	三端子レギュレータ	192

第5章　トランジスタ、FET の使い方

- 5.1　トランジスタと FET 199
  - 5.1.1　トランジスタの名前と回路記号 199
  - 5.1.2　信号増幅 200
  - 5.1.3　アナログ増幅とスイッチング 202
- 5.2　トランジスタ回路 205
  - 5.2.1　PNP トランジスタと NPN トランジスタ 205
  - 5.2.2　トランジスタの等価回路と h パラメータ 207
  - 5.2.3　接地位置による増幅回路の分類 208
  - 5.2.4　トランジスタ回路のバイアス 211
  - 5.2.5　負帰還を使った増幅回路 214
  - 5.2.6　差動増幅 219
  - 5.2.7　電力増幅 222
  - 5.2.8　いろいろなトランジスタの組み合わせ方 226
  - 5.2.9　トランジスタのスイッチング動作 230
  - 5.2.10 トランジスタ規格表の見方 233
- 5.3　FET 238
  - 5.3.1　FET の分類と特性 238
  - 5.3.2　増幅基本回路 241
  - 5.3.3　FET のバイアス調整 242
  - 5.3.4　FET の特性 244
  - 5.3.5　FET の使い方いろいろ 246
  - 5.3.6　アバランシュ耐量について 248

第6章　オペアンプ

- 6.1　オペアンプの基本動作 252
  - 6.1.1　OP アンプの概要 252
  - 6.1.2　データシートの見方 255
  - 6.1.3　OP アンプの基本増幅回路 260
  - 6.1.4　オフセット調整 265
  - 6.1.5　2 電源動作と単電源動作 266
  - 6.1.6　OP アンプを扱う際の注意事項 267
- 6.2　OP アンプの基本モジュール 274

	6.2.1	電流－電圧変換回路	275
	6.2.2	半波整流回路	275
	6.2.3	全波整流回路	277
	6.2.4	積分回路	277
	6.2.5	交流増幅回路	279
	6.2.6	リミッタ回路	280
	6.2.7	ローパスフィルタ	281
6.3	アナログ増幅デバイス		285
	6.3.1	パワーOPアンプ	285
	6.3.2	AFパワーアンプモジュール	286
	6.3.3	アイソレーションアンプ（アイソレータ）	286

《Appendix 1 A/D変換方式について》 289
《Appendix 2 ノイズについて》 293
電子工作を始めよう！ 302
問題解答 303
索引 306

第 1 章 電子回路を学ぶための基礎知識

この章ではこれから電子回路設計を行うにあたり、最低限必要な直流電気理論を解説します。内容は高校物理程度の簡単なもので、すでに何度か勉強したものですが、第 3 章以降を理解するにあたり重要なものばかりです。改めておさらいをします。

1.1 電気単位

我々が一般的に言う「電気」とは電荷（電子）の移動を意味します。実は電子の移動方向と電流の方向は逆になります。これは最初に電流方向の約束ごとを作ったときの問題です。

A 地点から B 地点への電子の移動は、
B 地点から A 地点への電流です。

図 1.1　電流方向と電子の移動方向

1.1.1 電流単位

この電荷の量をきちんと測るところから電気単位が定められます。現在国際的に取り決められている電気単位の基準は図 1.2 のように、平行な 2 本直線に流れる電流に作用する力 F〔N〕の大きさで定義しています。

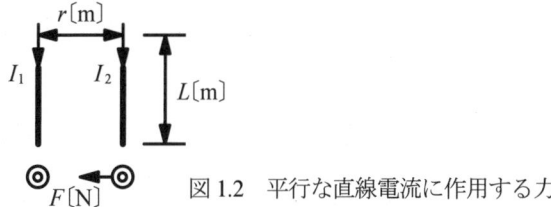

図 1.2　平行な直線電流に作用する力

平行2直線の電流 I と電線に作用する力 F〔N〕は次式で表されます。

$$F = \mu_0 HIL \text{〔N〕} \quad (1.1)$$

透磁率 —— 単位電線長
磁界 —— 電流

無限平行コイルの磁界 H は $\quad H = \dfrac{I_1}{2\pi r}$〔AT/m〕 ですから

$$F = 4\pi \cdot 10^{-7} \cdot \dfrac{I_1}{2\pi r} \cdot I_2 \cdot L \text{〔N〕} \quad (1.2)$$

$I_1, I_2 = 1$〔A〕, $r = 1$〔m〕, $L = 1$〔m〕 とすると
$F = 2 \times 10^{-7}$〔N〕

μ_0 は真空中の透磁率といい、$4\pi \times 10^{-7}$〔H/m〕です。

　すなわち 1m 間隔に置かれた電線に電流を流し、長さ 1m ごとに作用する力が 2×10^{-7}〔N〕のときの電流が1〔A〕アンペアとなります。また1〔A〕の電流が 1 秒間に1〔C〕クーロンの電荷を移動させます。

　しかし我々が電気を扱う上で、この国際基準はあまり意味を持ちません。実際は電流計が1〔A〕を指したところが1〔A〕です。ただし電気関係のいろいろな単位の中で、絶対単位として扱われるのはこの電流単位〔A〕アンペアだけです。これは覚えておきましょう。

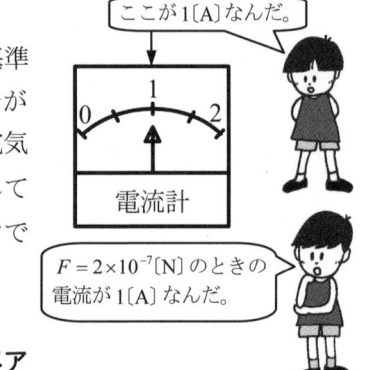

電気単位の基準は<u>アンペア</u>

　次は電流単位〔A〕アンペアから導かれる誘導単位です。電気でよく使う次の3つの単位を順次紹介します。

- 電力単位 ･････ 〔W〕ワット
- 電圧単位 ･････ 〔V〕ボルト
- 抵抗単位 ･････ 〔Ω〕オーム

1.1.2　電力単位〔W〕

電力単位は一定時間にどれだけの仕事をするかという仕事率単位です。

$$\text{仕事単位} \longrightarrow 1[J] = 1[N] \cdot 1[m] \tag{1.3}$$

仕事単位1〔J〕ジュールは1〔N〕ニュートンの力で1〔m〕メートル移動したもの
これだけの仕事を1秒間で行う仕事率P〔W〕は$P = 1[J]/1[秒] = 1[W]$となります。

　重要です

── コラム　カロリー ──

$1[J] = \dfrac{1}{4.2}[\text{cal}] \fallingdotseq 0.24[\text{cal}]$　（カロリー）

1カロリーは水1〔g〕を1℃上昇させる熱量です。
W＝J/sですから、1〔W〕の発熱は1〔cm³〕の水を毎秒 0.24℃上昇させます。料理で使うカロリーは大カロリーといい、水1〔kg〕を 1℃上昇させる熱量です。〔kcal〕〔Cal〕と書き、小カロリーと区別します。

カロリーコントロールに注意しましょう。

具体例を示します。

　　質量60〔kg〕のものを10〔m〕持ち上げる仕事E_P〔J〕は

$$E_P = mgh [J] \tag{1.4}$$
$$= 60 \cdot 9.8 \cdot 10 = 5880 [J]　となります。$$

　　これを5秒間で行うと、このときの仕事率P〔W〕は

$$P = J/s [W] \tag{1.5}$$
$$= 5880/5 = 1176 [W]$$

── コラム　馬力 ──

参考までに、1馬力＝735〔W〕ですから、1176〔W〕は約1.6馬力です。この仕事を家庭用の100〔V〕コンセントで作動するモータで行うと、11.76〔A〕の電流が必要となり、コンセントから駆動できる限界です（注：効率100％の場合）。

そうすると、280馬力の車ってすごいパワーですね。

びっくり！

280馬力の車は1500〔kg〕の車重を毎秒14〔m〕持ち上げます。これは45度の坂道を71〔km/h〕で登ることになります。

1.1.3　電圧単位〔V〕

電圧単位は図 1.3 のように電力と電流から導きますが、少し順序がおかしいのではと多少疑問を感じます。鶏と卵のような定義付けを行っています。

電圧定義:

1〔A〕の定電流が流れている回路において、ある 2 点間の消費電力が 1〔W〕であるとき、この 2 点間の電圧を 1〔V〕とする。

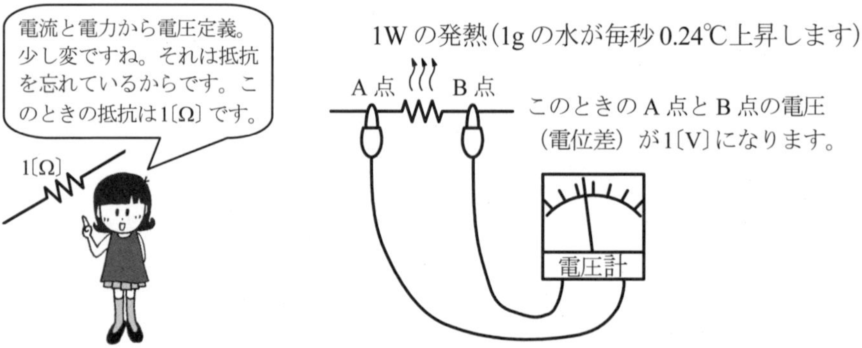

図 1.3　電圧定義

1.2　オームの法則

1.2.1　オームの法則

> 回路を流れる電流の大きさ I は電圧に比例し、回路抵抗 R に反比例する

図 1.4 に示す E〔V〕の電池に R〔Ω〕の抵抗を接続する回路を流れる電流 I〔A〕は

$$I = \frac{E}{R} \text{〔A〕} \tag{1.6}$$

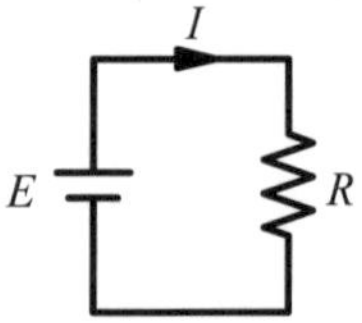

となり、この式を変形すると

$$E = I \cdot R \text{〔V〕} \tag{1.7}$$

$$R = \frac{E}{I} \text{〔Ω〕} \tag{1.8}$$

となります。

図 1.4　オームの法則

抵抗 R〔Ω〕は「電流の流しにくさ」を表します。また、この逆の発想で抵抗の逆数 $1/R$ を使い「電流の流れやすさ」を表す方法があります。これをコンダクタンスといい通常 G の記号で表し、単位は〔Ω〕（ohm）の逆ですから〔℧〕（mho）を使います。また、単位として〔℧〕では率直すぎるのか最近ではドイツ式で〔S〕ジーメンスも使われます。

コンダクタンス G は

$$G = \frac{1}{R} = \frac{I}{E} 〔℧〕 \text{または}〔S〕 となります。$$

──〔℧〕モーと〔S〕ジーメンスについて──
日本では国際単位系 SI と整合させるため、1993 年から JIS で扱うコンダクタンスの単位を〔℧〕から〔S〕へ変更しました。しかし、〔℧〕は捨てがたい単位なので、本書では両者を併記しています。

──電気"タンス"について──
電気にはコンダクタンス、インピーダンス、リアクタンスなどいろいろな"タンス"があります。
もう少しいろいろな"タンス"が出そろったところでまとめて説明します。

1.2.2 電力式

抵抗の中を電流が流れると電気エネルギーが熱エネルギーに変換されます。このとき、変換されるエネルギー P〔W〕は

$$P = E \cdot I 〔W〕 \tag{1.9}$$

抵抗 R〔Ω〕の両端電圧 E〔V〕に回路を流れる電流 I〔A〕を掛け合わしたもので、単位は〔W〕ワットです。図 1.5 の抵抗 R で熱になる電力を計算します。

$$P = E \cdot I 〔W〕$$
$$= 1.5 \cdot 2 = 3 〔W〕$$

このときの R は式（1.8）から

$$R = \frac{E}{I} = \frac{1.5}{2} = 0.75 〔Ω〕 となります。$$

もしこのとき、電圧 E と抵抗 R の値しか分からなかった場合、

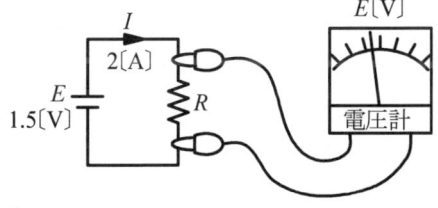

図 1.5 電力計算

$P = E \cdot I$〔W〕…式 (1.9) に $I = \dfrac{E}{R}$〔A〕…式 (1.6) を代入し、$P = E \cdot \dfrac{E}{R} = \dfrac{E^2}{R}$〔W〕

となります。

　このような組み合わせを行い、次の 12 通りの式が導かれます。

電力　$P = EI$〔W〕　　電圧　$E = RI$〔V〕　　電流　$I = \dfrac{E}{R}$〔A〕　　抵抗　$R = \dfrac{E}{I}$〔Ω〕

　　　$P = \dfrac{E^2}{R}$〔W〕　　　　$E = \dfrac{P}{I}$〔V〕　　　　$I = \dfrac{P}{E}$〔A〕　　　　$R = \dfrac{E^2}{P}$〔Ω〕

　　　$P = I^2 R$〔W〕　　　　$E = \sqrt{PR}$〔V〕　　　$I = \sqrt{\dfrac{P}{R}}$〔A〕　　　$R = \dfrac{P}{I^2}$〔Ω〕

重要です
この 12 通りの式がオームの法則のすべてです。___ のついている各項目の代表式は記憶して下さい。他の式はすぐに導けるようにして下さい。

※　これらの式は交流の場合でも抵抗 R がインピーダンス Z となるだけで同じように使用されます。

ここで少しおさらい問題です。

きちんと式を書いて計算して下さい。

問 1.1)　100〔V〕　40〔W〕の電球が点灯しているときの抵抗は何〔Ω〕?

　　　$R = \dfrac{E^2}{P}$ を使う、または $I = \dfrac{P}{E}$ から導く。

問 1.2)　1〔*l*〕の水を 1000W のヒータで 1 分間加熱すると水の温度上昇は何度か。
　　　1〔W〕= 1〔J/s〕= 0.24〔cal/s〕を使います。
　　　これは抵抗やトランジスタの発熱を考えるときに必要です。

——— コラム　　温度係数 ———

抵抗は温度によって変化します。温度が上がれば抵抗も増えます。抵抗の温度が T〔℃〕のときの抵抗値 R_t は

$$R_t = R_0 + \alpha_0 R_0 T \ [\Omega] \qquad (1.A)$$

- 摂氏温度
- 0〔℃〕のときの抵抗
- 0〔℃〕付近の温度係数（直線性は良くない）

電球の場合、消灯時の抵抗値と点灯時の抵抗値は 10 倍以上違います。

1.2.3　抵抗の直列接続

図 1.6 のように 3 本の抵抗 R_1, R_2, R_3 を直列にし、電源 E_0 を接続すると、I〔A〕の電流が流れます。このとき、抵抗 R_1 の両端電圧 E_1〔V〕は

$$E_1 = IR_1 \ [V]$$

抵抗 R_2, R_3 の両端電圧 E_2, E_3 も同じように

$$E_2 = IR_2 \ [V]$$
$$E_3 = IR_3 \ [V]$$

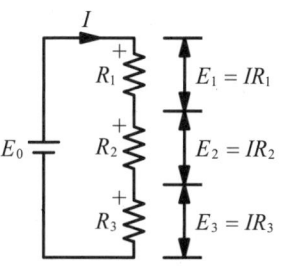

図 1.6 抵抗の直列接続

となり、この電圧を電圧降下といいます。またこの電圧の方向は電源電圧と逆方向ですから、逆起電力として扱えます。この関係を整理すると、

$$\underbrace{E_0}_{\text{電源電圧}} = \underbrace{E_1 + E_2 + E_3}_{\text{逆起電力}} [V] = \underbrace{IR_1 + IR_2 + IR_3}_{\text{電圧降下}} [V] \qquad (1.10)$$

となり、電源と逆起電力または電圧降下の総和は打ち消し合ったかたちになります。また式 (1.10) の両辺を I で割ると、合成抵抗 R_0〔Ω〕

$$R_0 = R_1 + R_2 + R_3 \ [\Omega] \qquad (1.11)$$

が求められます。

このように、抵抗で電圧を分配することを「分圧する」といいます。

少しまとめます。

> ☆ 直列接続の合成抵抗　$R_0 = R_1 + R_2 + R_3 + \cdots R_n$
> ☆ オームの法則は回路のどこでも使えます。
> 　例1:図 1.6 の抵抗 R_1, R_2, R_3 の値が分からないとき、E_n と I が分かれば
> $$R_n = \frac{E_n}{I} [\Omega] \quad \text{です。}$$
> 　例2:図 1.6 の回路電流 I が分からない、でも E_2 と R_2 が分かれば
> $$I = \frac{E_2}{R_2} [A] \quad \text{です。}$$
> ☆ $\sum$起電力 $= \sum$電圧降下

1.2.4　抵抗の並列接続

図 1.7 のように 3 本の抵抗 R_1, R_2, R_3 を並列にし、電源 E_0 を接続すると、$I_0 [A]$ の電流が流れます。合成抵抗 R_0 は

$$R_0 = \frac{E_0}{I_0} [\Omega] \tag{1.12}$$

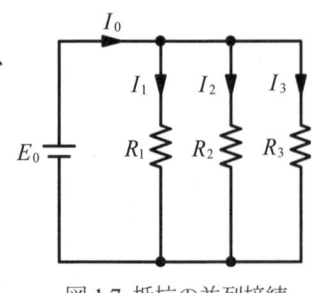

図 1.7　抵抗の並列接続

I_0 は各抵抗を流れる電流 I_1, I_2, I_3 に分流されますから、

$$I_0 = I_1 + I_2 + I_3 = \frac{E_0}{R_1} + \frac{E_0}{R_2} + \frac{E_0}{R_3} = \left(\frac{1}{R_1} + \frac{1}{R_2} + \frac{1}{R_3}\right) E_0 [A] \tag{1.13}$$

となります。この式（1.13）I_0 を式（1.12）に代入すると、R_0 は

$$R_0 = \frac{1}{\frac{1}{R_1} + \frac{1}{R_2} + \frac{1}{R_3}} [\Omega] \tag{1.14}$$

並列接続の合成抵抗 R_0 は、各抵抗値の逆数の和の逆数です。少し計算が面倒です。もし各抵抗値 R が等しい n 個の並列接続であれば、合成抵抗 R_0 は

$$R_0 = \frac{R}{n} [\Omega] \tag{1.15}$$

となり、計算が楽です。

また、図 1.8 のように抵抗 2 本の並列接続に限れば、合成抵抗 R_0 は

$$R_0 = \frac{R_1 \cdot R_2}{R_1 + R_2} [\Omega] \quad (1.16)$$

です。

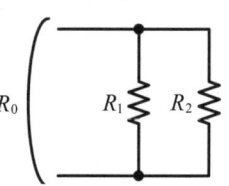

図 1.8　2 並列接続

ほとんどの計算はこの方法でできます。3 並列の場合、この計算を電卓で 2 回行います。端数ができるときは、<u>有効数字 3 桁</u>までの計算で十分です。

 おさらい問題です。

問 1.3) 図 1.A の A,B 間の合成抵抗はいくらか?

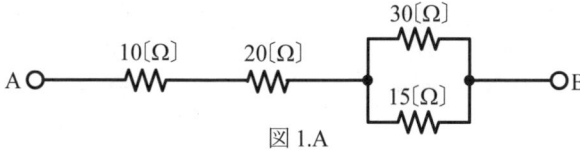

図 1.A

問 1.4) 図 1.B の A,B 間の合成抵抗はいくらか?

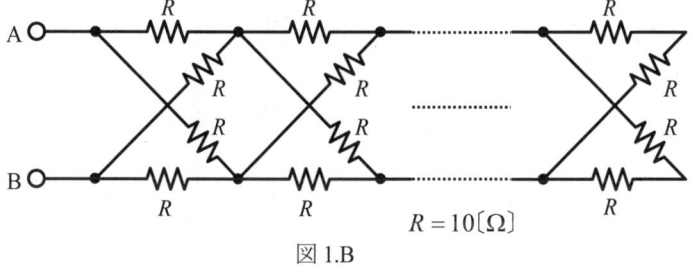

図 1.B

問 1.5) 図 1.C の回路で $R_1 = 10[\Omega]$ の両端電圧を実測したら $2[V]$ だった。式を示して下記の問に答えて下さい。

① 回路電流 $I =$
② A-D 間の合成抵抗 $=$
③ R_2 の抵抗値 $=$
④ R_3 を流れる電流 $I_1 =$

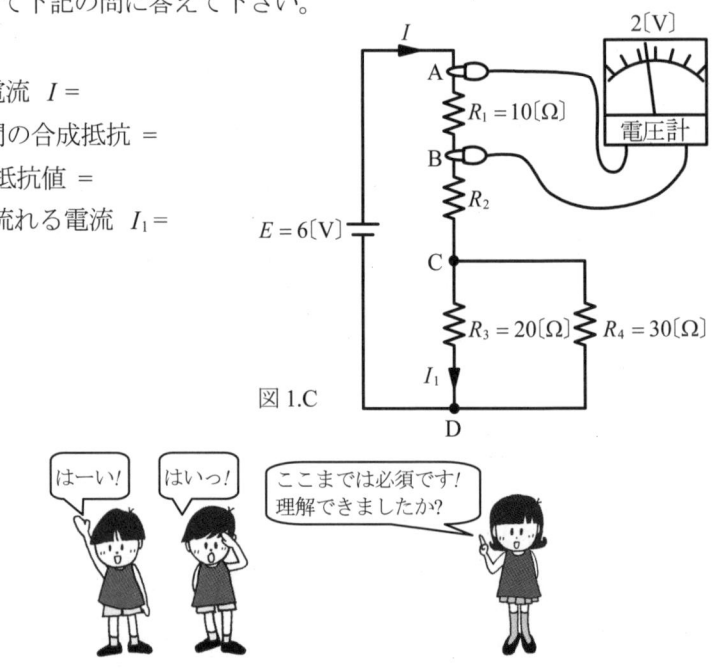

図 1.C

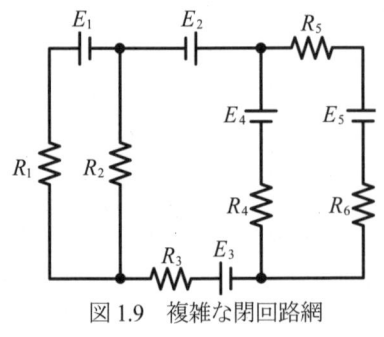

1.3 キルヒホッフの法則

図 1.9 のように電源と抵抗が複雑に絡み合った回路網は、オームの法則だけでは対応できません。この回路解析にはそれなりのテクニックが必要です。それが「キルヒホッフの法則」や後述の「重ね合わせの定理」、「鳳－テブナン定理」などです。

抵抗ラダーネットワークの設計でも行わない限り、実際はあまり使用しませんが、各法則の理解は必要です。

図 1.9 複雑な閉回路網

例えば、ブラックボックス化されているアンプの入力インピーダンスの実測などは、これらのテクニックの延長です。なお、これらの法則、定理は直流回路でも交流回路でも同じように使用できます。

第1章 電子回路を学ぶための基礎知識　11

キルヒホッフの第1法則
回路網の任意の1点に流れ込む電流と流れ出る電流の総和は0である。

川の流れの合流や分岐と同じです。図1.10 Ⓐ点では、

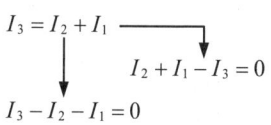

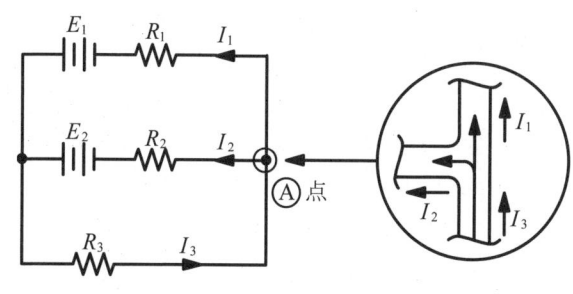

図1.10　キルヒホッフの第1法則

今日もらったお小遣いを全部使って財布の中身が0円みたいですね。

少し違うよぉ。

キルヒホッフの第2法則
1閉回路内の起電力と電圧降下の総和は0である。

電源が1つの簡単な閉回路図1.11で、キルヒホッフ第2法則式の作り方を説明します。

1. 閉回路に流れる電流の方向を仮定します。この方向はどちらに向けても構いませんが、電流が流れるであろうと思われる方向にするのが望ましいです。

2. 仮定した方向と同じ方向の起電力は＋とし、電圧降下は－として式を作ります。電流はIの方向へ流れると仮定すると、この閉回路は　　となります。

図1.11

仮定方向の電池は＋、抵抗は－。

仮定方向の逆の電池は－、抵抗は＋。

例）図 1.12 キルヒホッフの法則計算例の回路電流 I_1, I_2, I_3 を求めます。

分岐点 A に第 1 法則を適用します。
$$I_3 = I_2 + I_1 \qquad (1.17)$$

①の方向で、図の上半分に第 2 法則を適用します。
$$E_2 - I_2 R_2 - E_1 + I_1 R_1 = 0 \qquad (1.18)$$

②の方向で、図の下半分に第 2 法則を適用します。
$$E_2 - I_2 R_2 - I_3 R_3 = 0 \qquad (1.19)$$

式 (1.18) へ既知数を入れ、整理します。
$$75 - 30 I_2 - 120 + 15 I_1 = 0$$
$$-45 - 30 I_2 + 15 I_1 = 0 \qquad (1.18')$$

式 (1.19) へ式 (1.17) を代入後、既知数を入れ、整理します。
$$E_2 - I_2 R_2 - I_2 R_3 - I_1 R_3 = 0$$
$$75 - 30 I_2 - 15 I_2 - 15 I_1 = 0$$
$$75 - 45 I_2 = 15 I_1 \qquad (1.19')$$

式 (1.18') へ式 (1.19') を代入し、I_2 を求めます。
$$-45 - 30 I_2 + 75 - 45 I_2 = 0$$
$$30 = 75 I_2$$
$$I_2 = 0.4 [\mathrm{A}]$$

式 (1.19') に I_2 の値を入れて I_1 を求めます。
$$75 - 45 \cdot 0.4 = 15 I_1$$
$$I_1 = 3.8 [\mathrm{A}]$$

式 (1.17) を使い $I_1 \cdot I_2$ の値から I_3 を求めます。
$$I_3 = 4.2 [\mathrm{A}]$$

$E_1 = 120 [\mathrm{V}], E_2 = 75 [\mathrm{V}]$
$R_1 = 15 [\Omega], R_2 = 30 [\Omega]$
$R_3 = 15 [\Omega]$

図 1.12 キルヒホッフの法則計算例

キルヒホッフの法則は万能ですが、あまり使いやすいものではありません。次項で説明する「重ね合わせの定理」、「鳳－テブナン定理」の方が実用的です。

1.4　重ね合わせの定理

1回路内に複数の電源が存在する場合、重ね合わせの定理が最適です。

重ね合わせの定理
複数の起電力が存在する回路網において、各枝回路の電流は、複数の起電力がそれぞれ単独に存在するとして算出した値の代数和となる。

1.4.1「重ね合わせの定理」計算例

　図1.12のキルヒホッフの法則で使った例題を、今度は重ね合わせの定理で解きます。図1.13のように電源が1つの回路Ⓐとですに分解します。

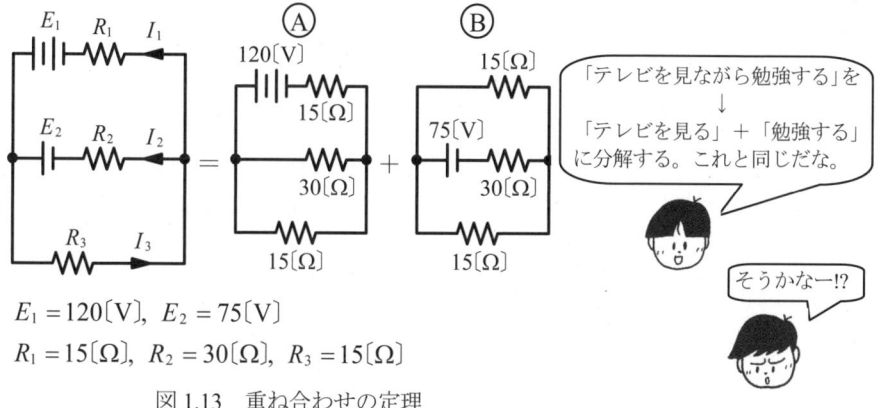

$E_1 = 120[\text{V}]$, $E_2 = 75[\text{V}]$
$R_1 = 15[\Omega]$, $R_2 = 30[\Omega]$, $R_3 = 15[\Omega]$

図1.13　重ね合わせの定理

図1.13 Ⓐの各電流を求め、I_1', I_2', I_3' とします。

$$I_1' = \frac{E_1}{R_1 + \dfrac{R_2 \cdot R_3}{R_2 + R_3}} = \frac{120}{15 + \dfrac{30 \cdot 15}{30 + 15}} = 4.8[\text{A}]$$

$$I_2' = \frac{E_1 - I_1' \cdot R_1}{R_2} = \frac{120 - 4.8 \cdot 15}{30} = -1.6[\text{A}]$$

（I_2の仮定方向と逆だから（−）です。）

$$I_3' = \frac{E_1 - I_1' \cdot R_1}{R_3} = \frac{120 - 4.8 \cdot 15}{15} = 3.2[\text{A}]$$

図 1.13 Ⓑの各電流を求め、I_1'', I_2'', I_3'' とします。

$$I_2'' = \frac{E_2}{R_2 + \dfrac{R_1 \cdot R_3}{R_1 + R_3}} = \frac{75}{30 + \dfrac{15 \cdot 15}{15 + 15}} = 2 [\text{A}]$$

$$I_1'' = \frac{E_2 - I_2'' \cdot R_2}{R_1} = \frac{75 - 2 \cdot 30}{15} = -1 [\text{A}]$$

　　　　　　　　　　　　　　I_1 の仮定方向と逆だから（−）です。

$$I_3'' = \frac{E_2 - I_2'' \cdot R_2}{R_3} = \frac{75 - 2 \cdot 30}{15} = 1 [\text{A}]$$

図 1.13 Ⓐと図 1.13 Ⓑの各電流の代数和を求めます。

$$I_1 = I_1' + I_1'' = 4.8 + (-1) = 3.8 [\text{A}]$$

$$I_2 = I_2' + I_2'' = (-1.6) + 2 = 0.4 [\text{A}]$$

$$I_3 = I_3' + I_3'' = 3.2 + 1 = 4.2 [\text{A}]$$

―― E と V について ――

電圧を表す記号に E または V がよく使われます。

　E は起電力（Electromotive force）を
　V は電圧（Voltage）を意味します。

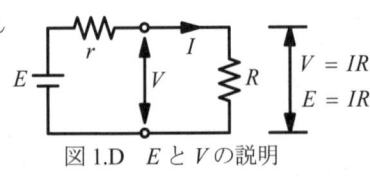

図 1.D　E と V の説明

回路上では電源を E で表し、端子電圧を V で表すようにします。しかし、電圧降下 IR は端子電圧か起電力かの判断、また計算式を作る場合の統一の問題などがあり、E と V の厳格な使い分けはできません。

1.4.2 「重ね合わせの定理」使用例その1

図1.14に示すオペアンプを使った非反転増幅（フォロワ）の電圧突き合わせが、前例題と等価な回路になります。

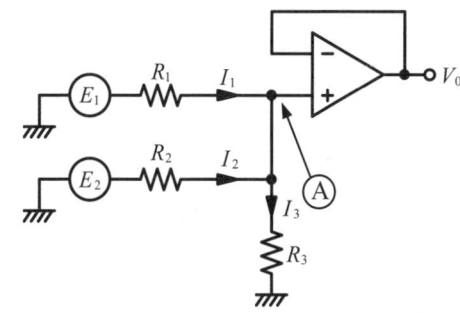

図1.14　オペアンプを使った非反転増幅加算

フォロワ出力V_0はA点の電圧と同じですから

$$V_0 = \underbrace{\frac{E_1 \dfrac{R_2 \cdot R_3}{R_2 + R_3}}{R_1 + \dfrac{R_2 \cdot R_3}{R_2 + R_3}}}_{E_1 \text{だけで計算した Ⓐ点の電圧}} + \underbrace{\frac{E_2 \dfrac{R_1 \cdot R_3}{R_1 + R_3}}{R_2 + \dfrac{R_1 \cdot R_3}{R_1 + R_3}}}_{E_2 \text{だけで計算した Ⓐ点の電圧}} \qquad (1.20)$$

1.4.3 「重ね合わせの定理」使用例その2

今度は図1.15に示すオペアンプを使った反転増幅の場合を考えてみます。オペアンプを図1.15のように閉ループで使うと、（－）入力端子は仮想接地され、見かけ上0〔V〕電位となりますから、今度は計算が少し楽です。

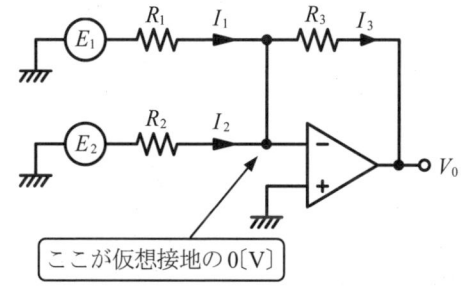

図1.15　オペアンプを使った反転増幅加算

フィードバック抵抗 R_3 に流れる電流 I_3 は、

$$I_3 = I_1 + I_2 \tag{1.21}$$

この回路は反転増幅ですから、出力電圧 V_0 は、

$$V_0 = -R_3 \cdot I_3 \tag{1.22}$$

$$= -(R_3 \cdot I_1 + R_3 I_2)$$

$$= -\left(E_1 \frac{R_3}{R_1} + E_2 \frac{R_3}{R_2} \right) \tag{1.23}$$

⇧ E_1 だけで計算した出力電圧　⇧ E_2 だけで計算した出力電圧

── コラム　等価回路について ──

複雑な回路を代表的な電気回路要素である抵抗・コンデンサ・コイル・電池などを使い、簡単な表現に置き換えた電気回路。動作説明などに使われる同等な動きをする回路。例えば、乾電池は次のように表します。

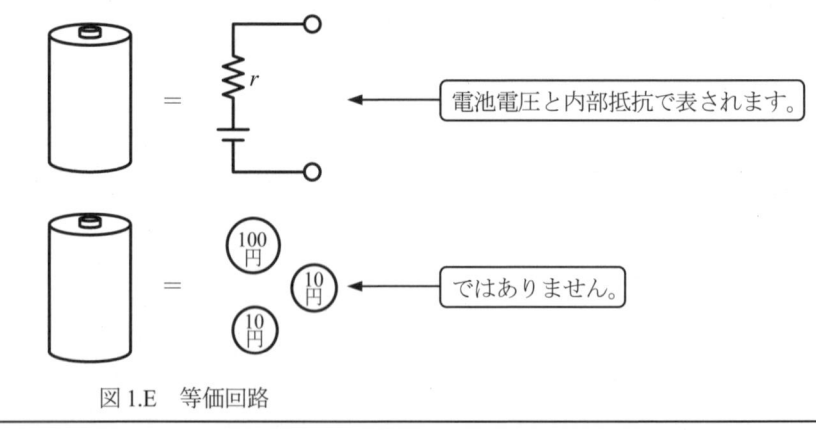

図 1.E　等価回路

1.5 鳳−テブナン定理

鳳定理とテブナン定理は表現こそ若干異なりますが内容はまったく同じもので、発表されたのもほとんど同時期です。これは「4端子網理論」と「重ね合わせの定理」を混ぜ合わせたようなものです。

行列式は出てきません。安心して下さい。
でも回路の一部を開放したり、短絡したりする考え方は重要ですから理解しましょう。

鳳−テブナン定理

回路網中の任意の2点間に枝回路を追加するとき、この枝回路に流れる電流は、2点間を開放したときの電圧を追加する回路抵抗と2点間の内部抵抗の和で除算したものです。

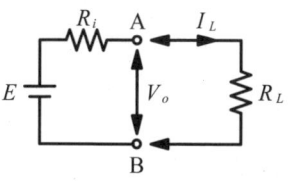

$$I_L = \frac{V_o}{R_i + R_L} \quad (1.B)$$

$V_o =$ 2点間開放電圧
$R_i =$ 2点間内部抵抗
$R_L =$ 追加する負荷抵抗
$I_L =$ 追加する負荷抵抗に流れる電流

図 1.F　鳳−テブナン定理

例1)　図 1.16 の A−B 間に R_L を接続したときの R_L に流れる電流 I_L を求めます。

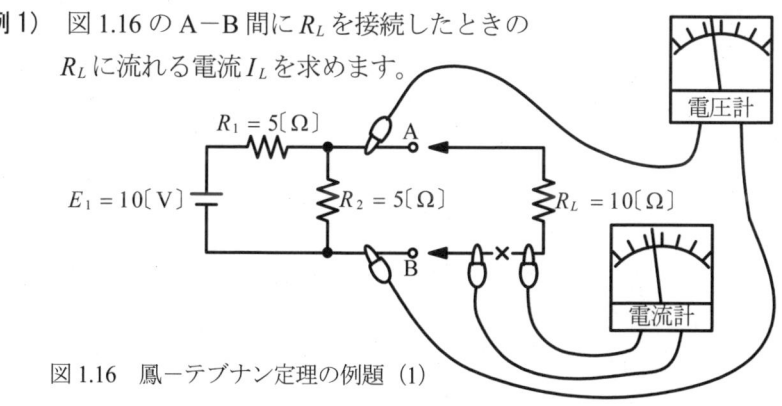

図 1.16　鳳−テブナン定理の例題 (1)

① A−B 間の解放時の電圧 V_{A-B} は、

$$V_{A-B} = \frac{E_1}{R_1 + R_2} \cdot R_2 = \frac{10}{5+5} \cdot 5 = 5 \text{[V]}$$

電圧計を A−B 間に接続して実測しても 5[V] です。

回路を開放したり

② A−B 間の内部抵抗 R_i は、

このとき電源はないものとして扱います。

$$R_i = \frac{R_1 \cdot R_2}{R_1 + R_2} = \frac{5 \cdot 5}{5+5} = 2.5 \text{[Ω]}$$

回路を短絡したりアクティブ計測です。

少し乱暴な実測ですが、電流計を A−B 間に接続（電流計で A−B 間を短絡）して、短絡電流を計ることで内部抵抗は求められます。

注意）電流計の内部抵抗は 0[Ω] とします。

$$R_i = \frac{\text{開放電圧}}{\text{短絡電流}} = \frac{5\text{[V]}}{2\text{[A]}} = 2.5\text{[Ω]} \quad \longleftarrow \text{この考え方は重要です。}$$

③ R_L を接続したときの I_L を求める。

$$I_L = \frac{V_{A-B}}{R_i + R_L} = \frac{5}{2.5 + 10} = 0.4 \text{[A]}$$

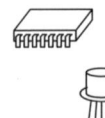

ゲート IC とかオペアンプの出力を短絡すると素子が壊れます。

この場合は、もう少し後で説明する例 2 の方法で計算します。

―― コラム　　電流計測と電圧計測 ――

　回路の電流 I を計測する場合、回路の一部分を切断し、そこへ電流計を挿入します。　図 1.G。

　電流計には内部抵抗がありますから、電流計を挿入することで回路電流が小さくなります。

　これを等価回路で表現すると図 1.H のようになります。電流計を挿入することで少しですが必ず計測誤差が発生します。

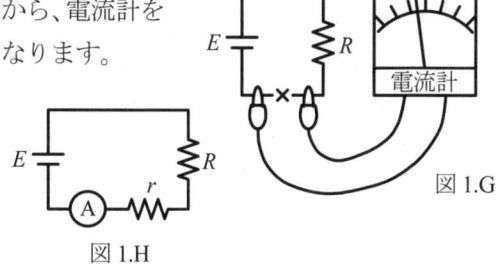

図 1.G

図 1.H

　電圧計側は、回路内の 2 点間で行います。電圧計内部にも電流が流れますから、計測する 2 点間の電位差は少なくなります。　図 1.I。

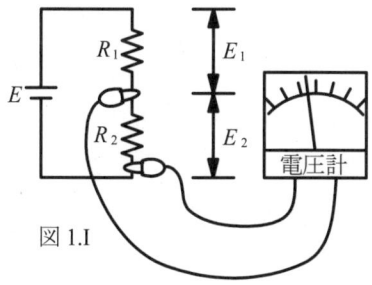

図 1.I

　これを等価回路で表すと図 1.J のようになります。電圧計を接続することで、少しですが必ず計測誤差が発生します。

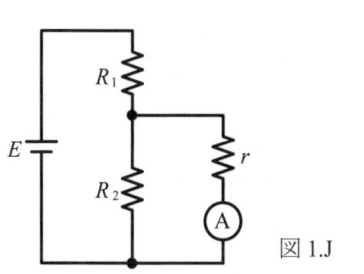

図 1.J

　　性能の良い電流計とは、内部抵抗の小さい電流計です。
　　性能の良い電圧計とは、内部抵抗の大きい電圧計です。

例 2) 秋葉原でスペックが正確に分からないアンプを買ってきました。このアンプの出力インピーダンス（r_o）、入力インピーダンス（r_i）を図 1.17 の方法で計測します。

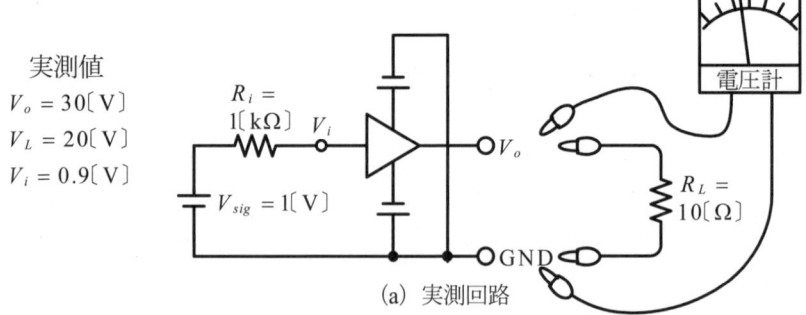

実測値
$V_o = 30$ [V]
$V_L = 20$ [V]
$V_i = 0.9$ [V]

(a) 実測回路

① 出力インピーダンスを計測します。

図 1.17 (b) の等価回路に示す r_o の値が出力インピーダンスとなります。出力端子開放の電圧 V_o が電源電圧の80％程度（注1）になる入力電圧 V_{sig} を用意します。先ず V_o －GND 間を開放した状態の電圧を計測し V_o とします。

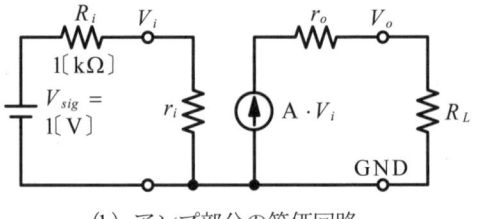

(b) アンプ部分の等価回路
図 1.17　鳳－テブナン定理の例題 (2)

　　　　実測 $V_o = 30$ [V]

次に V_o －GND 間の短絡電流を計測したいところですが、アンプの出力を短絡するとアンプが壊れますから、短絡の代わりに負荷抵抗 R_L を接続し、そのときの V_o －GND 間電圧を V_L とします。

　　　　実測 $V_L = 20$ [V]

これらの計測値とアンプの出力インピーダンス r_o の関係は、回路電流 I_L を一定とした式 (1.24) の鳳－テブナン定理のようになります。

$$\frac{V_o}{r_o + R_L} = \frac{V_L}{R_L} = I_L \tag{1.24}$$

この式から出力抵抗 r_o を導きます。

$$V_L r_o + V_L R_L = V_o R_L$$

$$r_o = \frac{R_L(V_o - V_L)}{V_L} \tag{1.25}$$

既知数と実測値から r_o を算出します。

$$r_o = \frac{10(30-20)}{20} = 5 [\Omega]$$

注1) アンプは入力電圧 V_i ×増幅度 A を出力しますが、その値は電源電圧の範囲内です。

注2) インピーダンスは交流に対する抵抗です。この例の場合は、交流要素が入っていないので、交流抵抗値＝直流抵抗値となります。

鳳－テブナン定理を応用した体重計測です。少し不安定な体重計ですが、10kg の重りを使うことで体重が測れます。

この針の振れ方の差が 10kg ですから、勉くんの体重は大体予想できますね。

② **入力インピーダンスを計測します。**

入力回路の状態を電流一定の式に置き換えると、

$$\frac{V_{sig} - V_i}{R_i} = \frac{V_i}{r_i} \tag{1.26}$$

となり、式 (1.26) からアンプの入力抵抗 r_i を導きます。

$$r_i = \frac{R_i V_i}{V_{sig} - V_i} \tag{1.27}$$

既知数と実測値から入力抵抗 r_i を算出します。

$$r_i = \frac{1000 \cdot 0.9}{1 - 0.9} = 9000 [\Omega]$$

🔔 ここまでのおさらいです。

・キルヒホッフの法則

　　第1法則：電流の総和はゼロである。
$$\Sigma I = 0$$
　　第2法則：起電力の総和はゼロである。
$$\Sigma E = \Sigma IR$$

・重ね合わせの定理

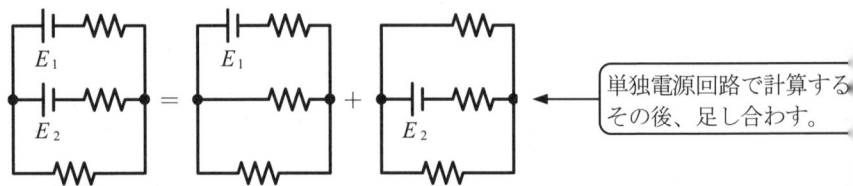

単独電源回路で計算する その後、足し合わす。

・鳳－テブナン定理

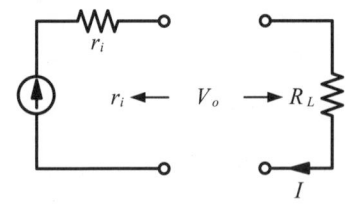
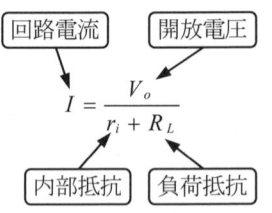

$$I = \frac{V_o}{r_i + R_L}$$

回路電流／開放電圧／内部抵抗／負荷抵抗

回路を開放したり、つないだりアクティブ計測です。

🔔 おさらい問題です。

問 1.6) 図 1.K の R_3 に流れる電流 I を求めます。キルヒホッフの法則、重ね合わせの定理、鳳－テブナン定理のどれを使っても算出できます。試みて下さい。

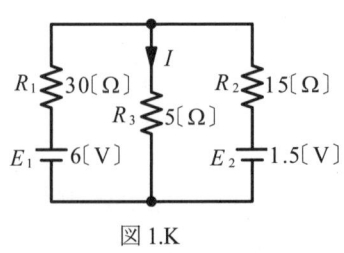

図 1.K

第 1 章　電子回路を学ぶための基礎知識　23

第 1 章卒業おめでとう！

以上で第 1 章の直流電気理論を終わります。この章では特にオームの法則が重要です。オームの法則を十分理解すれば、鳳－テブナン定理の応用なども自然に導くことができます。第 2 章以降でもオームの法則は多用されます。もう一度十分なおさらいをして下さい。

第2章 交流電気理論の基礎講座

本章では、単相交流と三相交流の基本的な取り扱い方について説明します。交流回路では直流回路にはない「位相」という少しあいまいで厄介な問題があります。位相という言葉は使う場所によって意味合いが異なります。このことを踏まえ、交流回路の基本を勉強しましょう。

2.1 「交流」って何?

交流と直流は基本的に生まれ（家柄も）が違います。第1章で勉強してきた直流の電源（起電力の源）は、等価的に「電池」ですから保存もできます。でもこれから勉強する交流は、発電所で作ったらすぐにいただかなければならない「なまもの／生物」です。電池からインバータを使うことで交流は作れますが、これは擬似交流で、生粋の交流ではありません。

では発電所で交流の電気が作られるところから説明を始めます。

磁界の中を導体が移動すると、導体内に起電力が発生します。これをフレミングの右手の法則といいます。

図 2.1（a）のように磁界中を上向きに導体を移動させると、図 2.1（a）で示す上側に＋、下側に－の起電力が発生します。この磁界が無限に大きくて導体が上向きに移動し続ければ直流発電機となりますが、それは不可能です。そこで図 2.1（b）のようにこの導体を

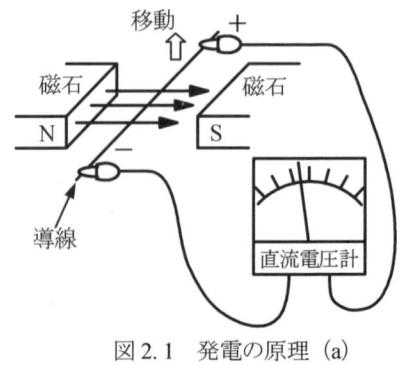

図 2.1 発電の原理（a）

上下（回転）させる「しくみ」を作りました。これが交流発電機です。磁界に対して直角方向に導体が移動したときに起電力は最大となり、磁界に対して平行に導体が移動したときには起電力は発生しません。

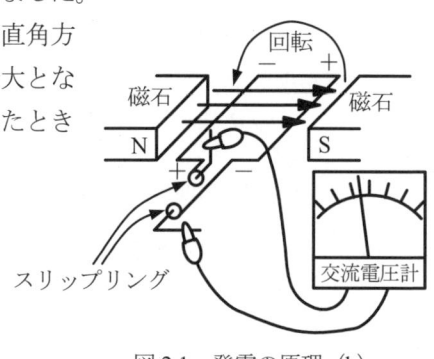

図 2.1　発電の原理（b）

交流発電の様子を図 2.2 を使って説明します。コイル位置と発電方向に着目して下さい。回転が①②③④①②③④と繰り返します。回転角により起電力が最大→最小を繰り返し、また 1 つの導体で見ると磁界を上から下、下から上と交互に通過します。回転角②のときを 0 度として起電力と回転角をグラフにすると、図 2.3 のようなサイン波形が得られます。これが交流波形で、この回転角を位相角と呼びます。

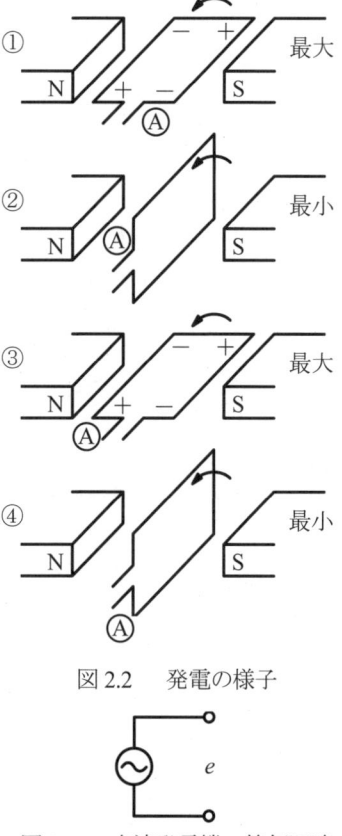

正弦波(サイン波)
$e(\theta) = E_m \sin\theta$

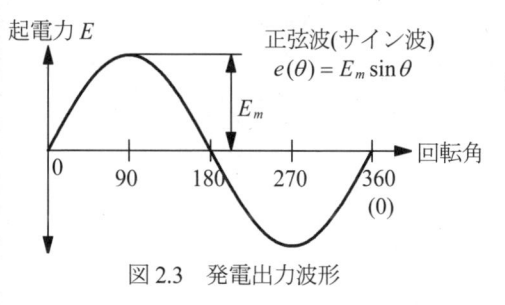

図 2.3　発電出力波形

図 2.2　発電の様子

この発電機を等価回路で表すと、図 2.4 のようになります。

図 2.4　交流発電機の等価回路

この起電力の最大値を E_m とし、回転角に対応した瞬間値 $e(\theta)$ で表すと、
$$e(\theta) = E_m \sin\theta \tag{2.1}$$
この式は角度関数ですから、一般的な時間関数にします。

θ が一周すると 2π

$$\theta = \frac{2\pi}{T}t \quad \longleftarrow 先頭から何秒のところ$$

時間で割ると秒速

$$e(t) = E_m \sin\frac{2\pi}{T}t \quad となります。$$

$\dfrac{1}{T} =$ 周波数 f　ですから、

秒速

$e(t) = E_m \sin 2\pi f t \longleftarrow$ よく見る式です。

さらに $2\pi \cdot f = \omega$ を使い、

360°　　1秒間に何回　　1秒間に何度進む

$$e(t) = E_m \sin\omega t \tag{2.2}$$

となります。これで $\omega t = 0$ を起点とした起電力が表現できました。しかし、起点位置が 0 度でない起電力の表現も必要です。

進み　$e(t) = E_m \sin(\omega t + \alpha)$　　$e(t) = E_m \sin\omega t$

$e(t) = E_m \sin(\omega t - \beta)$

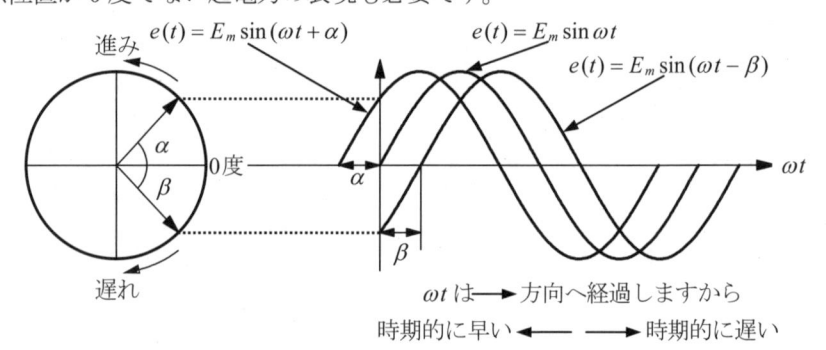

0度　　　　　　　　　　　　　　　　　　　ωt

遅れ

ωt は ⟶ 方向へ経過しますから、
時期的に早い ⟵　　⟶ 時期的に遅い

図 2.5　位相角の表し方

起点がα角、β角ずれた$e(t)$関数は、図2.5のように表します。

$e(t) = E_m \sin \omega t$ ・・・ 起点が0度
$e(t) = E_m \sin(\omega t + \alpha)$ ・・・ 「α度位相が進んでいる」と表現します。
$e(t) = E_m \sin(\omega t - \beta)$ ・・・ 「β度位相が遅れている」と表現します。

🔦交流の「生まれ」と「表現方法」が理解できましたか？

　ここまで説明してきた交流は、最も一般的な 正弦波交流 （sinusoidal alternating current）です。この正弦波交流とすでに勉強した直流の電気が、電子部品の中を最も安定して通過できる電気です。漠然とした言い方ですが、これは大切なことですから覚えておいて下さい。つまり、電子部品と正弦波交流と直流は相性が良いんです。

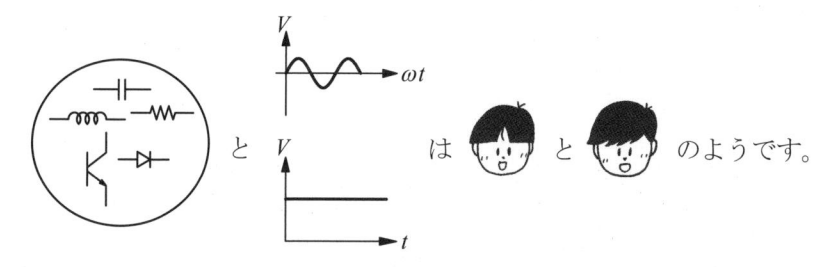

🔦交流（alternating current）とは、時間の経過とともに電流（電圧）の大きさと方向が周期的に変化するものです。

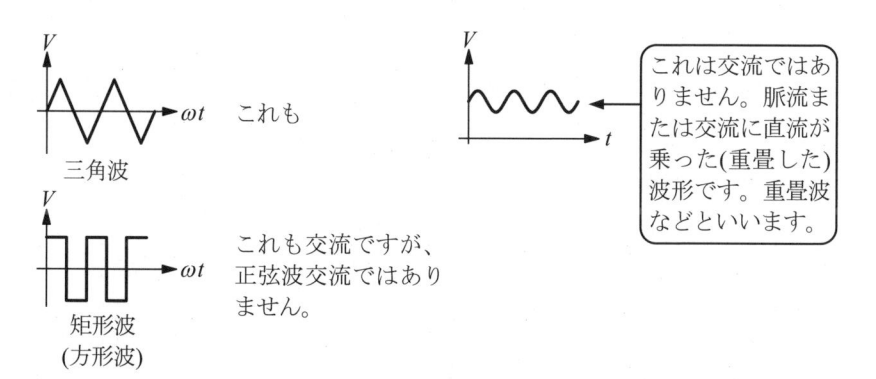

図2.A　交流波形

―― コラム　　電流と磁界の方向 ――

　電流と磁界とそこに作用する力の関係を表すフレミングの法則はすでにご存知かと思います。これは我々が実際に制御で使う直流のトルクモータなどの動作そのものです。ところが、このトルクモータを使うにあたり、フレミングの法則が分かっていても、購入品であるトルクモータのコイルの巻き方向が分からなければ、あまり意味がありません。現場では取りあえず動かしてみて、作動方向が逆であれば励磁方向を変えます。しかし、こんな計画性のないことでは技術屋さんらしくないので、改めて電流、磁界、力の関連法則を説明します。参考にして下さい。

・右ネジの法則

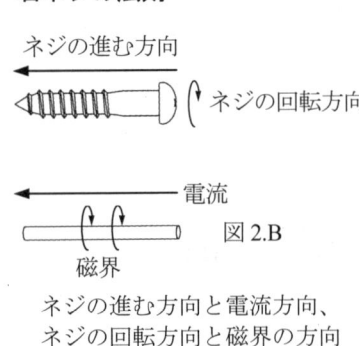

図 2.B

ネジの進む方向と電流方向、ネジの回転方向と磁界の方向が一致します。

・右手親指の法則

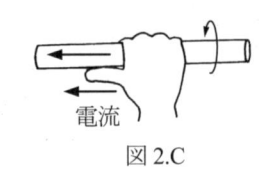

図 2.C

電流の流れる導体を右手で握るとき、親指が電流方向、他の4指が磁界方向となります。

・コイルの場合

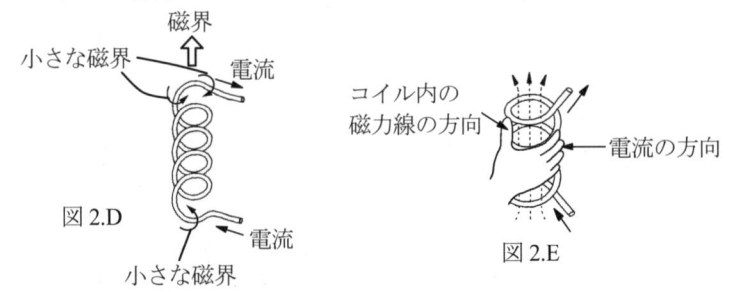

図 2.D

図 2.E

コイルの場合、巻線の部分・部分で右ネジまたは右手親指の法則が成立し、それが集まって図 2.E のような方向の磁界となります。これは図 2.E のようにコイルを右手で持ったときの親指が磁界、他の4指が電流を表した方向と一致します。

・フレミングの左手の法則　　　・フレミング右手の法則

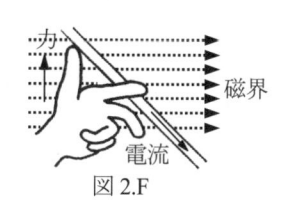

図2.F

図2.G

図2.Fは磁界と電流によって作用する力の方向を示します。これはモータですから、左手は日立モータと覚えます。

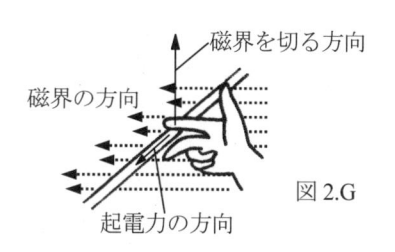

図2.Gは磁界と磁界内で動く方向から起電力方向を示します。これは発電機ですから、右手は三菱発電機と覚えます。

フレミングの法則の各指は次のように覚えます。
親指：力が強い指だから動く方向
人差し指：人(ジン)の磁界方向
中指：中指の"な"は流れの"な"で電流

2.2 正弦波交流の大きさの表現

正弦波交流の大きさの表し方は、2.1 で勉強した瞬時値による表し方の他に、瞬時値より少し長いスパンで波形を見た平均値と実効値があります。

2.2.1 平均値

正弦波交流の半サイクル波形を単純平均したもの　（あまり使われません。）

図 2.6 のように正または負の半サイクルを平均します。1サイクル分を平均すると'0'になります。平均値は次のように導きます。

$0.637 E_m$　　E_m

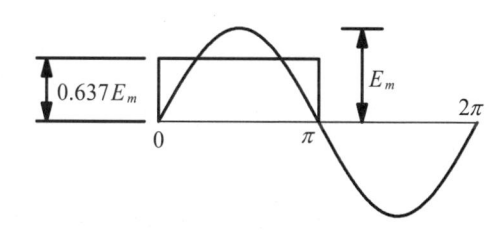

図2.6　正弦波の平均値

$$\text{平均値} = \frac{1}{\pi}\int_0^\pi E_m \sin\theta d\theta = \frac{E_m}{\pi}\int_0^\pi \sin\theta d\theta \tag{2.3}$$

$$= \frac{E_m}{\pi}\left[-\cos\theta\right]_0^\pi$$

$$= \frac{E_m}{\pi}(-\cos\pi + \cos 0)$$

$$= \frac{2}{\pi}E_m \fallingdotseq 0.637E_m \tag{2.4}$$

となります。 $\boxed{\text{平均値} = 0.637E_m}$ この答だけは覚えて下さい。

2.2.2 実効値

> 正弦波交流を抵抗 R に消費させて、熱エネルギーとしたときの同じ熱量を直流で消費させた値。

 正弦波交流で抵抗 R に消費する電力 P_{AC} は、

$$P_{AC} = I^2_{AC} \cdot R \text{〔W〕} \quad \text{または、}$$

$$P_{AC} = \frac{V^2_{AC}}{R}\text{〔W〕}$$

このときの $V_{AC} \cdot I_{AC}$ は波形 1 サイクルの平均です。直流で抵抗 R に消費する電力 P_{DC} は、

$$P_{DC} = I^2 R \text{〔W〕} \quad \text{または、}$$

$$P_{DC} = \frac{V^2}{R}\text{〔W〕} \quad \text{です。}$$

消費電流での消費電力と交流での消費電力が同じですから、

$$P_{DC} = P_{AC} \qquad\qquad P_{DC} = P_{AC}$$
$$I^2 R = I^2_{AC} R \quad \text{または、} \quad \frac{V^2}{R} = \frac{V^2_{AC}}{R}$$
$$I = \sqrt{I^2_{AC}} \qquad\qquad V = \sqrt{V^2_{AC}}$$

となります。

すなわち、実効値は交流電圧または交流電流の瞬時値の 2 乗の 1 サイクル間の平均の平方根 (root mean square value) です。これを略して rms と記述します。交流電圧表記に 100〔Vrms〕などと書かれているのが実効値表記です。

これを式で導くと次のようになります。

実効値電圧 E は、

$$E = \sqrt{\frac{1}{2\pi}\int_0^{2\pi} E_m^2 \sin^2\theta d\theta} = \sqrt{\frac{E_m^2}{2\pi}\int_0^{2\pi} \sin^2\theta d\theta} \tag{2.5}$$

この式の積分の項を先に整理します。

$$\int_0^{2\pi} \sin^2\theta d\theta = \int_0^{2\pi} \frac{1-\cos 2\theta}{2}d\theta = \left[\frac{\theta}{2}\right]_0^{2\pi} - \left[\frac{\sin 2\theta}{4}\right]_0^{2\pi} = \pi$$

$$\therefore E = \sqrt{\frac{E_m^2}{2\pi}\cdot\pi} = \frac{E_m}{\sqrt{2}}〔\text{Vrms}〕 \tag{2.6}$$

> 実効値　　$E \fallingdotseq 0.707 E_m$〔Vrms〕
> 逆に交流の最大値　$E_m = \sqrt{2}\cdot$ 実効値〔V〕

――重要です。

一般的に交流を扱う場合の電流、電圧はこの実効値で表示します。私たちがいつも使っている家庭用の 100〔V〕電源も実効値です。

2.2.3 PP 値 (peak to peak value)

PP 値は一般的に交流を扱ういわゆる「強電屋さん」はあまり使いません。シンクロスコープで波形を観察するときなどに「PP で何 V」と表現します。PP 値はその名の通り上のピークから下のピークまでです。交流の 100〔V〕の場合、図 2.7 のように

$100〔\text{V}〕\times\sqrt{2}\times 2 \fallingdotseq 282〔\text{V}〕$

となります。

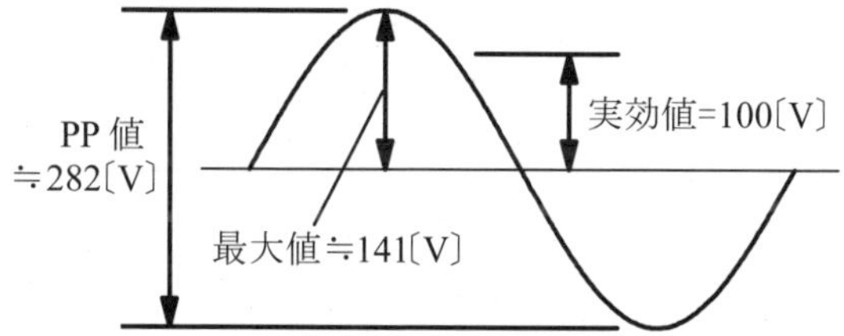

例えば、100〔V〕出力の UPS（無停電電源装置）を設計する場合、＋側 141V、－側 141V 合計 282〔V〕のバッテリが必要となります。

図 2.7　正弦波の PP 値

・いろいろな波形の平均値と実効値

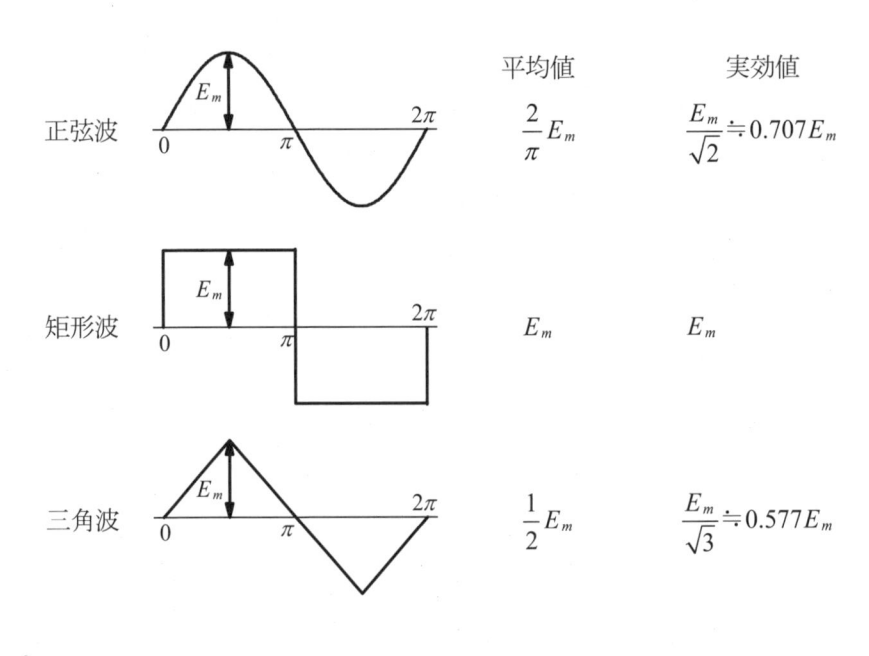

	波形	平均値	実効値
正弦波	(0～2π の正弦波、振幅 E_m)	$\dfrac{2}{\pi}E_m$	$\dfrac{E_m}{\sqrt{2}} \fallingdotseq 0.707 E_m$
矩形波	(振幅 E_m の矩形波)	E_m	E_m
三角波	(振幅 E_m の三角波)	$\dfrac{1}{2}E_m$	$\dfrac{E_m}{\sqrt{3}} \fallingdotseq 0.577 E_m$

🔔 ここまでのおさらいです。
　交流100〔V〕でもう一度確認しましょう。

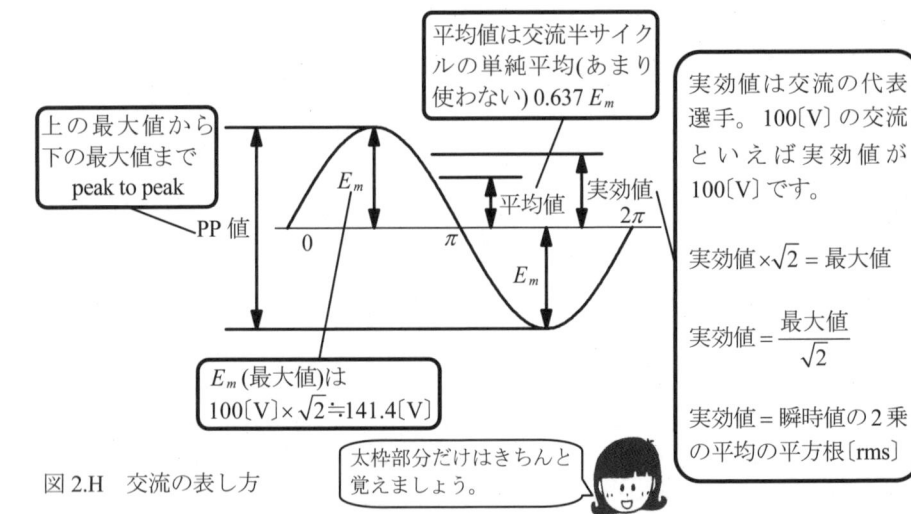

- 上の最大値から下の最大値まで peak to peak —— PP値
- 平均値は交流半サイクルの単純平均(あまり使わない) $0.637 E_m$
- 実効値は交流の代表選手。100〔V〕の交流といえば実効値が100〔V〕です。

実効値 × $\sqrt{2}$ = 最大値

実効値 = $\dfrac{最大値}{\sqrt{2}}$

実効値 = 瞬時値の2乗の平均の平方根〔rms〕

E_m(最大値)は $100〔V〕× \sqrt{2} \fallingdotseq 141.4〔V〕$

太枠部分だけはきちんと覚えましょう。

図 2.H　交流の表し方

さらにおさらい問題です。

問 2.1) 200〔Ω〕の抵抗に交流100〔V〕を印加すると何アンペアの電流が流れ、何ワットの電力が消費されるか？

$$\frac{実効値電圧〔V〕}{R} = 実効値電流〔A〕 \qquad \frac{実効値電圧^2}{R} = 実効値電力〔W〕$$

2.3 交流電力計算

2.3.1 コイルの特質

紛らわしいのであまり説明したくないのですが、電流位相と電圧位相の話をする時期がきました。

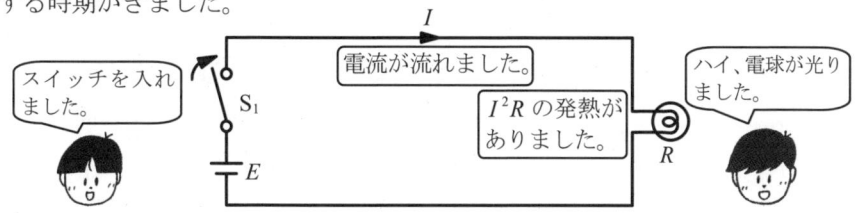

今までの電気に対するイメージでは、スイッチを入れてから電球が光るまでの時間は限りなく'0'秒です。このときの経過は図 2.8 のようになり、スイッチとほとんど同時に電球が光ります。

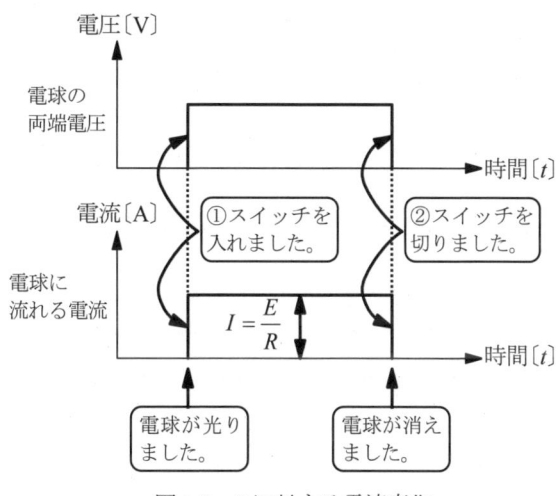

図2.8　Rに対する電流変化

ところが、この回路にコイル（インダクタンス）を追加すると、少し様子が変わってきます。

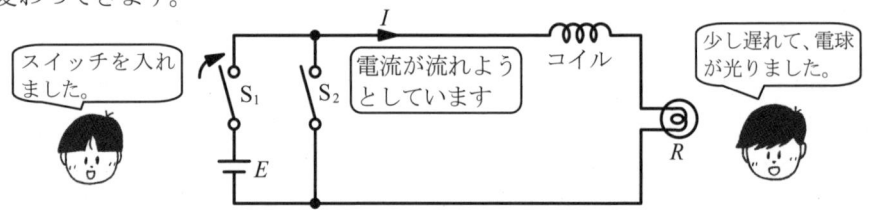

図中の吹き出し：
- スイッチを入れました。
- 電流が流れようとしています
- コイル
- 少し遅れて、電球が光りました。

コイルは電流の変化を妨げる作用がありますから、このときの経過は図2.9のようになります。スイッチS_1が入って電流が流れようとすると、コイルはそれを妨げようとします。この電流増加を妨げようとしている間は、コイル内に電気エネルギーを蓄えています。

図中の吹き出し：
- ①スイッチS_1を入れました。
- ②ゆっくり電球が明るくなりました。
- ③スイッチS_1を切り、スイッチS_2を入れました。
- ④ゆっくり電球が暗くなりました。
- ⑤電球が消えました。

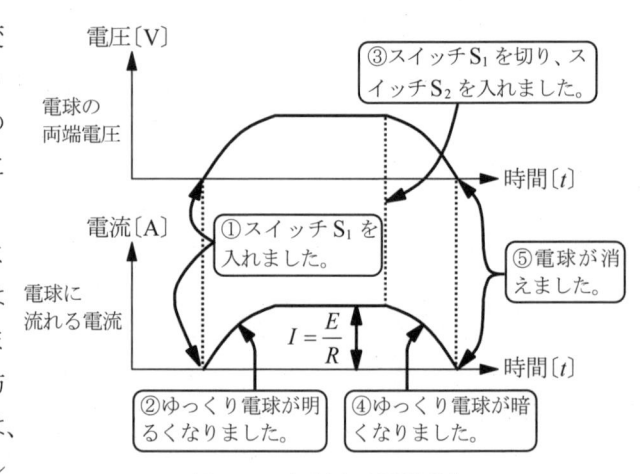

$I = \dfrac{E}{R}$

図2.9　Lに対する電流変化

このとき蓄えられたエネルギーP_L〔W〕は、

$$P_L = \frac{1}{2}LI^2 \text{〔W〕}$$　です。

コイルがエネルギーを蓄えて満腹になり、電流を妨げなくなると$I = \dfrac{E}{R}$の電流が流れ、電球が明るくなります。次に少し複雑なスイッチ操作ですが、スイッチS_1を切ると同時にスイッチS_2を入れると、コイルに蓄えられたエネルギーがスイッチS_2を通って放出され、しばらく電球が光ります。コイルはこのような少し「へそ曲がり」な性質を持っています。

2.3.2 コイルに流れる電流

では次に図2.10のような回路でコイルに交流を流し、電圧波形と電流波形を観察します。

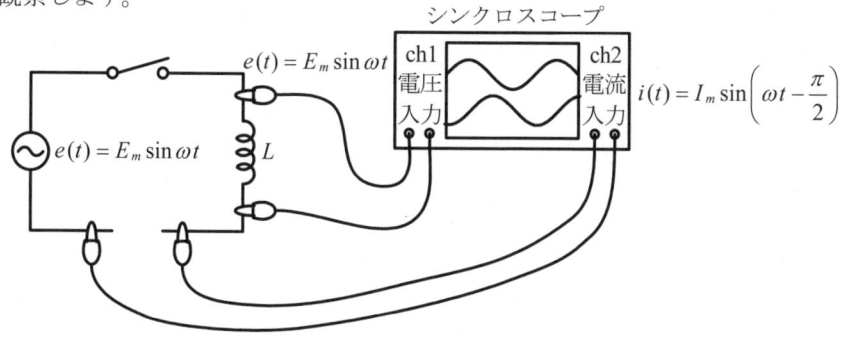

図2.10 コイルの電流波形観察

コイルに交流を印加すると図2.11のように電圧に対する電流の位相が$\pi/2$（90°）遅れます。これはコイルに印加された電圧と同じ位相で、同じ電圧の逆起電力が発生し、コイルに流れる電流変化を妨げようとするコイルの特質です。

逆起電力がキーワードです。

印加電圧と同相で同じ電圧の逆起電力が発生し、電流の変化を妨げますから、電圧と電流の位相θが90°ずれています。

電力は電圧カーブと電流カーブを掛け算したものです。1サイクルの間に（＋）（－）（＋）（－）と変化します。電力計算は1サイクル平均ですから（＋）（－）部分が相殺され、電力は0〔W〕となります。

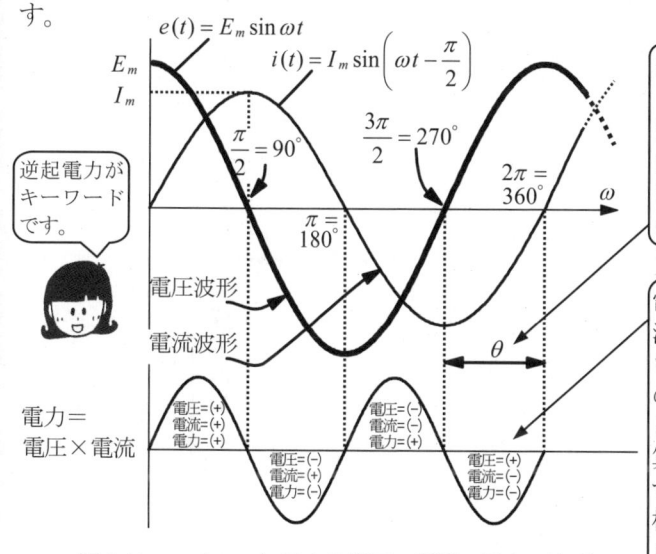

電力＝電圧×電流

図2.11 コイルLに対する電圧、電流、電力の波形

2.3.3 交流電力

今度はコイルではなく、抵抗に交流を流してみます。先ほどの図 2.10 の波形観察回路を使い、負荷をコイルから抵抗に変えて同じ観察を行います。図 2.12 (a) が等価な回路になります。

図 2.12 (b) のように、抵抗の場合は直流と同じようにちゃんと電力消費が行われます。この差は電圧と電流の位相角 θ にあるようです。

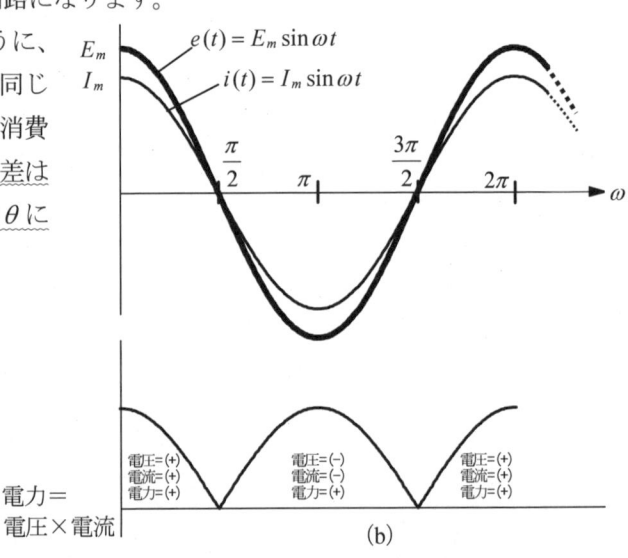

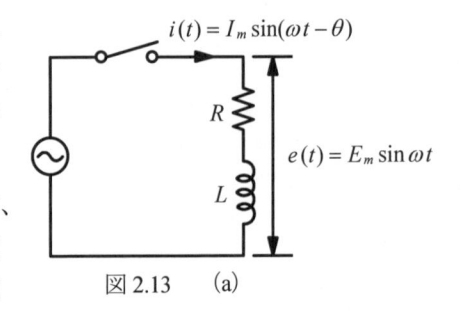

図 2.12　抵抗 R に対する電圧、電流、電力の波形

次はコイルと抵抗を直列に接続した負荷へ交流を印加し、波形観察を行います。図 2.13 (a) のような合成負荷ですから、電流位相の遅れ角 θ は $90°>\theta>0°$ となります。観察される波形は、図 2.13 (b) のようにコイル負荷と抵抗負荷の中間のものになります。消費電力も (+) 部分 Ⓐ Ⓑ Ⓒ から (−) 部分 Ⓓ Ⓔ を差し引いたものになります。

これを式で表すと電力 p 〔W〕は、

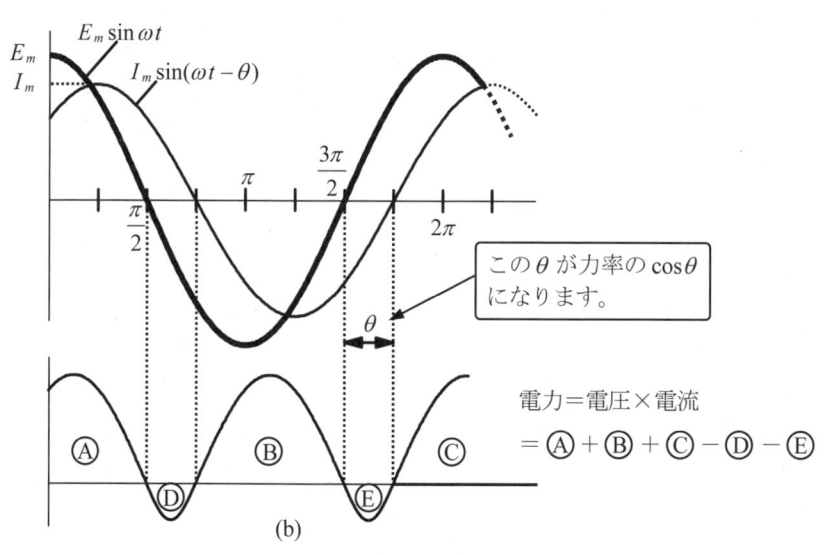

図2.13 コイルと抵抗に対する電圧、電流、電力の波形

電力 p〔W〕= 電圧 e〔V〕× 電流 i〔A〕

$\quad = E_m \sin \omega t \cdot I_m \sin(\omega t - \theta)$ (2.7)

$\quad = E_m \cdot I_m \cdot \sin \omega t \cdot \sin(\omega t - \theta)$ (2.8) 和と積の公式から

$\quad = \dfrac{E_m I_m}{2} \cos \theta - \dfrac{E_m I_m}{2} \cos(2\omega t - \theta)$ (2.9)

となります。式 (2.9) の $2\omega t$（周波数が2倍）になっている項（後側）が、図 2.11 の（＋）（－）が相殺されて0になった電力の部分です。すなわち前側の項だけが残り、電力 p〔W〕は、

$$p〔W〕= \dfrac{E_m I_m}{2} \cos \theta \qquad (2.10)$$

となり、E_m も I_m も最大値ですから、これを実効値にします。

式 (2.10) に $E_m = \sqrt{2}E$、$I_m = \sqrt{2}I$ を代入し、

$$P〔W〕= \dfrac{\sqrt{2}E \cdot \sqrt{2}I}{2} \cos \theta = EI \cos \theta \qquad (2.11)$$

となります。この電圧と電流の位相差 θ を力率角といい、$\cos \theta$ を力率といいます。力率とは交流の負荷の抵抗分の割合を示す数字で、1～0の値となります。

力率'1'が位相角 $\theta = 0°$ の抵抗負荷で、力率'0'が位相角 $\theta = 90°$ のコイルまたはコンデンサの誘導負荷です。ここでは電流位相が遅れるコイルで実例を示しましたが、電流位相が進むコンデンサ（キャパシタンス）でも同じような結果になります。

🔔 まとめの時間です。

交流でも電力を消費するのは抵抗です。

交流電力 P〔W〕は

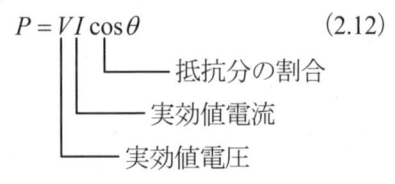

$$P = VI\cos\theta \quad (2.12)$$

- $\cos\theta$: 抵抗分の割合
- I : 実効値電流
- V : 実効値電圧

> 電圧と電流の位相差が力率角 θ です。

ここでは取りあえず、これだけ覚えて下さい。

もう少し後でコンデンサとコイルを部品として扱うページで追加説明します。

2.4 三相交流

図 2.14 を使い、三相交流の作り方を説明します。

3 組のコイルを互いに 120° の角度を持たせて配置します。

各コイルの中心に磁石を置き、これを回転させると 2.1 項で勉強した交流発電機が 3 組用意されたかたちになります。

各コイルに電圧計 V_A V_B V_C を接続し、出力電圧を観察します。各コイルは $E_m \sin\omega t$ の電圧を発生し、各コイルの位相差は $\frac{2}{3}\pi$ (120°) ありますから、図 2.15 のような 3 組の電圧が得られます。

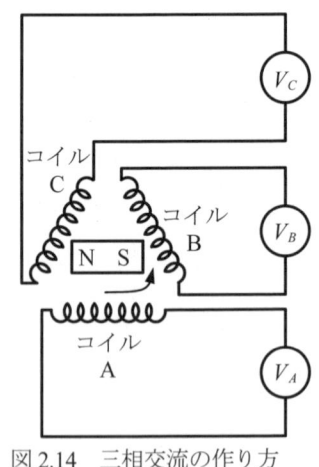

図 2.14 三相交流の作り方

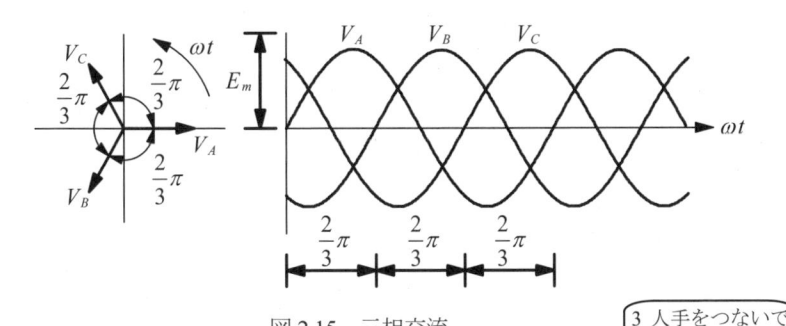

図2.15 三相交流

各コイルの出力電圧は、V_Aを基準にすると次の式で表せます。

$$V_A(t) = E_m \sin \omega t \tag{2.13}$$

$$V_B(t) = E_m \sin\left(\omega t - \frac{2}{3}\pi\right) \tag{2.14}$$

$$V_C(t) = E_m \sin\left(\omega t - \frac{4}{3}\pi\right) \tag{2.15}$$

この3組の交流発電機を各々個別に使うのであれば、今まで勉強してきた単相交流とまったく同じです。この3組の交流発電機をつないで1台の発電機にすることで、三相発電機が完成します。

2.4.1 つなぎ方その1 スター結線

3組のコイルの片側をまとめてつなぎ、その反対側を出力します（図2.16（a））。

コイル部分だけを整理して書き換えると、ローマ字'Y'のような形になっています（図2.16（b））。

このつなぎ方をスター結線（星形結線）と呼びます。

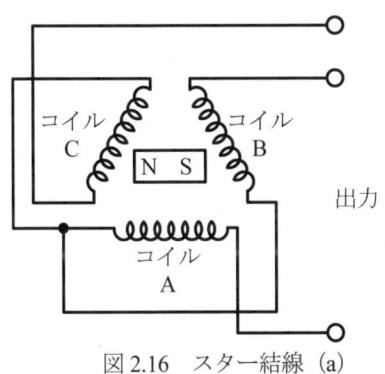

図2.16 スター結線（a）

三相交流の出力はR相、S相、T相と相回転に合わせて順番に名前付けされます。各コイルに流れる電流を相電流、出力線に流れる電流を線電流といい、スター結線の場合、各コイルが直接出力されますから、線電流＝相電流です。また、各コイルの発生電圧を相電圧といい、出力R-S間、S-T間、T-R間を線間電圧といいます。線間電圧と相電圧の関係は次式のように

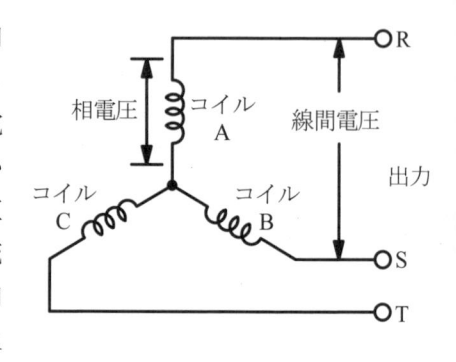

図2.16 スター結線 (b)

> ベクトル和です。

$$\text{線間電圧} \quad \dot{V}_{R-S} = \text{相電圧}\dot{V}_A + \text{相電圧}\dot{V}_B \tag{2.16}$$

となり、線間電圧V_{R-S}と相電圧V_AとV_Bの上に・（ドット）が付いています。これは「ベクトル和」です。

図2.17のように相電圧$\dot{V}_A$ $\dot{V}_B$ $\dot{V}_C$には$\frac{2}{3}\pi(120°)$の位相差があり、線間電圧V_{R-S}は図2.18のように合成されます。

$$V_{R-S} = V_A \cdot \frac{\sqrt{3}}{2} + V_B \cdot \frac{\sqrt{3}}{2} \tag{2.17}$$

図2.17 スター結線の各相の電圧

$V_A = V_B$ ですから

$$V_{R-S} = \sqrt{3} \cdot V_A \tag{2.18}$$

∴スター結線の場合

<u>線間電圧 $= \sqrt{3}$ 相電圧となります。</u>

> スター結線は電圧が$\sqrt{3}$倍。

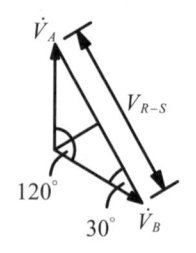

図2.18 スター結線の相電圧合成

2.4.2 つなぎ方その2　デルタ結線

3組のコイルの端と端をつなぎ、そのつなぎ目を出力します（図2.19(a)）。

コイルの部分だけ整理して書き換えると三角の形になります。図2.19(b)のつなぎ方をデルタ結線（三角結線）と呼びます。今度は直接相電圧が出力されていますから、

線間電圧＝相電圧

です。しかし、出力線に流れる線電流と相電流の関係は、次式のようになり、やはりベクトル和となります。

R相の線間電流 I_R は、

線電流 I_R ＝相電流 I_A ＋相電流 I_B

スター結線と同じように位相角120°ですから、

$$I_R = I_A \frac{\sqrt{3}}{2} + I_B \cdot \frac{\sqrt{3}}{2} \quad (2.19)$$

$I_A = I_B$ ですから、

$$I_R = \sqrt{3} I_A \quad (2.20)$$

∴デルタ結線の場合、線電流＝$\sqrt{3}$ 相電流となります。

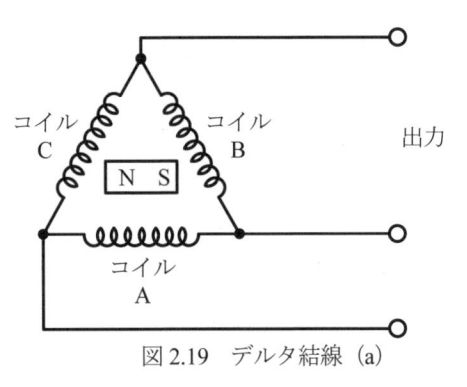

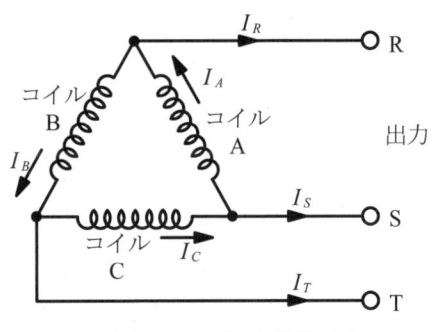

図2.19　デルタ結線（a）

図2.19　デルタ結線（b）

デルタ結線は電流が $\sqrt{3}$ 倍。

🔔 おさらいの時間です。

- 発電用コイルが3組ある交流を「三相交流」といいます。
- 発電用コイルが1組だけの交流を「単相交流」といいます。
- 人をスター結線、△をデルタ結線といいます。
- スター結線は線間電圧が高くなります。
  線間電圧 = $\sqrt{3}$ 相電圧
- デルタ結線は線電流が増えます。
  線電流 = $\sqrt{3}$ 相電流

> $E_m = \sqrt{2}E$ の $\sqrt{2}$ と三相交流の $\sqrt{3}$ を混同しないように！

🔔 簡単なおさらい問題です。

問 2.2) 図 2.I に示す三相交流の R-S 間電圧が 440V でした。相電圧 V_A は何 V でしょうか？

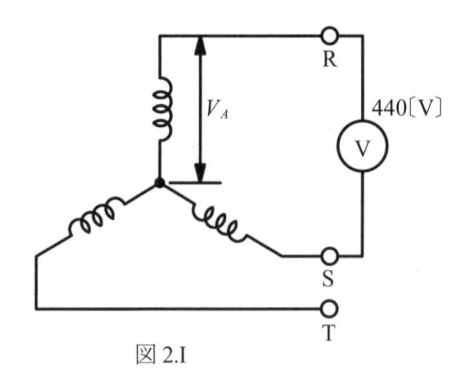

図 2.I

── コラム　三相交流と単相交流 ──

発電所では三相交流を発電しますが、一般家庭では単相交流を使っています。その「からくり」は、

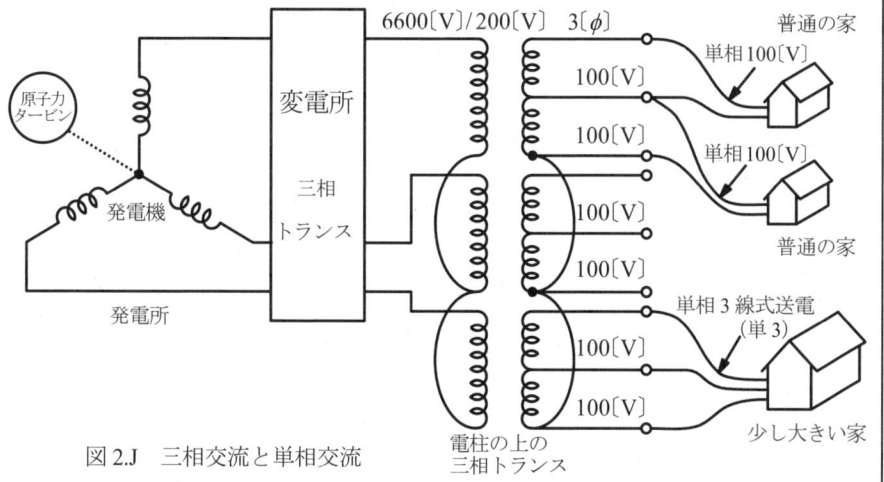

図 2.J　三相交流と単相交流

発電所から変電所を通って一般家庭の近くの電柱までは三相交流で送電されます。ここから三相トランスの1相ずつに分けられ、各家庭に送ります。少し多めに電気を使う家庭には、単相100[V]を2組3本の電線で送ります。これを単相3線式送電（単3）といいます。<u>単相3線式送電の電線は3本ありますが、線間に位相差はありませんから単相です。</u>

2.5 三相交流の電力

三相交流の電力は、スターまたはデルタの結線方法に関係なく、3つの相（Phase）になっている負荷の抵抗部分に消費される電力の和です。図2.20に三相負荷回路を示します。

負荷側の各相の相電圧をV_P、負荷側の各相の相電流をI_Pとします。各相の消費電力P_Pは単相と同じように

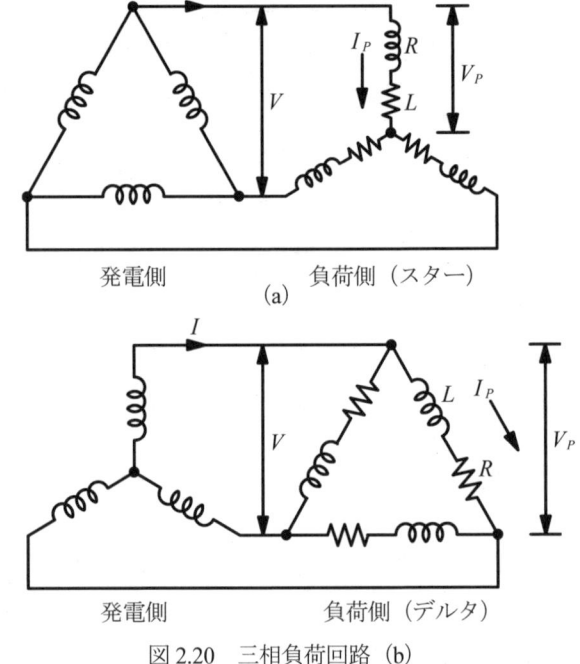

$$P_P = V_P \cdot I_P \cos\theta \, [\text{W}] \tag{2.21}$$

これが3組ありますから、

$$P = 3P_P = 3V_P I_P \cos\theta \, [\text{W}] \tag{2.22}$$

となります。

図2.20 三相負荷回路 (b)

この電力を線電流と線間電圧で考えてみます。

スター結線の場合、

相電圧 $V_P = \dfrac{V}{\sqrt{3}}$　　　相電流 $I_P = I$

デルタ結線の場合、

相電圧 $V_P = V$　　　相電流 $I_P = \dfrac{I}{\sqrt{3}}$

スター、デルタのいずれの結線においても分母に$\sqrt{3}$がありますから、

$$P = 3\frac{V}{\sqrt{3}}I\cos\theta \text{[W]} \quad \text{または、}$$

$$P = 3V\frac{I}{\sqrt{3}}\cos\theta \text{[W]} \quad \text{ですから、いずれにしても}$$

$$P = \sqrt{3}VI\cos\theta \text{[W]} \quad \text{となります。}$$

🔔 まとめの時間です。

三相交流の電力 P[W] は、

$$P = \sqrt{3}VI\cos\theta \text{[W]} \tag{2.23}$$

- 単相と同じ力率
- 線電流
- 線間電圧
- 得した気がする三相交流の $\sqrt{3}$ です

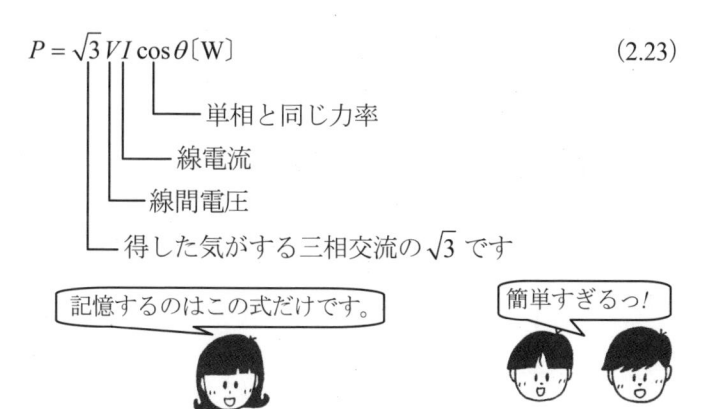

「記憶するのはこの式だけです。」

「簡単すぎるっ!」

🔔 簡単なおさらい問題です。

問 2.3) 図 2.K のように相電圧 100[V] のスター結線された三相発電機に、1 素子が 100[Ω] のデルタ結線された三相負荷を接続した。

線間電圧 V[V]、線電流 I[A]、全負荷の消費電力 P[W] を求める。

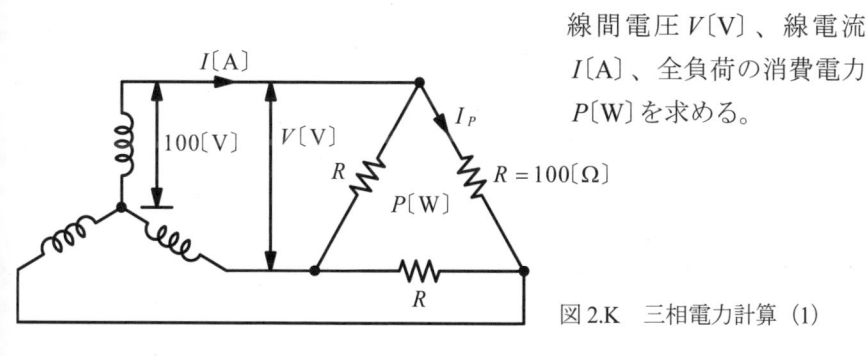

図 2.K 三相電力計算 (1)

問 2.4) 図 2.L のように相電圧 100〔V〕のデルタ結線された三相発電機に、1 素子が 100〔Ω〕のスター結線された 3 相負荷を接続した。

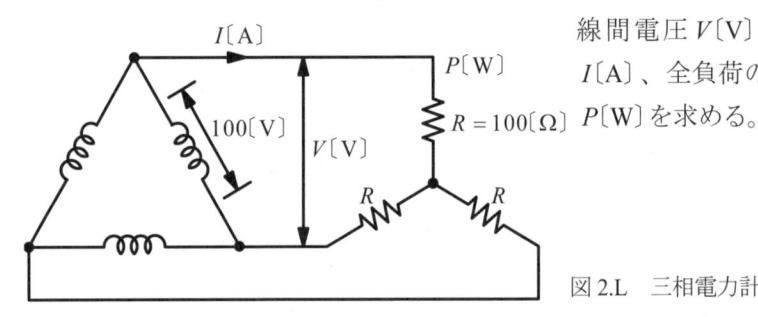

線間電圧 V〔V〕、線電流 I〔A〕、全負荷の消費電力 P〔W〕を求める。

図 2.L　三相電力計算 (2)

問 2.5) 図 2.M のように相電圧 100〔V〕のスター結線された三相発電機に、1 素子が 100〔Ω〕のスター結線された 3 相負荷を接続した。

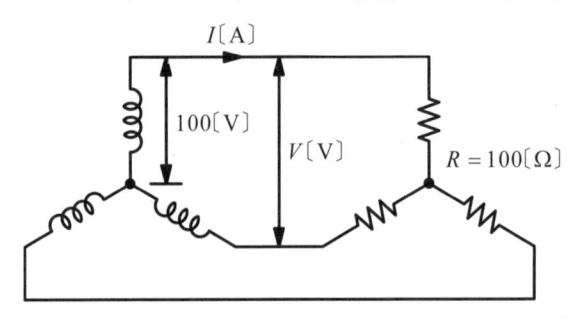

線間電圧 V〔V〕、線電流 I〔A〕、全負荷の消費電力 P〔W〕を求める。

図 2.M　三相電力計算 (3)

コラム　交流の疑問

その1) 家庭用の電源は、なぜ交流なのでしょうか?
　　　　乾電池と同じ直流だったら、乾電池を買わなくても済むのにね!
　答) 発電所が遠くにあるからです。

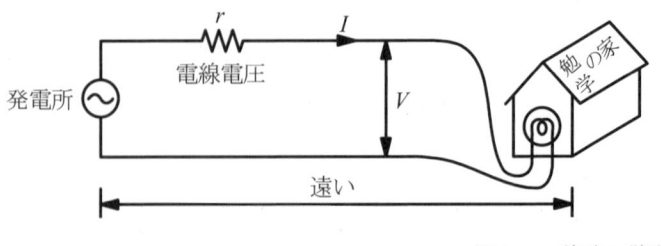

図 2.N　送電の説明 (1)

遠くの発電所から勉くん、学くんの家まで電線を張って電気を送るとき、せっかく発電した電気が途中の電線抵抗に消費されてしまいます。電線の抵抗を $r[\Omega]$ とすると、電線での消費電力 $P[\mathrm{W}]$ は

　　　$P = I^2 r$　　となり、電流の2乗で増加します。

　送る電力は電圧 V × 電流 I ですから、同じ電力を送るのであれば電圧を高くして電流を少なくすることで、途中の電線抵抗での消費が少なくて済みます。

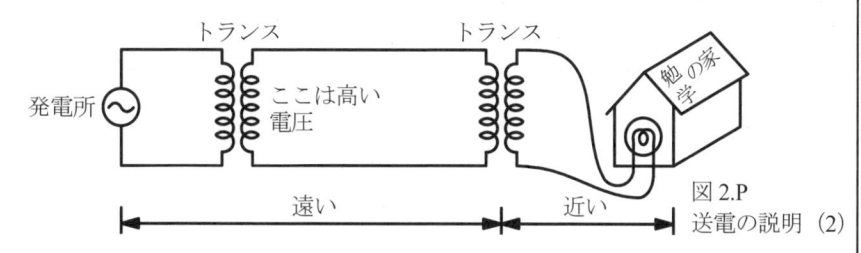

図 2.P　送電の説明（2）

　ところが家庭に送る電気の電圧が何十万[V]なんて高い電圧にすると感電死しそうです。そこで発電所の近くでトランスを使い、何十万[V]かの電圧にして家の近くまで送り、そこでまたトランスを使い100[V]にして家庭へ送ります。交流の場合、このようにトランスで容易に電圧を上げたり下げたりできますが、直流にはトランスが使えませんから、容易に電圧変更はできません。だから交流です。

その2) どうして60Hzと50Hzの交流があるのですか？
答) 発電事業の創生期の事情です。

　日本では交流の周波数が富士川を境に、関東では50Hz、関西では60zHz になっています。明治の頃、日本での発電事業の創生期、ある意味では電気事業が自由化されている時期がありました。その当時のお金持ち、例えば紡績会社の社長などが自由に外国から発電機を買ってきて、発電所を作り電気を売っていました。その結果、関東のお金持ちは50Hz発電を行っていたヨーロッパから発電機を輸入するケースが多く、関西では60Hz発電を行っているアメリカからの輸入が多くなりました。それらの中小零細発電所が統合され、現在に至っていますから、関東は50Hz、関西は60Hzとなっています。

その3) 三相交流は計算が複雑なだけで、何かメリットがあるんでしょうか？
　答）三相交流の良いところ①
　120度ずつ違った位相が回っていますから、これによってできる回転磁界で簡単にモータを回転させることができます。三相誘導モータといい、直流モータ、単相交流モータと比較して、構造がシンプルで安定した動作を行います。

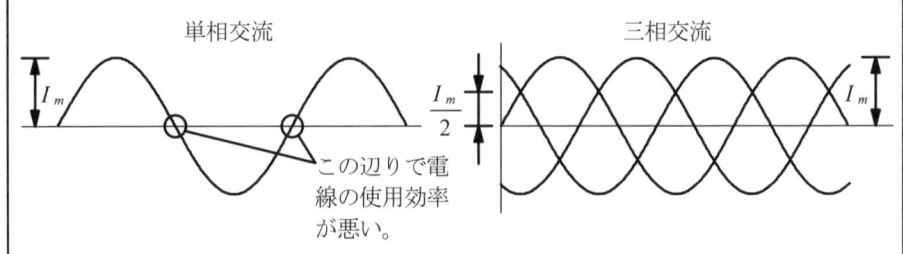

図 2.Q　三相交流の説明

三相交流の良いところ②
　単相交流と比較し、送電線の使用効率が優れています。単相交流は、位相角がπおよび2π付近で電流が少なくなるため、送電線が休む瞬間が発生しますが、三相の場合1相目が$I_m/2$まで下がると2相目が上がってくるため、送電線に休む暇を与えません。三相送電は単相送電より電線は1本多く必要ですが、電線を休ませないので効果的に、電線1本当たり15%、単相より多く送電できます。

三相交流の良いところ③
　電力瞬時値が安定しています。三相交流は電流、電圧ともに最大値の1/2以下にならないので、電力値が安定しています。これは交流を直流に変換するときに有利です。

以上で第 2 章が終了ですが、コンデンサとコイルの項が第 3 章にあるため、位相の進み、遅れの説明が不十分です。第 3 章で改めて行います。

暫定　卒業証書

第 3 章　受動部品の使い方

　本章では抵抗 R、コンデンサ C、コイル L に代表される受動部品の具体的な使い方を説明します。受動部品の存在は地味ですが、電気回路において最も重要な構成要素です。受動部品の特性の十分な理解があって初めて回路設計ができます。しばらく基礎講座が続きますが、頑張って勉強しましょう。

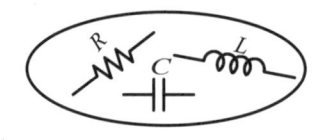

は、電気回路の三大要素です。

3．1　抵抗

3．1．1　抵抗の種類

　抵抗の種類を素材別に分けると、1) 被膜系の抵抗 2) ねりもの系の抵抗 3) 巻線系の抵抗などがあります。

1) 被膜系の抵抗

　被膜抵抗の構造は屋台で売っている「フランクフルトソーセージ」を1/20 ほどに小さくした形をイメージして下さい。図 3.1 は衣を少し剥がして中のソーセージが見えるようにしています。セラミックの芯に炭素系または金属系の抵抗を塗り、表面に被膜を作ります。このソーセージの皮の部分が被膜抵抗です。この皮の厚さだけでは抵抗値が調整しにくいので、皮にらせん状の溝を切り、抵抗値を調整します。その上に保護被膜の衣を付けてカラーコードを印刷すると完成です。プリント基板に組み付ける抵抗のほとんどがこの被膜抵抗です。

図 3.1　被膜抵抗の構造

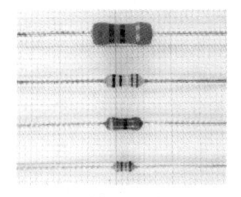

被膜抵抗

2) ねりもの系の抵抗

　ねりもの系の抵抗はソリッド抵抗と呼ばれ、図 3.2 のように炭素の粉を樹脂で固めたものに、リード線を付けて保護塗装した構造です。20〜30 年前の民生用の基板に多く使用されましたが、最近は被膜抵抗が主流になっています。抵抗値の精度が±5%〜20%と、あまり良くありません。

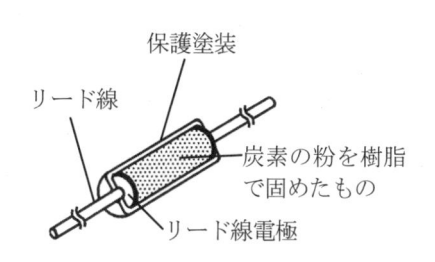

図 3.2　ソリッド抵抗の構造

3) 巻線系の抵抗

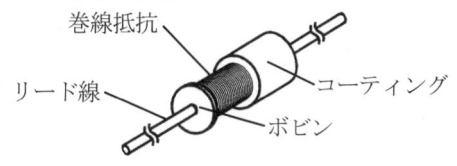

図 3.3　精密用巻線抵抗の構造 　　図 3.4　バイファイラ巻（無誘導巻）

　巻線抵抗は図 3.3 のように樹脂またはセラミックのボビンに抵抗線を巻き、その上をコーティングしたものです。比較的大形のものが多く、抵抗値の精度も良好です。巻線抵抗を用途で分類すると、精密用と電力用の 2 種類があります。電力用のものではセラミックボビンに抵抗線を巻き、セメントで固めたセメント抵抗、ホーローで固めたホーロー抵抗などがあります。精密用のものは巻線のインダクタンスによる影響を少なくするために、同じ回数だけ右巻と左巻を行い、磁界を相殺する巻き方、図 3.4 のバイファイラ巻を行っています。

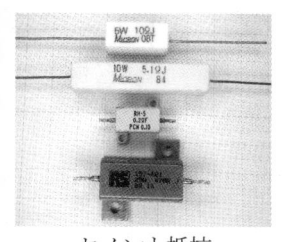

セメント抵抗
メタルクラット抵抗　　ホーロー抵抗 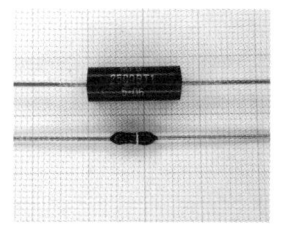　　精密抵抗

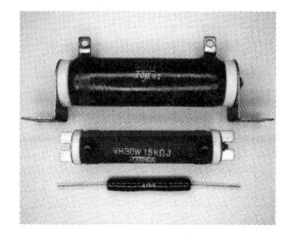

3.1.2　いろいろな形状の抵抗

　抵抗には両端にリード線が出ている形状（リード型）以外にも、さまざまな組み込みニーズに合わせた形状のものが用意されています。これらは印刷技術の延長で、生産できる被膜抵抗を使ったものです。

・抵抗ネットワーク

　Sip、Dip またはフラットパッケージ IC と同じ形状のパッケージに、いろいろな抵抗回路が組み込まれています。1 つのパッケージに複数の抵抗を組み込みますから、1 素子あたりの許容電力消費は1/8〔W〕程度です。

　写真は Sip 型 Dip 型とチップ型の製品です。

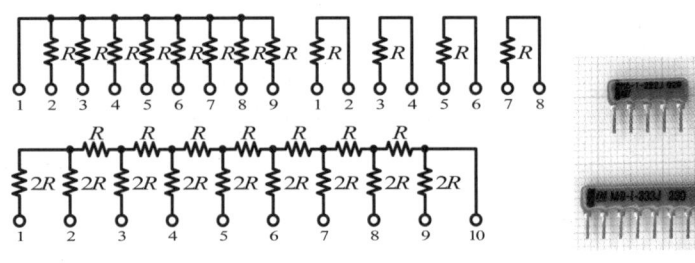

図 3.5　代表的ネットワーク　　　　　　抵抗ネットワーク

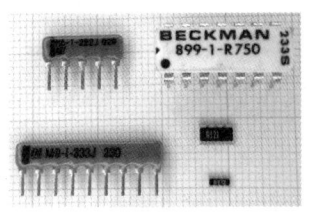

・チップ抵抗

　リード型抵抗のリード線がなくなり、大きさも米粒程度になったものです。携帯電話など小形化を要求される機器に組み込みます。

　写真の背景の 1 mm グリッドスケールから素子の大きさを判断してください。

チップ抵抗

3.1.3 抵抗の選定

抵抗を選定する要素と選択方法を説明します。

・抵抗の種類

大電力のもの、または超精密級のもの以外は、金属被膜抵抗になります。また実装スペース、実装工数なども考慮して、ネットワーク抵抗を有効に使うことも必要です。リード型の抵抗は、実装に手間がかかり面倒です。

・抵抗値

回路設計を行い、必要な抵抗値を算出します。標準数値表（表3.1）から算出値に最も近い値を選択します。精密級のものは特注も可能ですが、コスト高、納期の問題もありますので、できるだけ標準数値表のものを使いましょう。

・抵抗値許容差

抵抗値の誤差は少ない方がベターですが、デジタル回路では±5%（金色）、アナログ回路では±1%（茶色）の範囲であれば十分実用になります。一般的なリード型の抵抗は、許容差を指定しない場合±5%（金色）が納入されます。

・最大許容電力消費（ワッテージ）

抵抗に電流を流すと電気エネルギーが熱になり、発熱を伴います。回路設計時、抵抗での消費電力計算は必要です。

$$P = EI \text{[W]} \quad P = I^2 R \text{[W]} \quad P = \frac{E^2}{R} \text{[W]}$$

を使い計算して下さい。

ここで算出された電力値の3～4倍の余裕を持った少し大きめの値(ワッテージ)のものを選択して下さい。

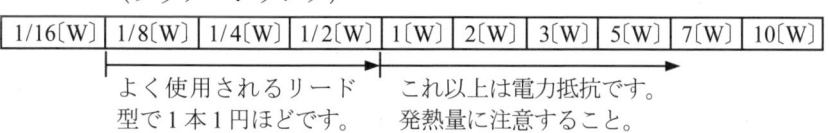

（ワッテージランク）

1/16[W]	1/8[W]	1/4[W]	1/2[W]	1[W]	2[W]	3[W]	5[W]	7[W]	10[W]

よく使用されるリード型で1本1円ほどです。

これ以上は電力抵抗です。発熱量に注意すること。

・温度係数

　抵抗は自分自身の発熱でも、外気温の変化でも抵抗値が変わります。アナログ回路で精密級の抵抗を使う場合、この温度係数も考慮して下さい。温度係数は温度変化に対する抵抗値変化で規定されます。

$$温度係数 = \frac{R_2 - R_1}{R_1(t_2 - t_1)} \times 10^6 [ppm/℃] \tag{3.1}$$

　常温 = t_1　常温時の抵抗 = R_1　常温 + $n[℃] = t_2$　そのときの抵抗値 = R_2

　変化量が少ないので、通常 50[℃]～100[℃] の温度上昇時の値で算出したものを仕様書に書いています。

抵抗を1つ決めるのもいろいろあって。

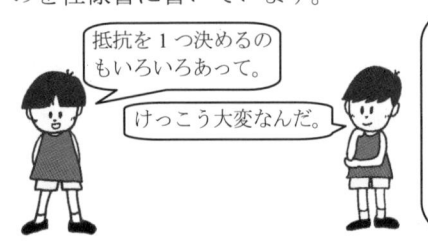

けっこう大変なんだ。

電気部品は目的に合ったものを適材適所で使いましょう。例えば、デジタル回路のプルアップ抵抗は許容差 5[%] で十分ですが、アナログ演算回路の部品に許容差 5[%] のものでは不安です。回路設計は適材適所です。

3.1.4　抵抗値の読み方

　古い昔の5球スーパーラジオに使われていた抵抗には、背番号のように直接抵抗値が書き込まれていました。抵抗の体積が大きかったので可能だったのでしょう。しかし、現在の抵抗は小さいので、直接数字を書き込むのはスペース的に少し無理です。そこでカラーコードの登場です。ソリッド抵抗以降は、すべてカラーコードになりました。カラーコードは数字に置き換える色をあらかじめ取り決めておき、その色で有効数字と乗数を表します。

5kΩM

これは実寸に近い。

昔の抵抗値

4色の抵抗のカラーコード表示

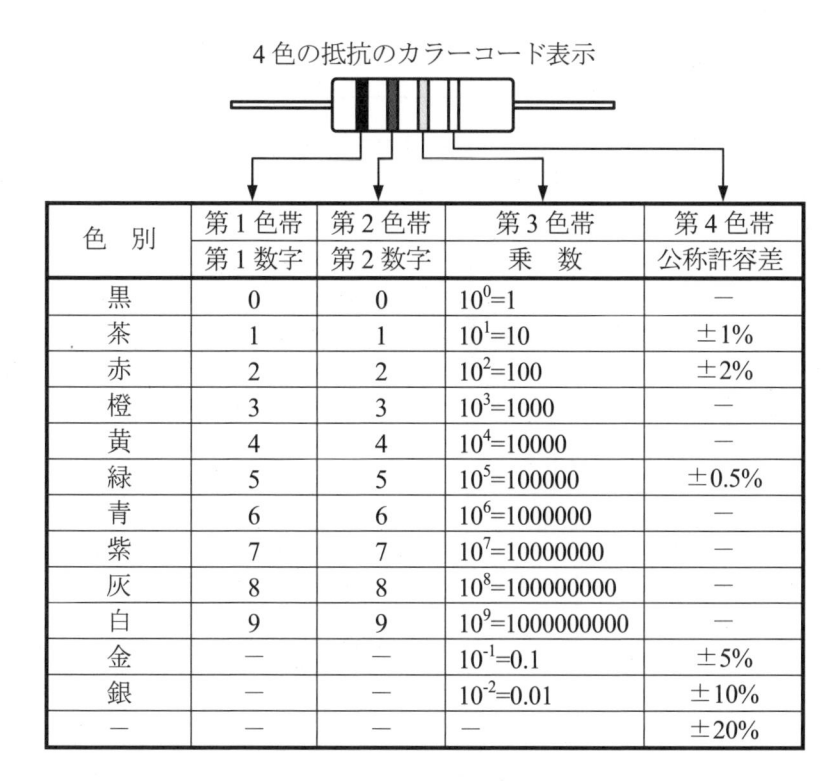

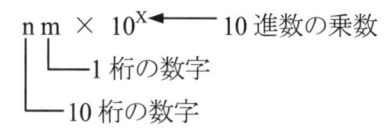

色 別	第1色帯 第1数字	第2色帯 第2数字	第3色帯 乗　数	第4色帯 公称許容差
黒	0	0	$10^0=1$	—
茶	1	1	$10^1=10$	±1%
赤	2	2	$10^2=100$	±2%
橙	3	3	$10^3=1000$	—
黄	4	4	$10^4=10000$	—
緑	5	5	$10^5=100000$	±0.5%
青	6	6	$10^6=1000000$	—
紫	7	7	$10^7=10000000$	—
灰	8	8	$10^8=100000000$	—
白	9	9	$10^9=1000000000$	—
金	—	—	$10^{-1}=0.1$	±5%
銀	—	—	$10^{-2}=0.01$	±10%
—	—	—	—	±20%

$n\,m \times 10^X$ ← 10進数の乗数
　└ 1桁の数字
　└ 10桁の数字

4色のカラーコード表を使って説明します。

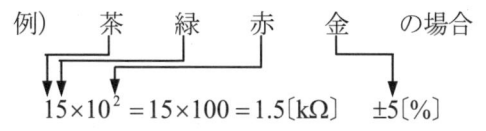

例) 茶　緑　赤　金　の場合

$15 \times 10^2 = 15 \times 100 = 1.5 \,[\mathrm{k\Omega}]$　　±5[%]

　4色のカラーコードでは、数字部が2桁しかありませんから、抵抗値許容差が±5[%]のものまでしか表現できません。これ以上の精度を必要とするときは、数字部の色桁数を多くして対応します。

5色の高精度抵抗のカラーコード表示

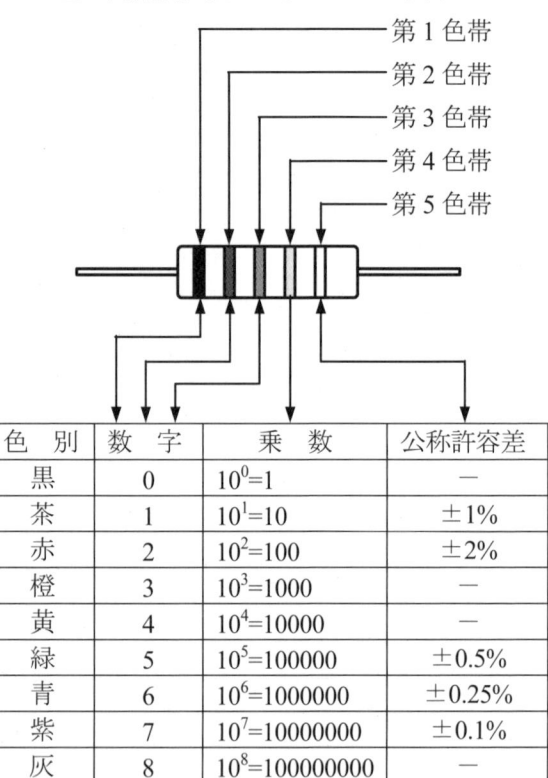

第1色帯
第2色帯
第3色帯
第4色帯
第5色帯

色　別	数　字	乗　数	公称許容差
黒	0	$10^0=1$	―
茶	1	$10^1=10$	±1%
赤	2	$10^2=100$	±2%
橙	3	$10^3=1000$	―
黄	4	$10^4=10000$	―
緑	5	$10^5=100000$	±0.5%
青	6	$10^6=1000000$	±0.25%
紫	7	$10^7=10000000$	±0.1%
灰	8	$10^8=100000000$	―
白	9	―	―
金	―	$10^{-1}=0.1$	±5%
銀	―	$10^{-2}=0.01$	±10%

5色カラーコードの場合、次の例のようになります。

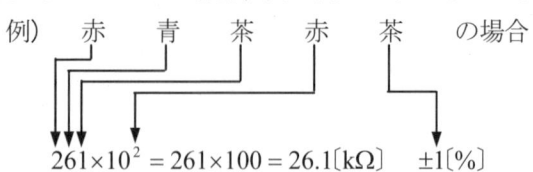

例）赤　青　茶　赤　茶　の場合

$261×10^2 = 261×100 = 26.1 [kΩ]$　　±1 [%]

数字部にもう1桁必要な場合は、6桁のカラーコードとなります。

黒	(0)	黒いレイ服	金	5%
茶	(1)	お茶をイっ杯	赤	2%
赤	(2)	赤いニん参	茶	1%
橙	(3)	第サンの男		
黄	(4)	シ季の歌		
緑	(5)	みどりゴ		
青	(6)	青二才のロクでなし		
紫	(7)	紫シチ部		
灰	(8)	ハイヤー		
白	(9)	ホワイトクリスマス		

カラーコードの色分けは、覚えておいた方が便利です。覚え方にはいろいろあるようですが、「青二才のロクでなし」方式も参考にして下さい。

・抵抗値表（標準数値表）

　抵抗値表の数値がカラーコードの数字部の値です。例えば、抵抗値表の数値47は後に続く乗数により 4.7〔Ω〕、47〔Ω〕、470〔Ω〕、4.7〔kΩ〕、47〔kΩ〕、470〔kΩ〕、4.7〔MΩ〕など、抵抗値を表します。抵抗値表の値は、許容誤差のランクに対応した間隔で用意されています。算出した抵抗値から抵抗値表の最も近い値を選びます。

表3.1　抵抗値表（標準数値表）

規格	許容値ランク	数値
E6	±20%	1.0　　1.5　　2.2　　3.3　　4.7　　6.8
E12	±10%	1.0　1.2　1.5　1.8　2.2　2.7　3.3　3.9　4.7　5.6　6.8　8.2
E24	±5%	1.0　1.1　1.2　1.3　1.5　1.6　1.8　2.0　2.2　2.4　2.7　3.0　3.3　3.6　3.9 4.3　4.7　5.1　5.6　6.2　6.8　7.5　8.2　9.1
E96	±1%	1.00 1.02 1.05 1.07 1.10 1.13 1.15 1.18 1.21 1.24 1.27 1.30 1.33 1.37 1.40 1.43 1.47 1.50 1.54 1.58 1.62 1.65 1.69 1.74 1.78 1.82 1.87 1.91 1.96 2.00 2.05 2.10 2.15 2.21 2.26 2.32 2.37 2.43 2.49 2.55 2.61 2.67 2.74 2.80 2.87 2.94 3.01 3.09 3.16 3.24 3.32 3.40 3.48 3.57 3.65 3.74 3.83 3.92 4.02 4.12 4.22 4.32 4.42 4.53 4.64 4.75 4.87 4.99 5.11 5.23 5.36 5.49 5.62 5.76 5.90 6.04 6.19 6.34 6.49 6.65 6.81 6.98 7.15 7.32 7.50 7.68 7.87 8.06 8.25 8.45 8.66 8.87 9.09 9.31 9.53 9.76

※E192規格:192分割したものもある。

抵抗値をこのような端数の付いた値にすることで、許容値（誤差）を一定範囲内に均等配分できます。例えば、1〔kΩ〕、2〔kΩ〕、3〔kΩ〕、4〔kΩ〕、5〔kΩ〕、6〔kΩ〕、7〔kΩ〕、8〔kΩ〕、9〔kΩ〕、10〔kΩ〕と端数のない抵抗値とした場合、1〔kΩ〕→2〔kΩ〕の変化は+100%であるのに対して、9〔kΩ〕→10〔kΩ〕の変化は+11%で誤差が均等配分されませんが、これを抵抗表の数値で行うと均等になります。

🔔 まとめの時間です。
- メジャーな抵抗は被膜系と巻線系です。
- 線抵抗には電力用のものと、精密用のものがあります。
- 抵抗の選定（3.1.3）項はもう一度読んで、言葉の意味を再確認して下さい。
- カラーコードの色分けは覚えて、抵抗値がちゃんと読めるようにしましょう。

今回のまとめはきびしいな。

そうです。この項に書いている内容は実践で必ず使います。もう一度きちんと理解しましょう！

🔔 ここで少しおさらい問題です。

問3.1) 図3.Aのように5〔V〕駆動のゲート出力を510〔Ω〕でプルダウンします。抵抗を選定して下さい。

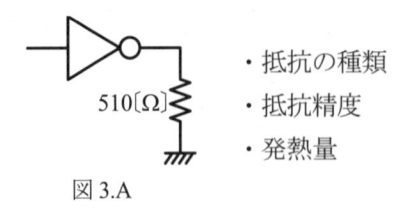

- 抵抗の種類
- 抵抗精度
- 発熱量

図3.A

第3章 受動部品の使い方

問 3.2) 図 3.B のように 24〔V〕電源で LED ランプ 1 個をオープンコレクタ駆動します。

LED に流す電流 I_F を 10〔mA〕とし、シリーズは抵抗 R を選定して下さい。ただし、LED の電圧降下 V_F は 2〔V〕、トランジスタの電圧降下は 0〔V〕とします。

・抵抗 R の値　$R = \dfrac{V_{CC} - V_F}{I_F} = \dfrac{24 - 2}{0.01}$

$= 2200〔\Omega〕$

抵抗精度は不要

・発熱量　$P = I_F(V_{CC} - V_F)$

$= 0.01(24 - 2)$

$= 0.22〔W〕$

安全率 4 倍で、0.88〔W〕だから 1〔W〕

抵抗は、2.2〔kΩ〕 1〔W〕

・そのカラーコードは?

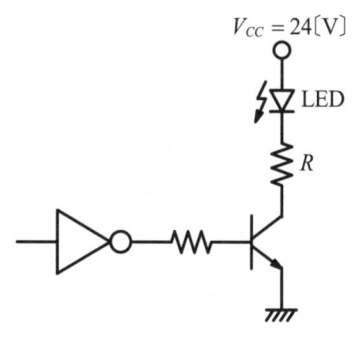

図 3.B　オープンコレクタ駆動

問 3.3) 次のカラーコードを読む。

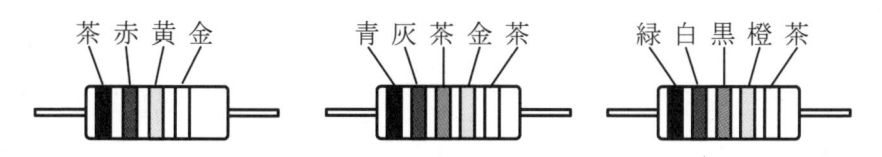

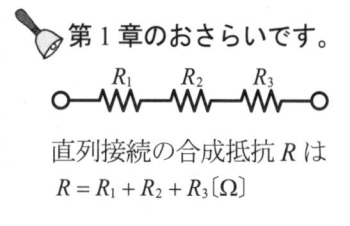

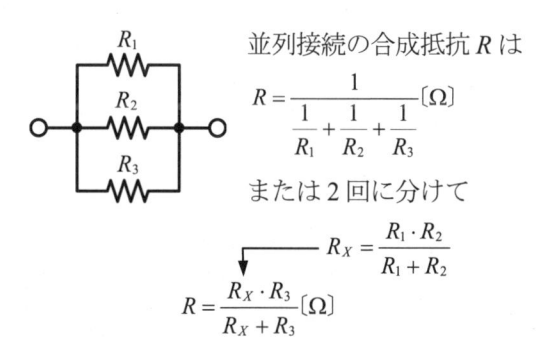

茶 赤 黄 金

青 灰 茶 金 茶

緑 白 黒 橙 茶

🔧 **第 1 章のおさらいです。**

直列接続の合成抵抗 R は
$R = R_1 + R_2 + R_3 〔\Omega〕$

並列接続の合成抵抗 R は

$$R = \dfrac{1}{\dfrac{1}{R_1} + \dfrac{1}{R_2} + \dfrac{1}{R_3}} 〔\Omega〕$$

または 2 回に分けて

$R_X = \dfrac{R_1 \cdot R_2}{R_1 + R_2}$

$R = \dfrac{R_X \cdot R_3}{R_X + R_3} 〔\Omega〕$

3.1.5 可変抵抗

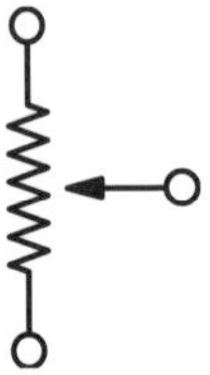

可変抵抗器は図 3.6 のように固定抵抗の抵抗面に摺動子を押し当てて接触させ、抵抗値が調整できるようにしたものです。可変抵抗器は使用目的により、その呼び方が変わります。電圧調整に使う場合はボリューム、回転角を電圧に変換する場合はポテンショメータ（ポテ）、半固定の電圧調整の場合はトリマと呼びます。古いラジオのボリュームを回すと、スピーカからガリガリ音が出ることがあります。これは摺動子の接触不良が原因です。これをガリオームといいます。

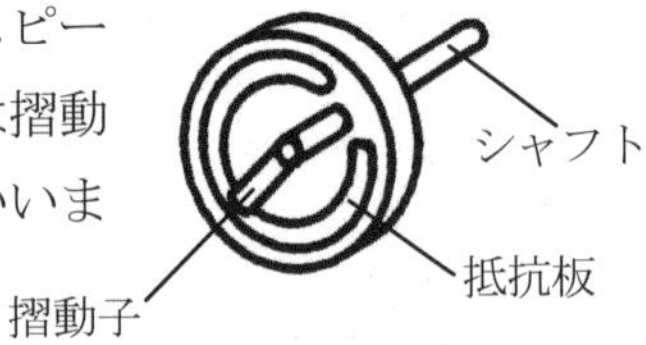

図 3.6　可変抵抗器

☆可変抵抗器の写真です。

大型の可変抵抗器	普通のボリューム	多回転トリマ
調光用などに使用する、ホーロー抵抗の可変版です。この型に限り、摺動子に多少電流を流せます。	通信器型ボリュームなどとも呼ばれます。直径 10φ～30φ のものがあります。抵抗板はカーボン被膜または巻線を使います。	内部にギア機構があり、軸を 10～20 回転させると摺動子が 0～100〔％〕移動します。ギア機構のバックラッシュが多少あります。

第 3 章　受動部品の使い方　　61

精密ポテンショメータ
手動調整の場合は、バーニアダイアルを使います。単価数千〜数万円と高価。摺動子に流す電流はできるだけ抑えて下さい。

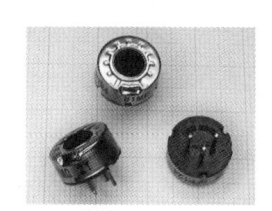

巻線トリマ
カーボン被膜またはサーメット型と比較し、高精度、高価格です。

サーメット型トリマ
汎用型トリマです。カーボン被膜のものより高精度です。

> 電子部品は種類が多く使い方もいろいろあって、ゲームのキャラみたいですね。少しずつ使って覚えましょう。

・可変抵抗の取り扱い方

　可変抵抗器の可動部、特に両端メカニカルストッパに摺動子を強く当てないなど、機械的保護を行って下さい。また、摺動子と抵抗板の接触部には接触抵抗がありますから、ここへ大電流を流すと接触面の劣化を早めます。図 3.7 のブリッジ回路で可変抵抗器の使い方を説明します。

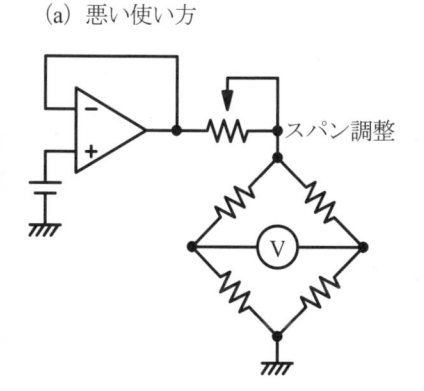

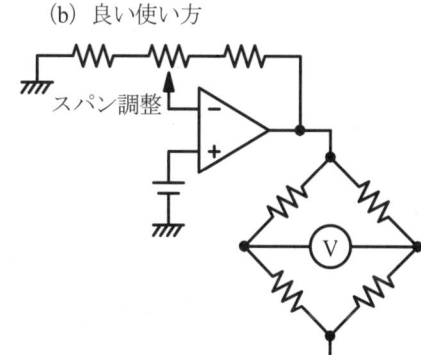

(a) 悪い使い方　　　　　　(b) 良い使い方

図 3.7　可変抵抗器の使い方例

図 (a) の使い方では、スパン調整抵抗の摺動子にブリッジ電流が流れますから、摺動子を劣化させます。また、摺動子の接触抵抗は一定しないため、計測値も不安定です。

図 (b) の場合、スパン調整抵抗の摺動子に電流が流れませんから、計測値、寿命ともに安定です。

・可変抵抗器と特性

1) 可変抵抗器の回転角と抵抗変化特性が直線で比例するものと、曲線になるものがあります。

普通の通信器型ボリュームに、この指定が必要なものがあります。トリマおよびポテンショメータはB型です。図3.8 (a)のようなテスト回路で摺動子を時計方向に回転させたときの2番端子（摺動子）と1番端子間の電圧変化を抵抗変化特性といい、A型、B型、C型と分類します。

また、回転方向の表し方はCW、CCWを使います。

　　CW　→　Clock Wise　（時計回転）
　　CCW　→　Counter Clock Wise　（反時計回転）

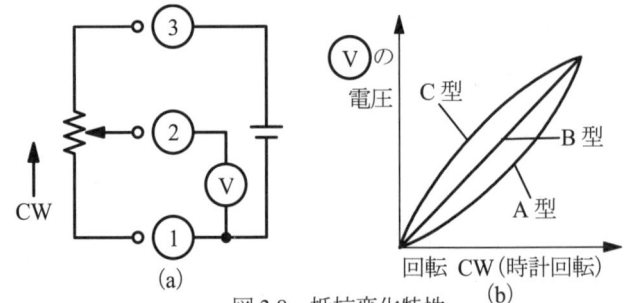

図3.8　抵抗変化特性

2) 抵抗値の選定

固定抵抗の抵抗値は3.3〔kΩ〕、4.7〔kΩ〕のように端数が付いていましたが、可変抵抗の抵抗値は1,2,3,5,10の区切りになっています。

3) 最大許容電力消費（定格電力）

発熱量 P の計算は固定抵抗と同じですが、熱消費は固定抵抗よりもより控えめにした方が賢明です。また可変抵抗を電流制

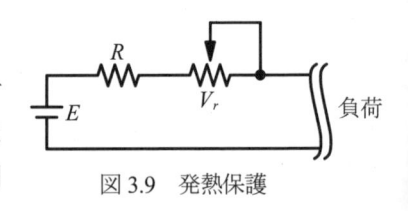

図3.9　発熱保護

限抵抗として使う場合は、図3.9のような保護抵抗 R を追加して下さい。

(可変抵抗は)
(大切に扱いましょう。)
(可変抵抗は使用しないことが最も安全です。)

── コラム ──

　回路内に接触部分のある部品（可変抵抗器、リレー、スイッチ等々）を使用すると、基板の故障率が増します。可変抵抗器の使用もゼロにはならないと思いますが、①DACやADCを使う、②CPU内またはDSP内で処理する、③アナログ回路設計でむやみにオフセット調整や、ゼロ調整を付けないなどの努力をすることで使用数は少なくなります。また、完全に可変抵抗器に置き換わる電子ボリューム的なDACも容易に安価に入手できます。このような新しい部品も使い、できるだけ無接触化をすることが、回路の安定性につながります。接触部分のあるところには必ず接触不良の危険があります。

3.2　コンデンサ

3.2.1　コンデンサの原理

　コンデンサとは電荷を蓄える一対の電極です。図3.10のように一対の電極（コンデンサ C）に電圧 V を印加すると、電荷 Q〔C〕クーロンが蓄えられます。このコンデンサ容量 C〔F〕ファラッドは、

$$C = \frac{Q}{V} \text{〔F〕} \qquad (3.2)$$

となります。

図3.10　コンデンサの原理

すなわち、1〔V〕の電位差で1〔C〕の電荷が蓄えられるコンデンサが1〔F〕です。この3要素の関係は、

$$C = \frac{Q}{V} \text{〔F〕} \quad Q = CV \text{〔C〕} \quad V = \frac{Q}{C} \text{〔V〕} \quad \text{となり、}$$

コンデンサを扱う上で大変重要です。

では具体的にコンデンサの設計を行ってみます。図 3.11（a）のコンデンサ容量 C は、次式で求められます。

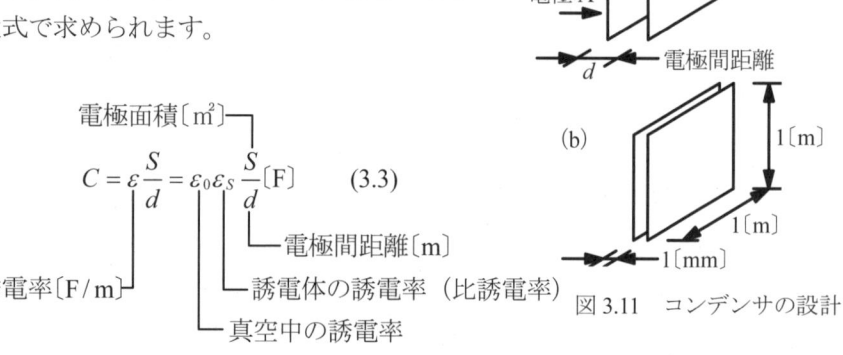

$$C = \varepsilon \frac{S}{d} = \varepsilon_0 \varepsilon_S \frac{S}{d} \text{[F]} \quad (3.3)$$

- 誘電率 [F/m]
- 電極面積 [m²]
- 電極間距離 [m]
- 誘電体の誘電率（比誘電率）
- 真空中の誘電率

図 3.11 コンデンサの設計

図 3.11（b）の値でコンデンサ容量 C を算出します。

$$C = 8.855 \times 10^{-12} \frac{1}{1 \times 10^{-3}} = 8.855 \times 10^{-9}$$

$$= 0.008855 \text{[}\mu\text{F]}$$

1[m]×1[m]の電極を使っても、こんなに小さな値のコンデンサしかできませんし、こんな大きなコンデンサを電子機器の中へ組み込めません。そこで図 3.12 のように誘電体という魔法（まやかしもの）を電極の間に入れて、コンデンサをパワーアップする方法を使います。

$C = \varepsilon_0 \varepsilon_S \frac{S}{d} \text{[F]}$ の ε_S が、誘電体の魔法です。

ε_S は真空中の誘電率 ε_0 と比較して何倍効果があるかを表す数字です。ε_0 と比較するので比誘電率と呼びます。表 3.2 に代表的な誘電体の誘電率を示します。例えば、誘電体にチタン酸バリウムを使うと、大きさは同じで 20000 倍の容量を持つコンデンサが製作できます。

図 3.12 誘電体パワー

表3.2 比誘電率

誘電体	比誘電率 ε_S
酸化アルミニウム	7～10
酸化タンタル	24
オイル含浸紙	3.5～5.0
ポリエステル・フィルム	3.2
チタン酸バリウム	500～20000
酸化チタン	15～250
空気	1.0
水	80

―― コラム　誘電率について ――

コンデンサ $C = \varepsilon \dfrac{S}{d}$ 〔F〕の式の ε が誘電率で、単位は〔F/m〕です。

　　　　　　　　　　　　　　　　　　　├― メートル
　　　　　　　　　　　　　　　　　　　└― ファラッド

これは1〔㎡〕の大きさの電極を1〔m〕間隔に配置したときのコンデンサ容量〔F〕を表します。誘電率は、真空中の誘電率 ε_0 と使用する誘電体の比誘電率 ε_S を掛け合わせたものです。

$$\varepsilon = \varepsilon_0 \varepsilon_S 〔\mathrm{F/m}〕 \tag{3.A}$$

真空中の誘電率 ε_0 は静電気に関するクーロンの法則

$$F = 9 \times 10^9 \frac{Q_1 Q_2}{r^2} = \frac{Q_1 Q_2}{4\pi \varepsilon_0 r^2} 〔\mathrm{N}〕 \quad \text{の式から導かれ、} \tag{3.B}$$

$\varepsilon_0 = 8.855 \times 10^{-12}$〔F/m〕です。

すなわち、1〔㎡〕の電極を1〔m〕間隔に置き、誘電体を使わない場合のコンデンサ容量は8.855〔pF〕です。

3.2.2　コンデンサの基礎講座

・コンデンサに蓄積されるエネルギー

図3.13でスイッチを S_1 側に倒し、コンデンサ C の両端電圧が V となるまで充電します。次にスイッチを S_2 側に倒し、コンデンサ C に蓄えられたエネル

ギーを放電し、抵抗 R で消費させます。この充電または放電に伴い、コンデンサの両端電圧は変化するため、$Q=CV$〔C〕で示される電荷量も変化します。そこで、$Q=CV$〔C〕を0〔V〕からV〔V〕まで積分した値がコンデンサ C に蓄えられたエネルギーW〔J〕となります。

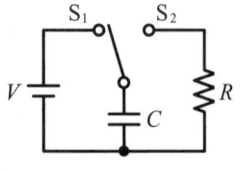

図3.13　充放電エネルギー

$$W = \int_0^V CV dv = C\int_0^V V dv = \frac{1}{2}CV^2 \text{〔J〕} \tag{3.4}$$

・コンデンサの容量

　1〔F〕のコンデンサはとてつもなく大きなコンデンサです。先ほどのコラムで説明した1〔m〕間隔の1〔m²〕の電極で使ったコンデンサの$11.3×10^{10}$倍の大きさになり、電極の1辺の長さが$3.36×10^5$〔m〕にもなり、図3.14のように電極一辺の長さは大阪から富士山のふもと辺りになります。1〔F〕のコンデンサも存

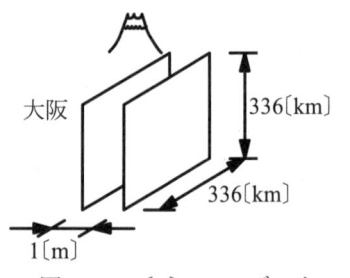

図3.14　1〔μ〕のコンデンサ

在しますが、それは電気二重層という特殊な技術を用いて作っています。一般的に電気回路で使うコンデンサは、1〔F〕の10^{-6}〔μF〕マイクロファラッドまたは1〔F〕の10^{-12}〔pF〕ピコファラッドで表現できる値のものです。

・コンデンサの直並列計算

　コンデンサも直列または並列に接続することで合成容量が変更できます。

並列接続）

　コンデンサを並列接続すると、電極面積が各コンデンサの和となりますから、図3.15(a)に示すコンデンサの合成容量C_0〔F〕も

$$C_0 = C_1 + C_2 + C_3 \text{〔F〕} \tag{3.5}$$

図3.15　(a) 並列接続

各コンデンサ容量の和となります。

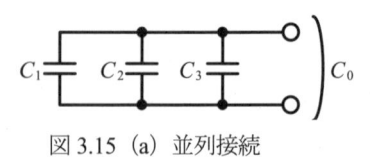

直列接続）

コンデンサを直列接続すると、各コンデンサにはコンデンサ容量に関係なく同じ量の電荷が蓄積されます。図 3.15（b）の場合、

$V_0 = V_1 + V_2 + V_3$ であるから、$V = \dfrac{Q}{C}$ から

$$V_0 = \dfrac{Q}{C_1} + \dfrac{Q}{C_2} + \dfrac{Q}{C_3} \quad (3.6)$$

$$V_0 = Q\left(\dfrac{1}{C_1} + \dfrac{1}{C_2} + \dfrac{1}{C_3}\right)$$

$\dfrac{V_0}{Q} = \dfrac{1}{C_1} + \dfrac{1}{C_2} + \dfrac{1}{C_3}$ となり、$\dfrac{V_0}{Q} = \dfrac{1}{C_0}$ であるから

合成容量 C_0 は

$$C_0 = \dfrac{1}{\dfrac{1}{C_1} + \dfrac{1}{C_2} + \dfrac{1}{C_3}} \, [F] \quad (3.7)$$

これは抵抗の並列計算と同じ計算方法になります。

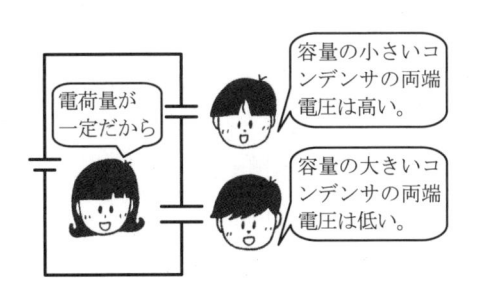

(b) 直列接続

図 3.15 コンデンサの直並列接続

3.2.3 直流に対するコンデンサの作用

図 3.16 のスイッチ S_1 を'ON'にすると、回路電流 i は初期値 i_0 で

$$i_0 = \dfrac{E}{R} \, [A]$$

コンデンサ C に充電が開始されます。

図 3.16 CR の直流過渡現象

コンデンサ C に q の電荷が蓄積されると、コンデンサ C の両端電圧 v_C は

$$v_C = \dfrac{q}{C} \, [V] \quad (3.8)$$

となり、このときの回路電流 i は

$$i = \frac{E - v_c}{R} = \frac{E - \dfrac{q}{C}}{R} \text{[A]} \tag{3.9}$$

で、コンデンサ C へ充電を行い、時間経過とともに少なくなります。この状態は起電力＝Σ電圧降下から

$$E = Ri + v_C \tag{3.10}$$

となり、式 (3.8) ならびに $i = \dfrac{dq}{dt}$ を代入すると

$$E = R\frac{dq}{dt} + \frac{q}{C} \tag{3.11}$$

となります。この式 (3.11) を変数分離し、両辺を積分します。

$$\frac{dq}{q - CE} = -\frac{dt}{CR} \tag{3.12}$$

$$\int \frac{dq}{q - CE} = \int -\frac{dt}{CR} + k \tag{3.13}$$

$$\therefore \log(q - CE) = -\frac{t}{CR} + k \quad （一般解） \tag{3.14}$$

$t = 0$, $q = 0$ の初期条件より

$$\log(-CE) = k \tag{3.15}$$

式 (3.15) を式 (3.14) へ代入すると

$$\log(q - CE) = -\frac{t}{CR} + \log(-CE) \tag{3.16}$$

$$\therefore \log\frac{CE - q}{CE} = -\frac{t}{CR} \tag{3.17}$$

式 (3.17) を指数形にし、q を導く。

$$\frac{CE - q}{CE} = \varepsilon^{-\frac{t}{CR}} \tag{3.18}$$

$$\therefore q = CE - CE\varepsilon^{-\frac{t}{CR}} \tag{3.19}$$

式 (3.19) を式 (3.9) へ代入し、整理すると回路電流 i は

$$i = \frac{E - \dfrac{CE - CE\varepsilon^{-\frac{t}{CR}}}{C}}{R} \quad (3.20)$$

$$= \frac{E}{R}\varepsilon^{-\frac{t}{CR}} \quad (3.21)$$

式 (3.21) の電流初期値 $\dfrac{E}{R}$ を i_0 とし、電流 i が i_0 から $i_0\dfrac{1}{\varepsilon}$ にいたる時間を時定数 τ [s] とします。

ここからが重要です。

$$i_0 \cdot \frac{1}{\varepsilon} = i_0 \cdot \varepsilon^{-\frac{\tau}{RC}} \quad (3.22)$$

$$\varepsilon^{-1} = \varepsilon^{-\frac{\tau}{RC}}$$

$$1 = \frac{\tau}{RC}$$

$$\therefore \tau = RC \quad (3.23)$$

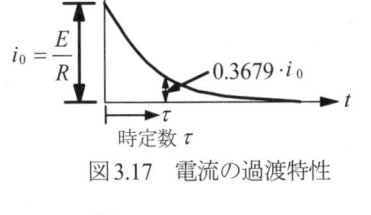

時定数の τ [s] 後の回路電流 i_τ は

$$i_\tau = i_0 \cdot \frac{1}{\varepsilon} = 0.3679 \cdot i_0 \quad (3.24)$$

図 3.17 電流の過渡特性

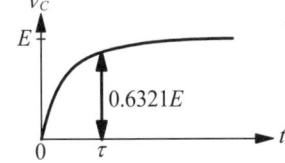

図 3.18 v_C の過渡特性

となり、この電流の過渡特性を図 3.17 に示します。

時定数 τ [s] 後のコンデンサ C の両端電圧 v_C は次式で表され、

$$v_C = E - R \cdot i_0 \cdot \frac{1}{\varepsilon} \quad (3.25)$$

初期値 $E = R \cdot i_0$ ですから
時定数 τ [s] 後の v_C は図 3.18、式 (3.26) のようになります。

$$v_C = E\left(1 - \frac{1}{\varepsilon}\right) = 0.6321E \quad (3.26)$$

時間経過に伴う過渡現象の最終値を '1' としたときの v_C の変化は図 3.19 のようになり、限りなく '1' に近づく様子が分かります。

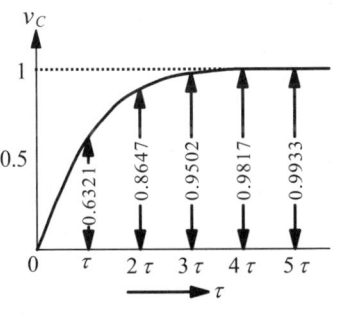

図 3.19 n 倍の時定数

このように回路電流が初期値から定常状態に至るまでの間を過渡状態といい、このように時間経過が観察できる現象を過渡現象といいます。

次に図 3.20 のスイッチ S_1 を 'OFF'、スイッチ S_2 を 'ON' にし、今まで C に充電されたエネルギーを放電します。

このとき回路電流 i は

$$i = -\frac{E}{R}\varepsilon^{-\frac{t}{RC}} \qquad (3.27)$$

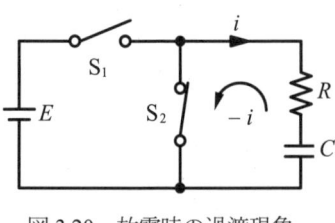

図 3.20 放電時の過渡現象

で、今までの逆方向に流れます。

🔦 簡単なおさらい問題です。

問 3.4) 図 3.C の A－B 間のコンデンサ合成容量はいくらでしょうか。

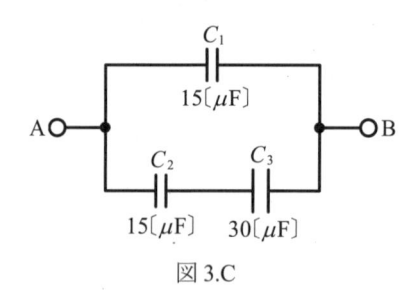

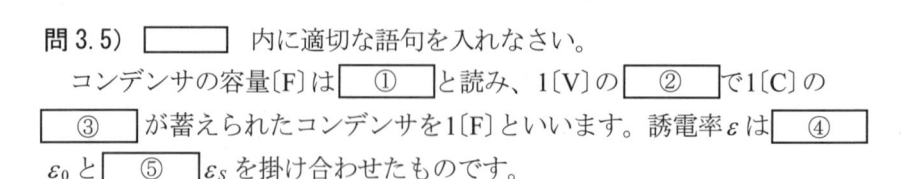

図 3.C

問 3.5) ＿＿＿＿ 内に適切な語句を入れなさい。

コンデンサの容量〔F〕は ① と読み、1〔V〕の ② で1〔C〕の ③ が蓄えられたコンデンサを1〔F〕といいます。誘電率 ε は ④ ε_0 と ⑤ ε_s を掛け合わせたものです。

問 3.6) 図 3.D の回路で 0.1 秒遅延回路を作りたい。コンデンサ C の容量はいくらか？ ただし 2 段目のゲートのヒステリシス幅は ±13〔%〕とする。

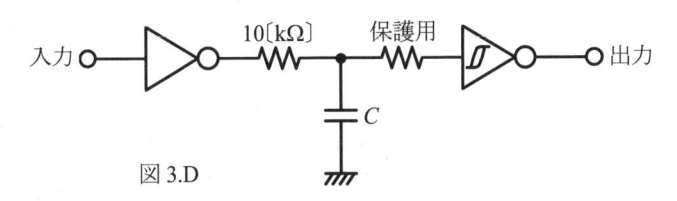

図 3.D

3.2.4 交流に対するコンデンサの電圧位相と電流位相

図 3.21 の回路を使い、コンデンサに交流を流して電圧波形と電流波形を観察します。説明のため電流方向 I を＋、電圧は図の上方向を＋とします。

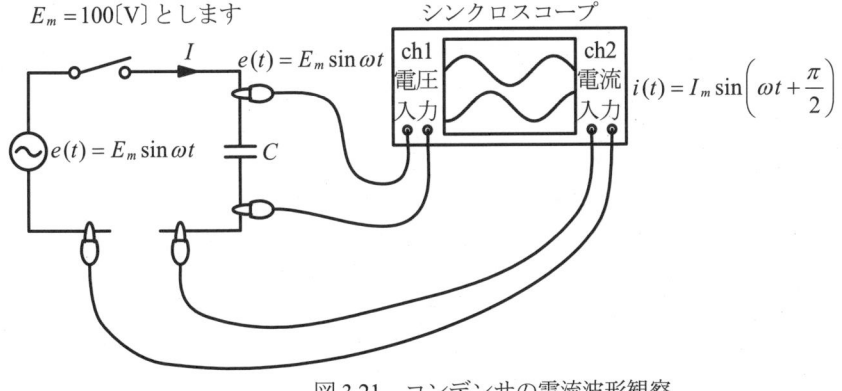

図 3.21 コンデンサの電流波形観察

コンデンサ C には $Q = CE$ の電荷が蓄えられます。電荷量は電圧が変わればそれに伴い変化します。今、コンデンサ C の両端電圧が +100〔V〕から +90〔V〕に下がったとします（図 3.22 の左端）。 $Q = CE$ の Q が少なくなろうとしますので、コンデンサ C から電荷が放出され、電流は I の逆方向に流れます。次に位相が回転し、コンデンサの両端電圧が −100〔V〕から −90〔V〕に変化したとします。
今度はマイナス方向に蓄積された電荷を放出しますから、電流は I の方向へ流れます。このようにコンデンサに流れる電流は、電圧の変化を先取りした形となります。

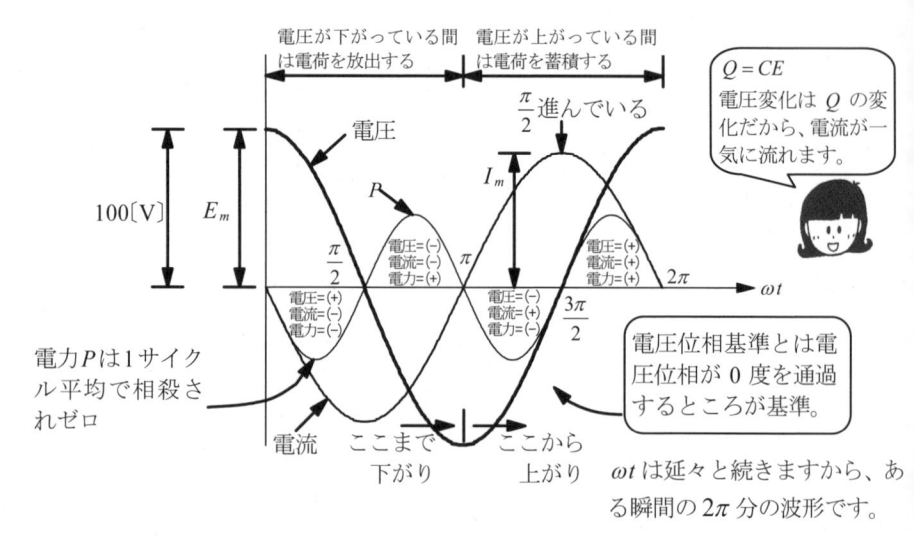

図中注釈:
- 電圧が下がっている間は電荷を放出する
- 電圧が上がっている間は電荷を蓄積する
- $\frac{\pi}{2}$進んでいる
- $Q = CE$ 電圧変化は Q の変化だから、電流が一気に流れます。
- 電圧
- E_m
- 100〔V〕
- I_m
- P
- 電圧=(−)／電流=(−)／電力=(+)
- 電圧=(+)／電流=(−)／電力=(−)
- 電圧=(−)／電流=(+)／電力=(−)
- 電圧=(+)／電流=(+)／電力=(+)
- $\frac{\pi}{2}$, π, $\frac{3\pi}{2}$, 2π, ωt
- 電力 P は1サイクル平均で相殺されゼロ
- 電流
- ここまで下がり
- ここから上がり
- 電圧位相基準とは電圧位相が0度を通過するところが基準。
- ωt は延々と続きますから、ある瞬間の 2π 分の波形です。

図 3.22　コンデンサに対する電圧、電流、電力の波形

これを電圧位相を基準に式で表すと、

電圧式：$e(t) = E_m \sin \omega t$　　　　　　　(3.28)

電流式：$i(t) = I_m \sin\left(\omega t + \frac{\pi}{2}\right)$　　(3.29)

一歩先を行くコンデンサの電流

となり、電流位相が電圧位相より $\frac{\pi}{2}$ (90°) 進んでいます。

このときのコンデンサで消費する電力 p〔W〕は、

$p = ei$　　　　　　　　　　　　(3.30)

21世紀　22世紀

$\quad = E_m \sin \omega t \cdot I_m \sin\left(\omega t + \frac{\pi}{2}\right)$　　(3.31)

$\quad = E_m \cdot I_m \cdot \sin \omega t \cdot \sin\left(\omega t + \frac{\pi}{2}\right)$　　(3.32)　　和と積の公式から

$\quad = \dfrac{E_m \cdot I_m}{2} \cos \dfrac{\pi}{2} - \dfrac{E_m I_m}{2} \cos\left(2\omega t + \dfrac{\pi}{2}\right)$〔W〕　(3.33)

$\cos \dfrac{\pi}{2}$ がゼロ ── 図3.22の $2\omega t$ のサインカーブだからこの項もゼロとなります。

すなわち、純粋なコンデンサは電力消費を行いません。

3.2.5 容量性リアクタンス

コンデンサ C に交流電圧を印加すると、位相が90°進んだ電流が流れる勉強はすでにしました。今度は流れる電流の大きさを考えてみましょう。

直流の場合は $\quad I = \dfrac{E}{R}$

（吹き出し）直流の回路電流 I は $I = \dfrac{E}{R}$ でした。

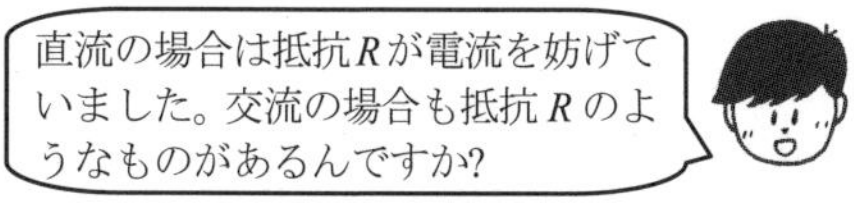

（吹き出し）直流の場合は抵抗 R が電流を妨げていました。交流の場合も抵抗 R のようなものがあるんですか？

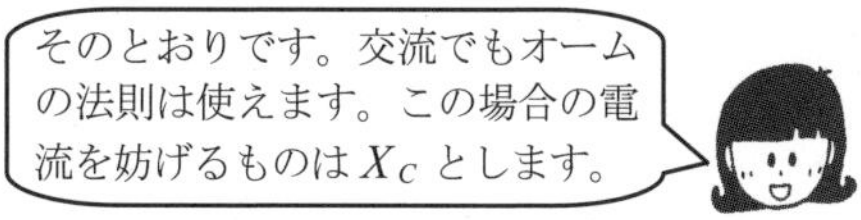

（吹き出し）そのとおりです。交流でもオームの法則は使えます。この場合の電流を妨げるものは X_C とします。

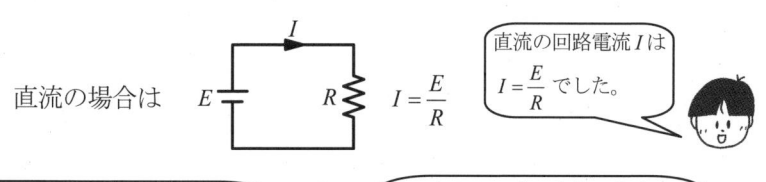

交流でも $\quad I = \dfrac{E}{R} \quad$ の関係は成立します。

（E：電圧、I：電流、R：電流を妨げるもの）

交流に対してコンデンサの場合、電流を妨げるものは R ではなく X_C となります。これは<u>位相と周波数の要素を含んだ容量性リアクタンス</u>です。図 3.23 の回路電流 i と X_C の関係は式（3.34）のようになります。

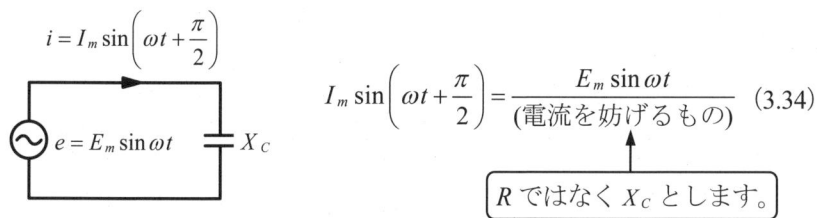

$$i = I_m \sin\left(\omega t + \frac{\pi}{2}\right)$$
$$e = E_m \sin \omega t$$

$$I_m \sin\left(\omega t + \frac{\pi}{2}\right) = \frac{E_m \sin \omega t}{(\text{電流を妨げるもの})} \quad (3.34)$$

（R ではなく X_C とします。）

図 3.23 容量性リアクタンスの説明

それでは図 3.23 の X_C を導きます。コンデンサ C には、$Q = CE$ の電荷が蓄えられます。これは交流でも直流でも同じですから、コンデンサ C に $e = E_m \sin \omega t$ の電圧を加えると、回路電流 i は蓄えられる電荷量 q の微分値となります。

$$i(t) = \frac{dq}{dt} \quad (3.35)$$

$q = Ce$ と $e = E_m \sin \omega t$ を代入すると

$$i(t) = C\frac{de}{dt} = C\frac{dE_m \sin \omega t}{dt} \tag{3.36}$$

$$i(t) = \omega C E_m \cos \omega t \tag{3.37}$$

となり、$\cos \omega t$ が1のとき、電流は最大値 I_m ですから

$$I_m = \omega C E_m \tag{3.38}$$

$$\omega C = \frac{I_m}{E_m} \quad \text{これはサセプタンスですから逆数をとり}$$

$$\frac{1}{\omega C} = \frac{E_m}{I_m} \tag{3.39}$$

この $\frac{1}{\omega C}$ が容量性リアクタンス X_C です。ディメンションは $\frac{E_m}{I_m}$ ですから、単位は抵抗と同じ〔Ω〕です。記号は一般的に X_C を使います。

$$\text{容量性リアクタンス } X_C = \frac{1}{\omega C} = \frac{1}{2\pi f C} 〔\Omega〕 \tag{3.40}$$

この式だけはきちんと覚えましょう。

簡単なおさらい問題です。

問 3.7) 1〔μF〕のコンデンサに 60〔Hz〕と 120〔Hz〕の交流を与えたときのリアクタンスはいくらか?

3.2.6 コンデンサの用途

コンデンサの使用目的は
① 平滑、積分などのように電気を貯める
② 交流を通して直流を通さない(カップリングまたはデカップリング)
③ 高周波回路などでのコイルとの共振

などです。次にコンデンサの用途例を示し、コンデンサの使い方と種類を説明します。

コンデンサの用途その1)　平滑

図3.24にアダプタ電源などで使われる最も簡単な整流平滑回路を示します。直流出力電圧100〔V〕、出力電流1〔A〕で設計すれば、負荷抵抗は100〔Ω〕

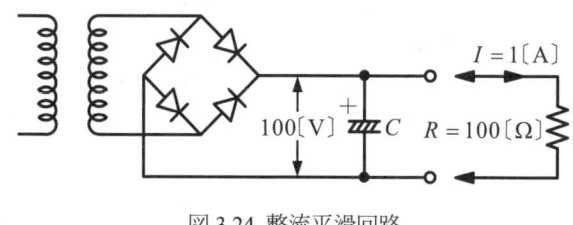

図3.24　整流平滑回路

となります。この負荷に対して CR の時定数 τ を60〔Hz〕交流の半サイクルの10倍にするには

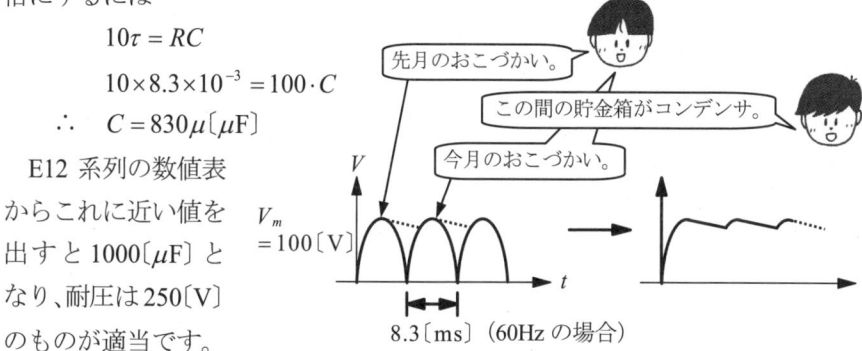

$$10\tau = RC$$
$$10 \times 8.3 \times 10^{-3} = 100 \cdot C$$
$$\therefore\ C = 830\mu\text{〔}\mu\text{F〕}$$

E12系列の数値表からこれに近い値を出すと1000〔μF〕となり、耐圧は250〔V〕のものが適当です。この平滑波形を図

図3.25　平滑波形図

3.25に示します。平滑回路には逆電圧が加わりませんから、極性付のコンデンサが使用できます。また、周波数特性よりも大容量であることが優先されますから、平滑用には電解コンデンサが適しています。

コンデンサの用途その2)　パスコン

デジタルまたはアナログのどちらの回路でもICへ供給する電源にICの直近で電源、GND間にコンデンサを付けます。これをパスコン(図3.26)といいます。IC内でスパ

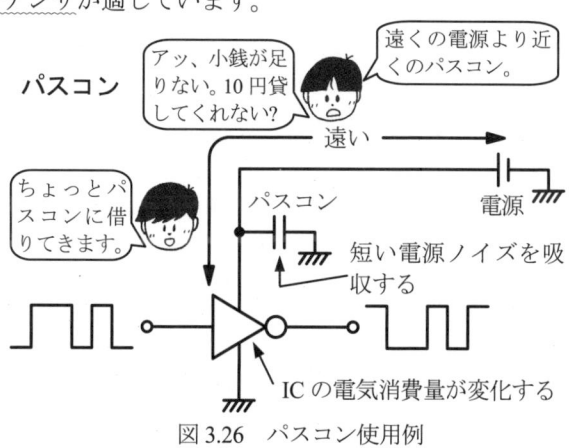

図3.26　パスコン使用例

イク状に発生する消費電流変化を吸収したり、電源ラインに乗っているノイズをバイパスしたりします。これは遠い電源からでは供給が間に合わない短時間の変化に対して、パスコンから「ちょっと借りる」かたちですから、応答性が最優先されます。そのためパスコンには応答性の良い積層型のコンデンサを使います。

コンデンサの用途その3） 積分、タイマ用コンデンサ

CR で時定数を設定するオペアンプを使った積分回路を図3.27に示します。積分定数は CR の精度に依存しますから、特にコンデンサの絶対精度と濡れ電流が少ないことが要求されます。しかし、積分回路の電位変化はゆっくりとした速度ですから、応答性は不要です。積分用にはこれらの条件を満足するフィルムコンデンサを使います。

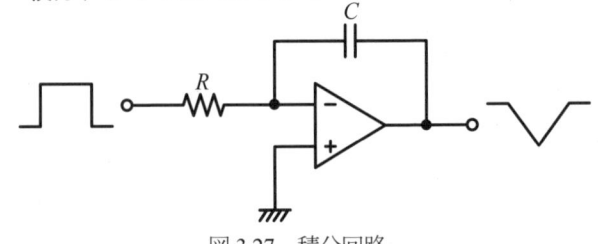

図 3.27 積分回路

3.2.7 コンデンサの選択

コンデンサの特性は、使用する誘電体の性質に大きく依存します。誘電体を使用することでコンデンサは飛躍的に小形化が行えますが、その反面、周波数特性の低下、極性の発生などを伴う誘電体もありますから、使用目的に合ったコンデンサを適切に選択しなければなりません。次にコンデンサの用途に合った選定要素と選定方法を説明します。

誘電体の魔法は万能ではないぞ

・コンデンサ容量

コンデンサ容量の単位は〔F〕ファラッドですが、これは汎用のコンデンサ容量と比較し桁違いに大きいため、通常 10^{-6}〔μF〕マイクロファラッドまたは 10^{-12}〔pF〕ピコファラッドの単位で扱います。コンデンサの容量値は 2.2〔μF〕,47〔μF〕などのように端数の付いたE6系列、またはE12系列のものが用意されています　（表3.1参照）。

コンデンサ容量の表記例を図 3.28 に示します。表記方法はコンデンサに直接値が書かれているものと，〔pF〕単位で数字 2 桁と 10^n の乗数で記述されたものがあります。

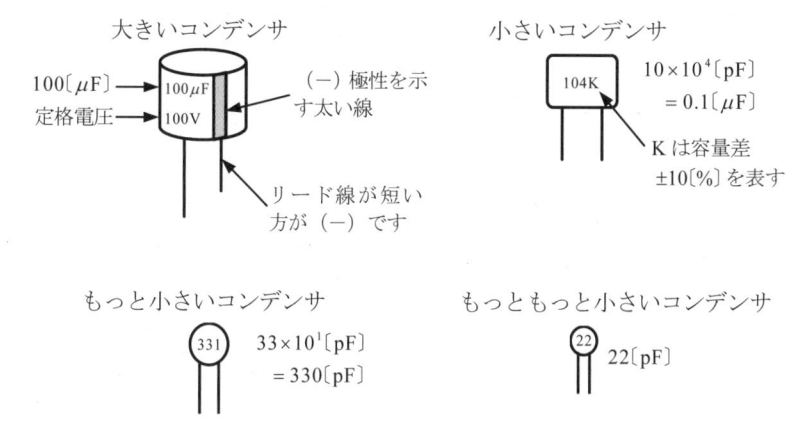

大きいコンデンサ
100〔μF〕→ 100μF
定格電圧 → 100V
（−）極性を示す太い線
リード線が短い方が（−）です

小さいコンデンサ
104K
10×10^4〔pF〕
= 0.1〔μF〕
K は容量差 ±10〔%〕を表す

もっと小さいコンデンサ
331
33×10^1〔pF〕
= 330〔pF〕

もっともっと小さいコンデンサ
22
22〔pF〕

図 3.28　コンデンサ容量の表記方法

コンデンサは使用する誘電体により製作できる容量の範囲があります。図3.29 に代表的な誘電体を使ったコンデンサの製作範囲を示します。

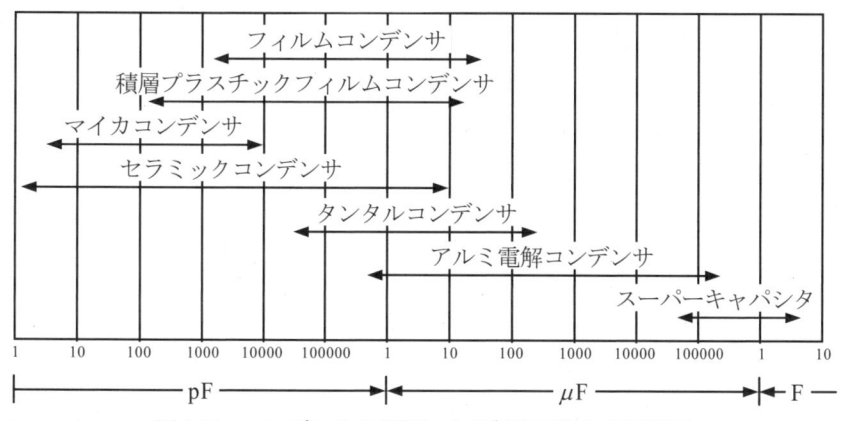

図 3.29　コンデンサの種類による製作可能な容量範囲

・コンデンサ容量許容差

コンデンサの容量値は抵抗値と比較し，誤差が大きく不安定です。許容差の表記がないものもあり，10～20%の誤差は当たり前と思って下さい。また，コンデンサを指で摘み，少し力を加えただけで容量値は大きく変化します。コン

デンサの容量はこんなものですから、絶対精度をコンデンサ容量に依存するような設計をしないで下さい（V/F 変換などやむ得ないものもありますが....）。また、電解コンデンサなどは寿命があり、使用することで容量が少しずつ減ってきますから、その分最初から少し上乗せして +100 ～ –0 [%] と最低値保証のものもあります。コンデンサの容量許容差を表 3.2 に示します。

大盛
電解コンデンサ丼

表 3.2 コンデンサの容量許容差

ランク符号	C	D	F	G	H	J	K	M
容量許容差	±0.25%	±0.5%	±1%	±2%	±3%	±5%	±10%	±20%

ランク C,D,F は温度補償用のもの　　Z：+80～-20%　　P：+100～-0%

表 3.3　電解コンデンサの仕様の一例

項目	性能
使用温度範囲	-40～+85℃
定格電圧範囲	6.3～50V DC
静電容量許容差	±20%（M）　　（20℃, 120Hz）
漏れ電流 (20℃　2分値)	I=0.01CV 以下 I:漏れ電流（μA）　C:公称静電容量（μF）　V:定格電圧（V）
誘電正接(tanδ) (20℃　120Hz)	定格電圧（VDC）｜6.3｜10｜16｜25｜35｜50 tanδ　　　　　｜0.35｜0.30｜0.25｜0.20｜0.15｜0.12 100μF を超えるものは 100μF 増す毎に上記表値に 0.02 を加えた値以下
高温負荷特性	85℃　2,000 時間 ・容量変化率：初期値の±20%以内 ・漏れ電流：初期規格値以下 ・損失角の正接：初期規格値の 200%以下
その他	上記規格値以外は JIS　C5141　特性 WG に準拠

使用温度を 20 [℃] 下げて 65 [℃] とすると 8000 時間保証となる
定格電圧により tanδ が変わる

・温度係数

温度によるコンデンサ容量の変化係数です。

$$温度係数 = \frac{\Delta c}{C_{20} \cdot \Delta t} \times 10^6 [\text{ppm}/℃] \quad (3.41)$$

C_{20} ：20℃基準のコンデンサ容量

Δt ：温度変化

Δc ：Δt の温度変化によるコンデンサ容量変化

温度係数は温度補償用コンデンサの仕様書には記載されていますが、一般コンデンサの仕様書にはあまり使われません。

・使用温度範囲

コンデンサはあまり熱に強い部品ではありません。特に電解コンデンサはコンデンサ自身からも発熱し、この発熱が劣化を早める要因となります。電解コンデンサの寿命は使用温度が10[℃]上昇するごとに半減します。場合によってはコンデンサの寿命がコンデンサを使っている機械の寿命となりますので、電解コンデンサを選定するときは耐圧（定格電圧）に余裕を持たせ、また、周囲温度が高い場合は通常の80[℃]仕様から105[℃]、125[℃]の耐熱仕様に変更するなどの配慮が必要です。

・定格電圧

コンデンサの電極に印加できる許容電圧です。コンデンサ $C = \varepsilon \dfrac{s}{d}$ [F] で表されるように、電極間隔 d が小さければコンデンサは小型で大容量のものができますから、コンデンサメーカでは絶縁耐圧を指定して、できるだけ小型のものを製作しています。定格電圧は WV（Working Volt）または V で表します。一般的な定格電圧表示の区切りは次のようになっています。

| 6.3[V], 10[V], 16[V], 25[V], 35[V], 50[V], 63[V], 100[V], 250[V] |

回路電圧に対して使用するコンデンサの定格電圧を十分余裕を持たせることで、漏れ電流と誘電正接が改善されます（表 3.3 参照）。これによりコンデンサからの発熱も抑えられ、コンデンサの寿命も延びます。また、極性のないコンデンサでも定格電圧は直流値（DC,WV）が記述されています。交流回路に使う場合、2.5 倍を目安に定格電圧の高いものを用意して下さい。

・コンデンサの構造

コンデンサの構造は図 3.30 の（a）巻物型と（b）積層型に大別されます。

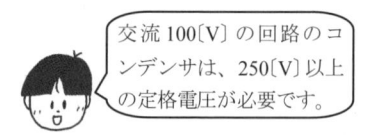

> 交流 100〔V〕の回路のコンデンサは、250〔V〕以上の定格電圧が必要です。

巻物型コンデンサ

電解コンデンサ、フィルムコンデンサなどがこの構造です。大容量のコンデンサが製作できますが、巻物ですから等価的にコイル成分が多くなります。

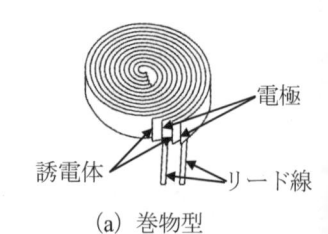

(a) 巻物型

積層型コンデンサ

セラミックコンデンサ、マイカコンデンサなどがこの構造です。あまり大容量のコンデンサは製作できませんが、周波数特性は良好です。回路内のパスコンなどに使います。

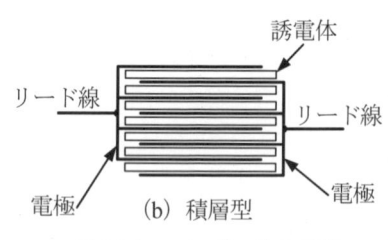

(b) 積層型

図 3.30　コンデンサの構造

※タンタルコンデンサとスーパーキャパシタ（メモリバックアップなどを行う大容量コンデンサ）の構造は少し化学屋さんの領域に入り、話がややこしくなりますのでここでは割愛します。

・コンデンサの極性

電解コンデンサ、タンタルコンデンサ、スーパーキャパシタなどは、電解液を使用しているため極性があり、交流回路には使えません。特にタンタルコンデンサは逆極性に敏感です。

―― コラム　コンデンサの極性の補足説明 ――

有極コンデンサの中で電解コンデンサに限り、図3.E のように 2 つのコンデンサを背中合わせに接続して無極性化は可能ですが、あまり良い方法ではありません。できるだけ電解液を使っていないコンデンサを使いましょう。また、極性ではありませんが、巻物コンデンサの内側に巻いている電極のリード線側に、図 3.F のような印の付いているものがあります。このリード線を信号側へ、反対のリード線をアース側へ接続することで外側巻電極の浮遊容量の影響を軽減できます。

図 3.E　電解コンデンサの無極性化

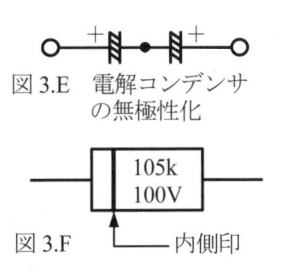

図 3.F　　105k / 100V　内側印

・誘電正接(tan δ)、漏れ電流、周波数特性

誘電正接

コンデンサを等価回路で表すと、図3.31 のように本来のコンデンサ以外のものがいろいろ付随しています。この不純物のため、90度電流位相が進むはずでしたが、図3.32 のように少し足りません。

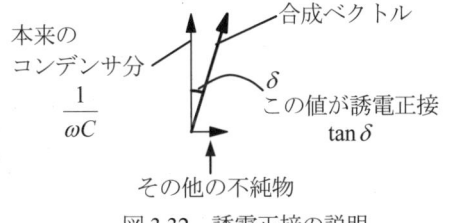

本来のコンデンサ分 $\frac{1}{\omega C}$

合成ベクトル

この値が誘電正接 tan δ

その他の不純物

図 3.32　誘電正接の説明

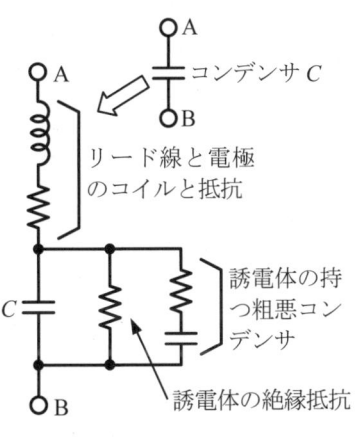

コンデンサ C

リード線と電極のコイルと抵抗

誘電体の持つ粗悪コンデンサ

誘電体の絶縁抵抗

図 3.31　コンデンサ C の等価回路

図 3.32 の（90 度－合成ベクトル角）が δ 角で、これをタンジェントで表し、誘電正接といいます。しかし、角度ではなくその他不純物の比率〔%〕で表します。

リアクタンスを表す $\frac{1}{\omega C}$ の周波数 f の値は電解コンデンサの場合120〔Hz〕、それ以外のコンデンサの場合1000〔Hz〕がよく使われます。誘電正接は誘電損失ともいい、発熱を伴いますからコンデンサの寿命に影響します。特に電解コンデンサを高い周波数のスイッチング回路で使う場合、注意が必要です。

漏れ電流

図 3.31 の等価回路に示す、誘電体の絶縁抵抗による漏れ電流です。電流ですから電圧と抵抗に影響されますので、図 3.33 のように漏れ電流 I〔μA〕は、1〔μF〕の容量に直流電圧1〔V〕印加の換算で示します。10〔μF〕コンデンサを10〔V〕の回路で使う場合、ここで示された値の 100 倍の漏れ電流が流れます。普通の電解コンデンサで、この値が0.02〔CV〕,〔μA〕程度です。小容量のコンデンサの場合、漏れ電流でなく絶縁抵抗値で表示されています。

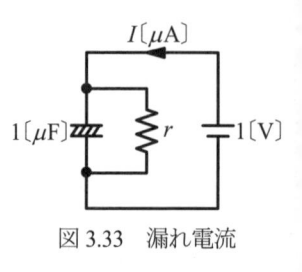

図 3.33　漏れ電流

周波数特性

コンデンサは使用する誘電体により、周波数特性が異なります。

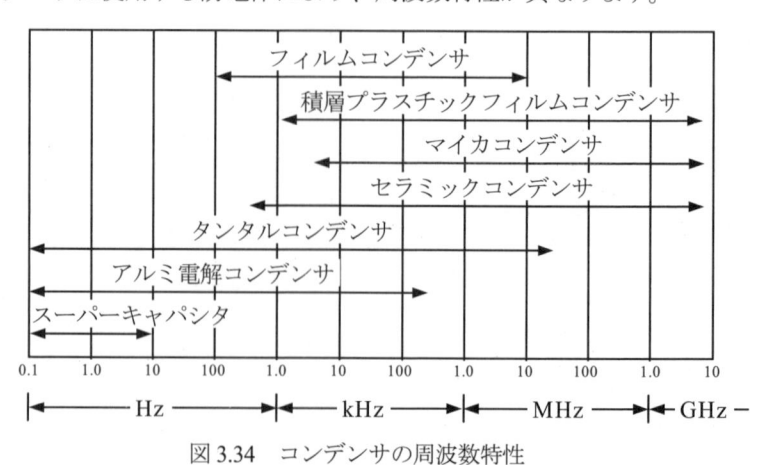

図 3.34　コンデンサの周波数特性

図 3.34 に誘電体の種類による周波数特性の目安を示します。

🔔 ここまでのまとめです。

・コンデンサの容量の表し方

10^{-12}〔pF〕 または 10^{-6}〔μF〕　　（例）

$$473 = 47 \times 10^3 〔pF〕 = 0.047 〔\mu F〕$$

・コンデンサの容量は少し丼です。

コンデンサ容量に依存する設計は、できるだけしない方が安全です。

・コンデンサは余裕を持って使いましょう。

定格電圧（耐圧）、使用温度を 1 ランク上のものを使用することで、機器の信頼性と寿命を向上させます。

・誘電正接と漏れ電流

電流位相が 90 度進む理想コンデンサはありません。

$$誘電正接(\tan \delta) = \frac{不純物コンデンサに流れる電流}{純粋コンデンサ\frac{1}{\omega C}に流れる電流} \qquad (3.C)$$

🔔 おさらいの問題です。

問 3.8) 1000〔pF〕の表示は?

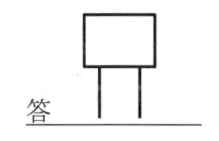

答 _____

問 3.9) ☐ 内に適切な語句を入れて下さい。
- コンデンサは使用する☐問3.9.1により、極性が発生したり☐問3.9.2が変わったりします。
- コンデンサ容量は10^{-6} ☐問3.9.3 または10^{-12} ☐問3.9.4 の単位で表します。
- コンデンサの性能を表す誘電正接の値は☐問3.9.5 方が高性能です。
- コンデンサの性能を表す漏れ電流の値は☐問3.9.6 方が高性能です。

3.2.8 コンデンサの種類

　コンデンサは種類が多く、外観もよく似たものが多いため、梱包の袋から取り出し別のものと混ざってしまうと、もう二度と元には戻らなくなります。マイラコンデンサ、マイカコンデンサ、円盤形でないセラミック、モールドされたポリ系のコンデンサ、積層型ポリ系コンデンサなど表示がなければ見分けがつきませんから注意して下さい。ただし、これらのコンデンサの定格電圧は50〔V〕のものが多いので、巻物と積層物を間違えない限りどれを使っても大きなトラブルには至りません。

またゲームのキャラを覚える時間がやってまいりました。キャラを覚えることでおもしろいゲームが演出できます。

・アルミ電解コンデンサ

　アルミ箔電極と電解液を浸した絶縁材からなる巻物型コンデンサです。電気分解による誘電体を使いますから、基本的には極性があります。小型で大容量のものができる反面、$\tan\delta$ や漏れ電流が大きく、周波数特性も良くありません。主に低周波・大電力の回路に使用されます。容量の大きいのが取り柄のコンデンサです。
　写真右上はチップ型の電解コンデンサです。

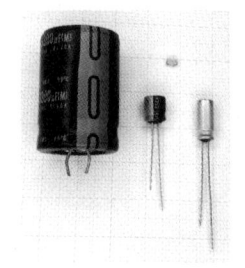

アルミ電解コンデンサ

・タンタルコンデンサ

　陽極にタンタル焼結体を使った電解コンデンサです。アルミ電解コンデンサと比べ、$\tan\delta$ や漏れ電流、周波数特性など改善、また小型化されていますが、あまり大容量のものはありません。逆極性の電圧印加に弱く、わずかな逆電圧でも簡単に破壊に至ります。破壊時にコンデンサ内部が短絡状態になりますから、二次的な故障を誘発することがあります。大変神経質なコンデンサです。

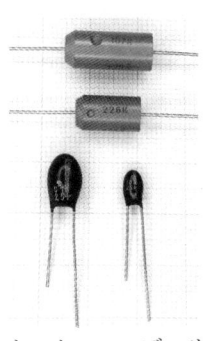

タンタルコンデンサ

・フィルムコンデンサ

　巻物コンデンサの代表格です。無極性で $\tan\delta$、漏れ電流も少なく高性能です。オーディオ回路、あまり周波数の高くない発振回路に適しています。ただし巻物ですからコイル分の影響、浮遊容量の影響もあり、あまり高周波には不向きです。値段が高いこともあり、パスコンなどに使うことはないと思いますが、能力的にもパスコンには不向きです。

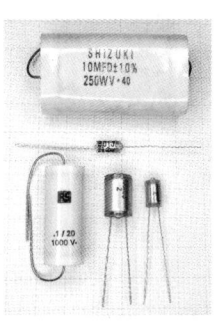

フィルムコンデンサ

・セラミックコンデンサ

　積層型でコイル分の影響がありませんから、高周波まで使用できます。セラミック材料により誘電率が選択できます。誘電率の低いものは、$\tan\delta$ をはじめ温度特性まですべての性能が安定していて、補償用コンデンサなどに使われます。誘電率の高い誘電体を使うことで、積層型としては大容量の数 μF のものまで製作可能です。しかし、誘電率の高いものを使うとやはり安定性は多少犠牲になるようです。円盤形セラミックの外観はカボチャの種のようですが、安くて高性能なコンデンサです。

　写真上はチップ型製品です。

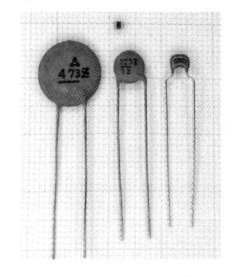

セラミックコンデンサ

・ポリ系コンデンサ

　ポリエチレン、ポリプロピレン、ポリスチレン、プラスチックなどを誘電体に使用したもので、巻物も積層物もあります。巻物の場合は、フィルムコンデンサの分類に入れるべきものです。積層型の場合、セラミックコンデンサと同等の使い方ができます。誘電体の種類により、またメーカにより名前がいろいろ異なりますが、みんな兄弟です。

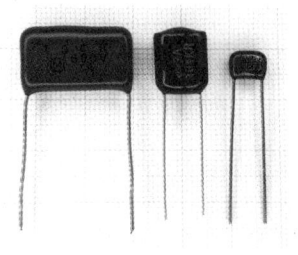

ポリ系コンデンサ

・可変コンデンサ

　コンデンサ容量が機械的に可変できるものです。Variable Condenser を略してバリコンと呼びます。一昔前のラジオによく使われていました。誘電体を何も使わない（空気）のものと、ポリ系のものがあり、製作できる容量は1000〔pF〕程度です。構造的には、くし状になったアルミ板を回すもの（写真左）から、小型のトリマのようなもの（写真右）があります。

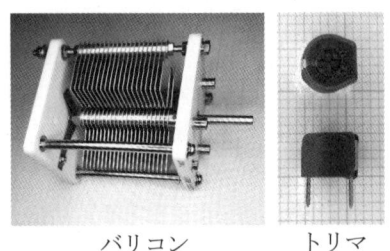

バリコン　　トリマ

まとめ

　誘電体を使わない空気コンデンサであれば使い方は自由で、特性の心配は不要です。しかし、そんな「わがまま」はスペースの問題で不可能です。やはり誘電体の魔法の力を借りなければ、回路設計は不可能です。誘電体の特性を理解して、目的に合ったコンデンサを上手に選びましょう。

人類初のコンデンサ
雷電瓶

こんなコンデンサもあります。

発電所にある大きなコンデンサ

3.3 コイル

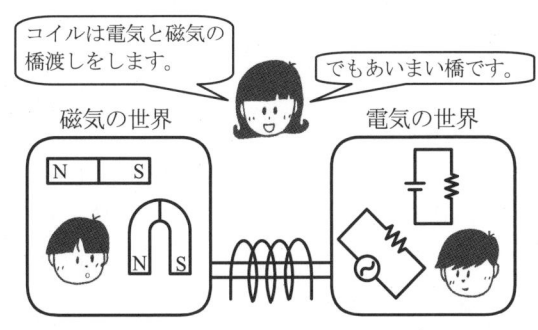

コイルとは電線をぐるぐる巻いたものです。電線に電流が流れると、その回りに磁界ができます。コイルは電線をぐるぐる巻いていますから、そこでは磁界もまとめてできます。すなわち、コイルとは電気エネルギーを磁気エネルギーに変換する道具です。前項のコンデンサは誘電体という少しあいまいな要素がありましたが、コイルはもっと不確定要素が多い代物です。空芯コイル以外は実測値と経験値が幅を利かす世界です。

3.3.1 コイルの大きさの単位

コイルの基本特性を理解するために、次の実験を行います。

① 図3.35のような電池と可変抵抗器とコイルを接続した回路を作り、回路電流とコイル両端電圧を計測します。コイルLを内部抵抗のない理想コイルとすれば、このときの回路電流I〔A〕は

$$I = \frac{E}{R} 〔A〕$$

となり

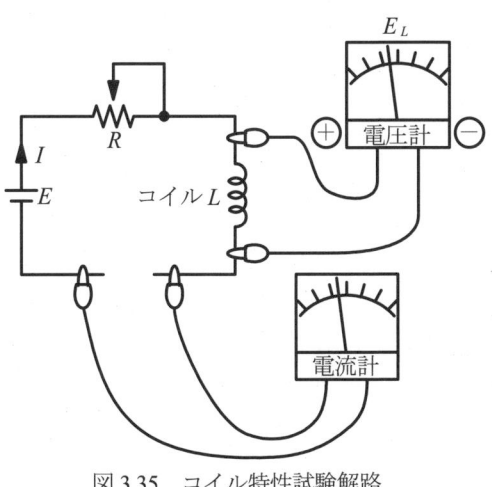

図3.35 コイル特性試験解路

Lの両端電圧E_Lは0〔V〕です。このとき可変抵抗Rを調整し、回路電流1〔A〕とします。この状態を図3.36に横時間軸で表します。

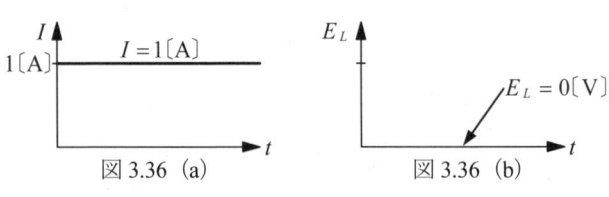

図 3.36 (a)　　　図 3.36 (b)

② 可変抵抗器 R を調整し、回路電流を 1 秒間かけて 1〔A〕から 2〔A〕へ増加させます。図 3.37 (a)。すると電流が増加している間だけコイルの両端に起電力が発生します。図 3.37 (b)。これはコイルの持つ「へそ曲がり」な特性で、電流変化を妨げようとする<u>自己誘導</u>による起電力です。

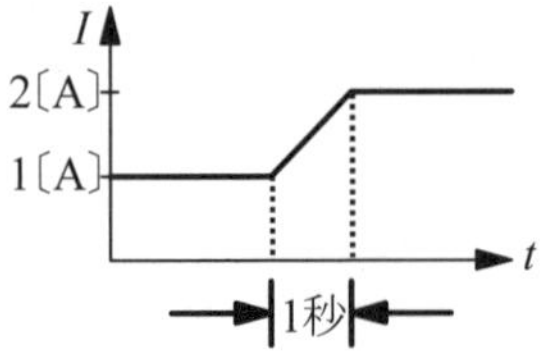

図 3.37 (a)

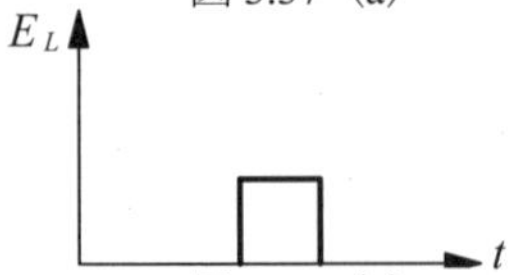

図 3.37 (b)

③ 次に可変抵抗器 R を調整し、回路電流を 1 秒かけて 2〔A〕から 1〔A〕へ減少させます。図 3.37 (c)。すると電流が減少している間だけ、コイルの両端に先ほどとは逆向きの自己誘導による起電力が発生します。図 3.37 (d)。この電流変化と電圧の関係は式（3.42）で表せます。

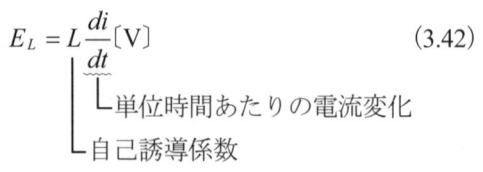

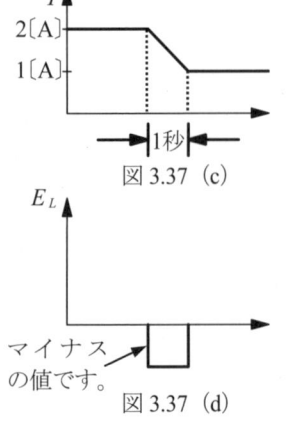

$$E_L = L\frac{di}{dt} 〔V〕 \quad (3.42)$$

　　　　　└ 単位時間あたりの電流変化
　　└ 自己誘導係数

図 3.37 (c)

マイナスの値です。

図 3.37 (d)

コイルの値　インダクタンスとは、単位時間あたりの電流変化に伴う自己誘導係数 L を指し、この場合は自己インダクタンスといいます。先ほどの実験で <u>1 秒間に 1〔A〕の電流変化があるとき、E_L が 1〔V〕であれば、コイル L は 1〔H〕</u>ヘンリーのインダクタンスとなります。

3.3.2 コイルの製作実験

　同じように電線を 10 回ぐるぐる巻いたコイルでも、図 3.38 のように巻き方やコイルの芯の材質によりできあがるコイルはまったく異なります。

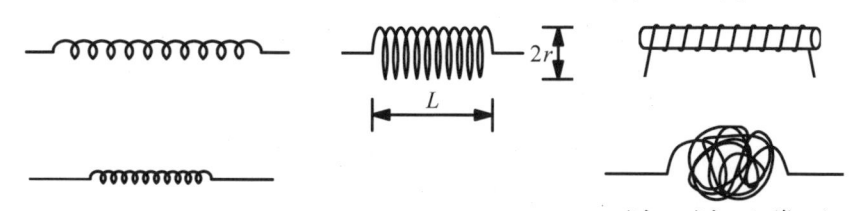

図 3.38　いろいろなコイルの巻き方

　ここでは図 3.39 と図 3.40 の 10 回巻のソレノイド型コイルを使ってみます。図 3.39 は空芯（コアのない）コイル、図 3.40 は比透磁率＝10000 のパーマロイ・コアを使ったコイルです。ソレノイド型コイルのインダクタンス L は式 (3.43) で表されます。

$$L = \frac{\lambda \mu_0 \mu_S N^2 \pi r^2}{l} \,\text{[H]} \tag{3.43}$$

長岡計数／透磁率／比透磁率／巻き数／半径[m]／コイルの長さ／インダクタンス

まず図3.39空芯コイルのインダクタンスを求めます。空芯の比透磁率は1ですから、インダクタンスLは

$$L = \frac{\lambda \mu_0 \mu_S N^2 \pi r^2}{l} \text{[H]} \quad (3.43)$$

$$= \frac{0.91 \cdot 12.56 \times 10^{-7} \cdot 1 \cdot 10^2 \cdot \pi \cdot 15^2 \times 10^{-6}}{0.1}$$

$$= 0.81 \times 10^{-6} = 0.81 \text{[}\mu\text{H]}$$

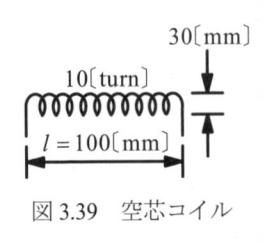

図3.39 空芯コイル

次に図3.40のコアを使ったコイルのインダクタンスを求めます。

パーマロイ・コアの比透磁率を10000とすると、インダクタンスLは

$$L = \frac{\lambda \mu_0 \mu_S N^2 r^2}{l} \text{[H]} \quad (3.43)$$

$$= \frac{0.91 \cdot 12.56 \times 10^{-7} \cdot 10^4 \cdot 10^2 \cdot 3.14 \cdot 15^2 \times 10^{-6}}{0.1}$$

$$= 8081 \times 10^{-6} = 8081 \text{[}\mu\text{H]}$$

図3.40 パーマロイ・コアを使ったコイル

このようにコイルのインダクタンスは比透磁率に大きく依存します。また式(3.43)からも分かるように、インダクタンスの値を決定する要素は比透磁率μ_Sの他にもコイルの長さl、半径rなどもあります。これは図3.41に示す磁気抵抗の考え方で説明できます。電流Iで作られた磁界（磁束）が通る路を磁路といいます。この磁路の通りやすさ具合を電気抵抗Rと同じように磁気抵抗R_mで表します。

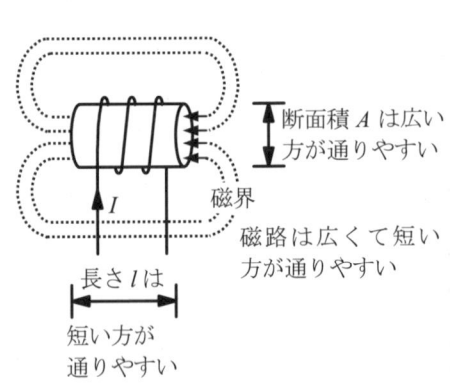

図3.41 磁気抵抗

磁気抵抗 R_m は

$$R_m = \frac{1}{\mu_0 \mu_S} \cdot \frac{l}{A} \text{[AT/Wb]} \quad (3.44)$$

（l：長さに比例、A：断面積に反比例）

となり、磁気抵抗 R_m を使ってインダクタンス L を表すと

$$L = \frac{\lambda \mu_0 \mu_S N^2 \pi r^2}{l} \text{[H]} \implies L = \frac{1}{R_m} N^2 \text{[H]} \quad (3.43a)$$

となり、シンプルな式です。この $\frac{1}{R_m}$ をコイルのコアメーカ（TDK, トーキンなど）では Al 値と呼び、コアのカタログに記載しています。Al 値を使ったインダクタンス L は次式のようになります。

$$L = Al値 \times N^2 \text{[H]} \quad (3.45)$$

コアメーカのカタログに明記されています。単位は $[\text{nH}/N^2]$

> コイルの分からない要素をすべて磁気抵抗に押しつけたみたいですね。

> 臭いものにはフタ。フタをしたまま使いましょう。

> その通りです。やむ得ません。例えば小学校で実験した「くぎ」にエナメル線を巻いた磁石でも「くぎ」の比透磁率は分かりません。結局、既製品のコアを使わないと信頼できるコイルはできませんから、カタログの Al 値が分かればすべて OK です。

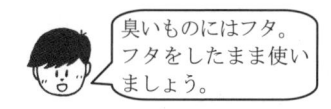

図 3.42 に Al 値の使い方の具体例を示します。Al 値 = 1000 $[\text{nH}/N^2]$ のコアに、コイルを 5 回巻くとインダクタンス $L[\text{H}]$ は

$$L = Al \cdot N^2 \text{[H]} \quad (3.45)$$
$$= 1000 \cdot 5^2 = 25000 \text{[nH]}$$
$$= 25 \text{[}\mu\text{H]}$$

電流容量は $10[\text{AT}] \div 5[\text{turn}] = 2[\text{A}]$ まで流せます。

5 [turn]
Al 値 = 1000 $[\text{nH}/N^2]$
コア容量 10 [AT]

1 [A] 流す電線を 10 回巻まで可能の意

図 3.42　Al 値の使い方説明

---コラム　透磁率について---

コンデンサの誘電体と誘電率の関係のように、コイルにも磁性体と透磁率があります。磁性体は磁石がくっつくものと思って下さい。この磁性体をコイルの芯に使うと、コンデンサの誘電体と同じようにコイルが魔法の力を得て強力になります。

透磁率 μ は真空中の透磁率 μ_0 と磁性体の比透磁率 μ_S を掛け合わせたものです。

$$\mu = \mu_0 \cdot \mu_S \,[\mathrm{H/m}] \quad (3.\mathrm{D})$$

真空中の透磁率 μ_0 は磁極に関するクーロンの法則

$$F = \frac{m_1 m_2}{4\pi \mu_0 r^2}[\mathrm{N}] \quad (3.\mathrm{E})$$

の式から導かれ、$\mu_0 = 12.56 \times 10^{-7}\,[\mathrm{H/m}]$ です。

3.3.3　コイルの直並列接続

コイルの直列または並列接続時のインダクタンス計算は、図 3.43 のように抵抗と同じ扱いです。しかし、コイルの場合、このような接続はあまり行いません。それはコイルの場合は磁気結合を伴うからです。

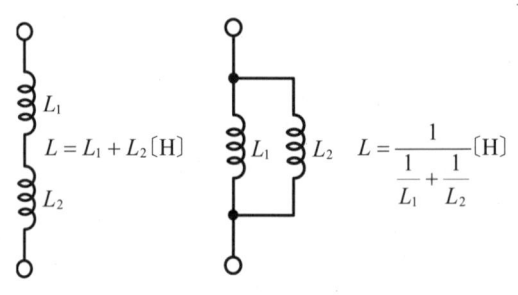

図 3.43　コイルの直並列計算

図 3.43 のように L_1 と L_2 を近くに置き直列に接続した場合、L_1 が作る磁界と L_2 が作る磁界と L_1, L_2 の 2 つのコイルで作る磁界が発生し、互いに干渉します。このときの合成インダクタンス L は

$$L = L_1 + L_2 \pm 2M\,[\mathrm{H}] \quad (3.46)$$

> 2 つのコイルの干渉でできるインダクタンスを相互インダクタンス M といいます。

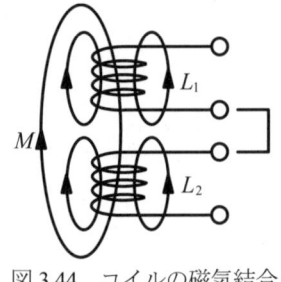

図 3.44　コイルの磁気結合

となり、L_1 コイルと L_2 コイルの作る磁界方向が同一の場合、相互インダクタ

ンス M は加算され、逆方向の場合は減算されます。相互インダクタンス M は L_1, L_2 の巻き数 N_1, N_2 の積に比例しますから、磁気抵抗 R_m の式で表すと、

$$相互インダクタンス \quad M = \frac{N_1 N_2}{R_m} [H] \quad (3.47)$$

また、自己インダクタンス $L = \frac{1}{R_m} N^2 [H]$ (3.43a)

ですから、L_1 と L_2 の巻き数 N_1 と N_2 が同じであれば、

$$L = \frac{N^2}{R_m} + \frac{N^2}{R_m} \pm 2\frac{N^2}{R_m} [H] \quad (3.48)$$

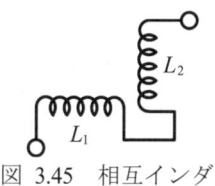

図 3.45 相互インダクタンスが少ない配置

となり、互いに相殺は可能です。また、図 3.45 のように L_1 と L_2 を直角に配置すると、相互インダクタンスの影響は少なくなります。

3.3.4 コイルの用途

電気回路 3 大要素（御三家ですから）であるコイルは、電気と磁気の仲を取り持つ特性を活かして、いろいろなところで使われています。その一例を紹介します。

・トランス

単相トランス、三相トランス、オーディオ用トランス、計測用の CT（変流機）、PT（変圧器）、パルストランスなどトランスの種類は用途の数だけあります。トランスは図 3.46 のように電気/磁気/電気変換を行い、1 次側と 2 次側で電気的に完全に絶縁されますから、電圧変換、インピーダンス変換、絶縁などに使用されます。

コイルはあいまいだ、へそ曲がりだと悪口ばかりでコイルがかわいそうです。

ひとみお姉さん、少しコイルの味方をして下さい。

はい、わかりました。コイルは電子回路の中でたくさん使われています。ここで少しコイルの活躍ぶりを紹介します。

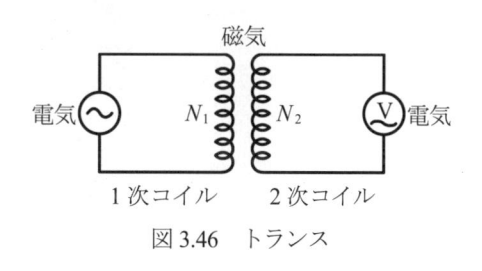

図 3.46 トランス

電圧変換

電圧変換は 1 次と 2 次の巻き数比で、式 (3.49) のように電圧比がきまります。

$$\frac{1次側電圧 V_1}{1次側巻線 N_1} = \frac{2次側電圧 V_2}{2次側巻線 N_2} \tag{3.49}$$

インピーダンス変換

真空管式オーディオアンプの出力トランス、パルストランスなどがインピーダンス変換トランスです。インピーダンス変換は、1 次側と 2 次側の電力を一定で考えます。図 3.47 のように巻数比 2 : 1 の場合、

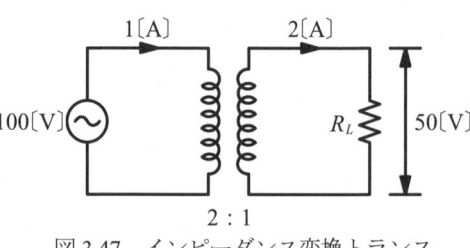

図 3.47　インピーダンス変換トランス

1 次側インピーダンス　100〔V〕/1〔A〕= 100〔Ω〕
2 次側インピーダンス　50〔V〕/2〔A〕= 25〔Ω〕

となり、この関係を整理すると式 (3.50) になります。

$$\frac{2次側巻き数 N_2}{1次側巻き数 N_1} = \sqrt{\frac{2次側インピーダンス Z_2}{1次側インピーダンス Z_1}} \tag{3.50}$$

☆トランスの写真です。

「大きいなぁ!」

6600〔V〕/220〔V〕　1000〔kVA〕の 3 相トランス。重量は 2500〔kg〕。工場の変電室などで使われます。

大型トランス

小型トランス
フェライトコアを使ったスイッチング電源用トランス。重量＝約20〔g〕。

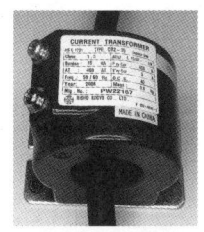

計測用変流器
大電流の計測に使用する変流器（CT）。CT内を貫通する電線の電流を1/nに変換します。

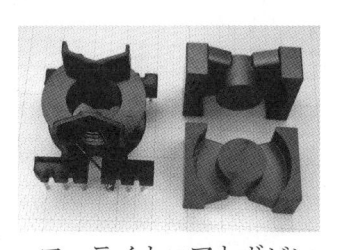

フェライトコアとボビン
コア特性を示すAl値、AT値などがカタログに明記されていますから、容易に手巻きコイルが作れます。

・チョークコイル
　チョークコイルはコイルの持つ電流変化を妨げる（へそ曲がりな）特質をそのまま使うものです。主な用途は次のようなものです。

1) 平滑
　平滑は図3.48のように交流を整流した脈流を平均化し直流にします。このとき「直流を通して交流は妨げる」コイルの特質が脈流を阻止します。

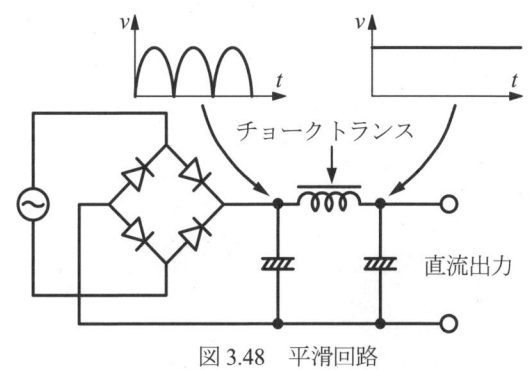

図3.48　平滑回路

注意）チョークトランスを使った平滑回路は、負荷短絡事故が発生したとき、チョークトランスの両端に高電圧が発生しますから注意し下さい。

2) LCフィルタ
　考え方は平滑と同じですが、高い周波数を通しにくい性質のコイルLと、高い周波数を通しやすい性質のコンデンサCを組み合わせて使用します。用途は、ノイズカットや周波数弁別などさまざまです。

3) ラインフィルタ

ラインフィルタはチョークトランスと変換トランスの中間的な使い方をします。図3.49のように同相のコモンモードノイズに対しては一対になったコイルでノイズを相殺します。ノーマルモードノイズに対しては、LCフィルタとして働きます。

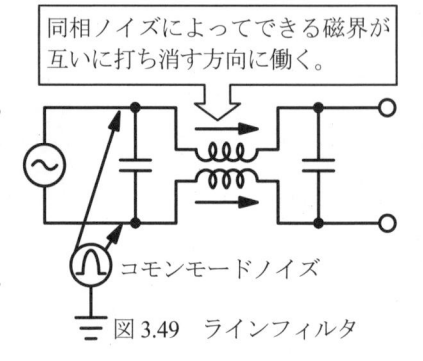

図3.49 ラインフィルタ

・コイルにエネルギーを蓄える

図3.50に降圧型スイッチング電源の概略図を示します。Lに蓄えた$\frac{1}{2}LI^2$のエネルギーをダイオードDを通して吐き出し、コンデンサCで平滑して出力します。スイッチング電源はコイルから発生する逆起電力でなく、蓄えられたエネルギーとしてプラス思考で考えます。

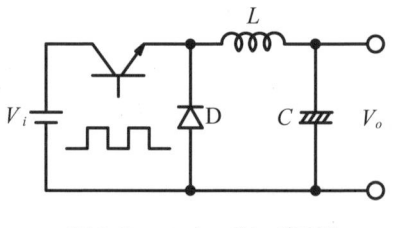

図3.50 スイッチング電源

☆チョークコイルの写真です。

チョークトランス
大型インバータで使用するチョークトランスです。

トロイダルコイル
トロイダルコアを使用したチョークコイルです。ノイズフィルタやスイッチング電源のコイルなどに使用します。周波数特性が良好です。

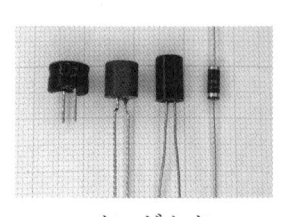

インダクタ
フェライトコアに直巻きしたコイルです。インダクタンスの値が信頼できるのでコンデンサと組み合わせて共振回路が構成できます。

・その他のコイル
1) メカニカル制御
　コイルを電磁石として使い、電気エネルギーを力学的な運動エネルギーに変換します。図 3.51 に電気／力変換器の代表例を示します。リレーは第 4 章で改めて説明しますが、電磁石で電気接点を動かす電気仕掛けのスイッチです。ステッピングモータは産業機器、ロボットなどで数多く使われている回転する角度が指定できる制御用のモータです。

図 3.51　電気／力変換器

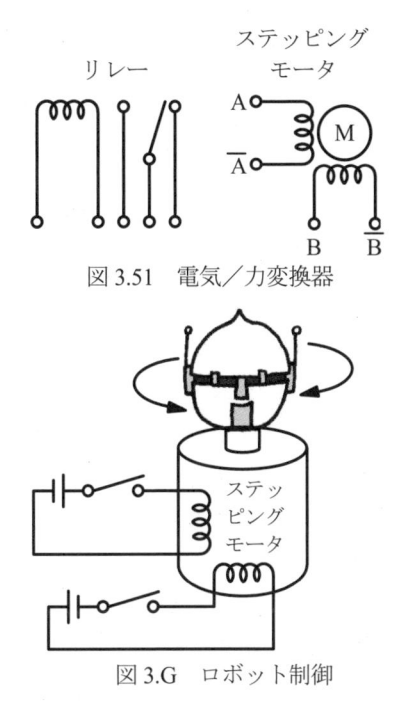

ロボットはこんな仕組みで動いているんだ。

図 3.G　ロボット制御

2) ビーズ
　一本の導体でも少しだけコイル成分はあります。強磁性体でできたリング（ビーズ）の中をこの導体が貫通することで立派なコイルになります。使い方は写真のようにトランジスタや FET の足に通して基板に実装すると、図 3.52 のようなパルス波形のリンギング防止に効果があります。

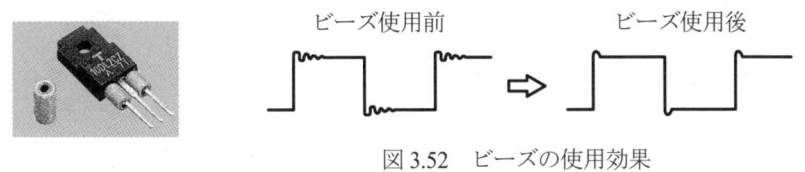

ビーズ使用前　⇒　ビーズ使用後

図 3.52　ビーズの使用効果

3.3.5　コイルの不確定要素

　コイルは電気の世界と磁気の世界を結ぶ架け橋です。そのためコイルは電気と磁気の両方で発生する不確定要素に影響されます。このことがコイルは「難しい」「あいまいでよくわからない」といわれる理由です。ここではコイルを使った回路設計の注意事項をまとめます。

・透磁率

単巻きコイルのインダクタンスは

$$L = \frac{K\mu_0\mu_S N^2}{l} \text{〔H〕}$$ で表されます。

この式の μ_S がコイルの芯(コア)によって変わる魔法の比透磁率です。比透磁率の値はコアの材質によって 10〜数万まであります。

比透磁率は図 3.53 のような周波数特性を示します。いわゆるトランスの鉄芯はあまり高い周波数に対応できませんが、フェライト系のものでは1〔GHz〕程度まで対応できるものもあります。コアの能力以上の周波数で使用すると、比透磁率は1になり空芯コイルと同じ条件になります。

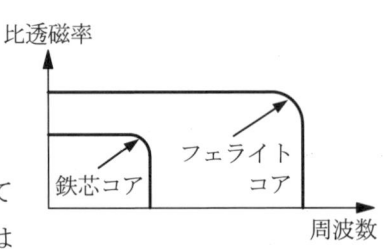

図 3.53 比透磁率の周波数特性

ここで規定する周波数は正弦波ですから、例えば規定値の周波数以下でも図 3.54 (a) のようにパルスの立ち上がり立ち下がり応答では条件が異なります。また、図 3.54 (b)の電源トランスに電源を入れた瞬間は、トランスの鉄芯がまだ鉄芯として働かない時間があり、一時的に空芯トランスとなり図 3.54 (c) のような突入電流が流れます。このような事例は比透磁率の周波数特性に起因します。

表 3.4 に代表的なコア材料の比透磁率と使用可能な周波数帯域を示します。

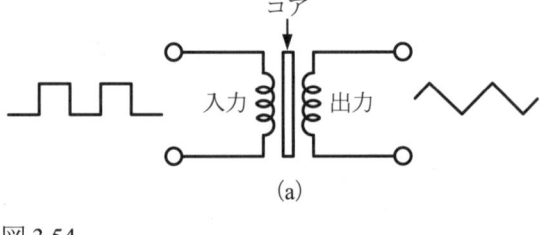

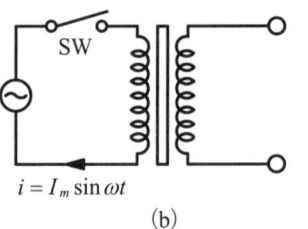

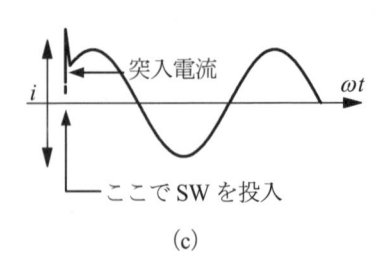

図 3.54 周波数特性の説明

表3.4　代表的コア材料の比透磁率

コア材料	比透磁率	周波数帯域	用途
けい素鋼板	～500	～10kHz	トランス
パーマロイ	10000～20000	～50kHz	小型トランス
高透磁率フェライト	10000～20000	～20MHz	ラインフィルタ
高周波フェライト	1000～2000	～1GHz	高速スイッチング電源

・磁気飽和

　図3.55の電磁石に電流を流すと、電流×コイルの巻き数（アンペア×Turn）の磁化力 H〔A・T〕が発生します。

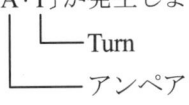

```
        ┌── Turn
        └── アンペア
```

　この電磁石に流す電流を0〔A〕から少しずつ増加させると、磁石の強さ、すなわち磁束密度 B〔wb/m^2〕もこれに比例して強くなります。しかし図3.56のようにある程度のところから電流増加に磁石の強さが比例しなくなります。これが磁気飽和です。電磁石のコアの中の磁力線（磁束密度）が定員オーバーになった状態です。磁気飽和状態ではコアの比透磁率が下がり、空芯コイルのようになっています。既製品コアには磁気飽和に至らないアンペア・Turn 値（A・T）が明記されています。

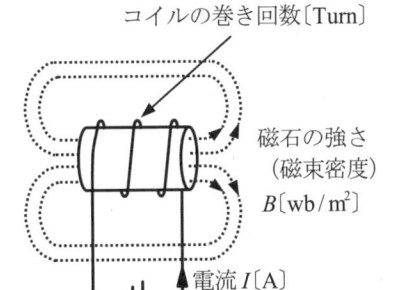

図3.55　磁化力と磁束密度

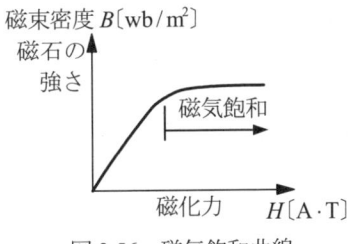

図3.56　磁気飽和曲線

・コイルのいろいろなエネルギー損失

　コイルも等価回路で表すと図3.57のように本物のコイル部分とそれ以外の不純物に分かれます。また、コアを使ったコイルの場合、等価回路で表される内部抵抗 r 以外にも磁気的にいろいろな損

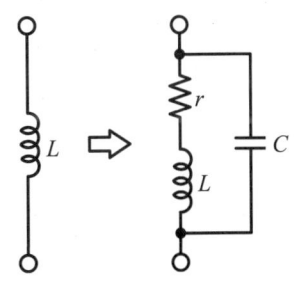

図3.57　コイルの等価回路

失が発生します。コイルを扱うときは、この損失分も考慮した設計が必要です。

その1）銅損

図3.57の等価回路に示す内部抵抗 r の部分で表される巻線の抵抗です。しかし高周波の場合は単純に巻線の直流抵抗だけでなく、電線の中を電流が均等に流れずに電線の表面に近いところしか電流が流れない図3.58に示す「表皮効果」が現れ、計画通りに電流が流れなくなります。この対策として細い電線をより合わせた「リッツ線」などを使用します。

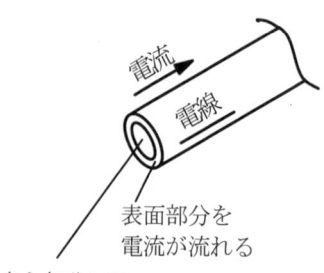

図3.58 表皮効果

その2）ヒステリシス損

コアを使ったコイルに交流電流を流すと、電流の向きにより磁石の向きも変わります。一度電流を流した電磁石は、電流をゼロにしても最後に流れた電流の方向に電磁石の力が少し残ります（図3.59の残留磁束 B_r）。この残留磁束はこれを打ち消す反対向きの磁界を H_c まで与えてゼロになります。このように残留磁束を打ち消すためにエネルギーを消費しています。これがコア内のヒステリシス損です。ヒステリシス損の値は、図3.59のヒステリシスループの面積×周波数になります。

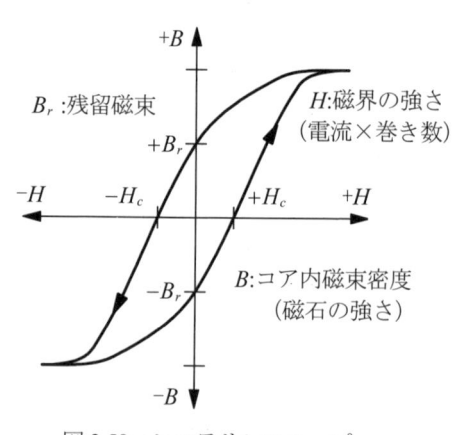

図3.59 ヒステリシスループ

その3）うず電流損

コイルを巻くコアは導電性のものですから、図3.60（a）のように1回巻きのコイルと見なせます。このコイル内を通る磁界が変化することで、コア内に起電力が発生し、電流が流れます。この電流がうず電流で、これによる熱損失がうず電流損です。うず電流損は図3.60（b）のように、うず電流が流れる範囲を

細分化することで低減できます。トランスのコアに薄いけい素鋼板を重ねて使用している成層鉄芯がその具体例です。

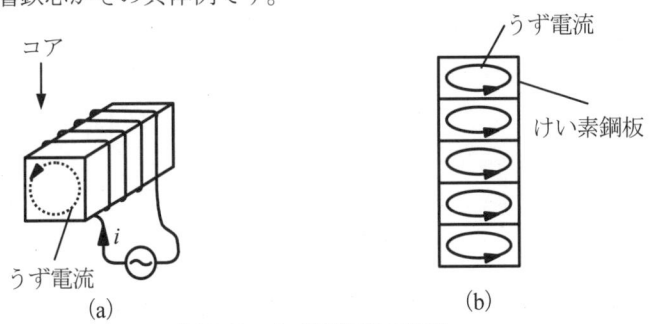

図3.60 うず電流損の説明

以上コイルの不確定要素を羅列しましたが、一般的なフィルタ回路やソレノイドの'ON'←→'OFF'制御程度であれば、あまり神経質にならなくても大丈夫です。しかしスイッチング電源の設計、ステッピングモータの高速制御などアクティブな使い方で大電力、高速スイッチングになるとやはり難しいものがあります。どうしてもカット&トライの繰り返しになります。

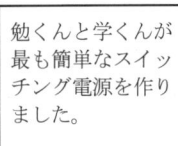

勉くんと学くんが最も簡単なスイッチング電源を作りました。

でも、出力電力は出ないで煙がでました。

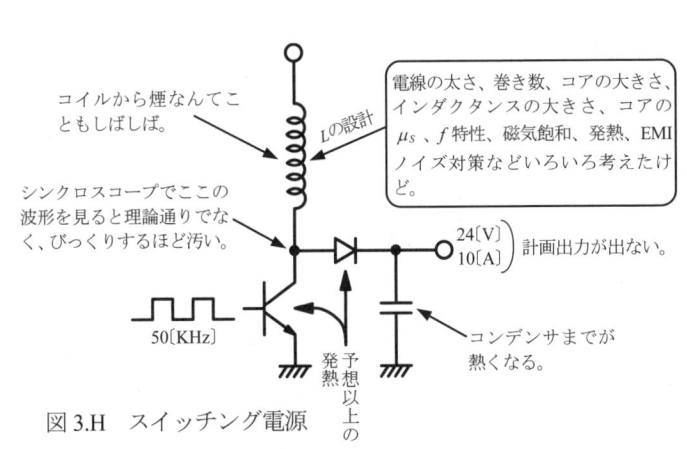

コイルから煙なんてこともしばしば。

Lの設計

電線の太さ、巻き数、コアの大きさ、インダクタンスの大きさ、コアの μ_s、f特性、磁気飽和、発熱、EMIノイズ対策などいろいろ考えたけど。

シンクロスコープでここの波形を見ると理論通りでなく、びっくりするほど汚い。

24〔V〕
10〔A〕 計画出力が出ない。

50〔KHz〕

予想以上の発熱

コンデンサまでが熱くなる。

図3.H スイッチング電源

落ち込まなくても大丈夫です。電気回路設計の中で、大電力の高速スイッチングが最も難解な分野です。コンピュータ設計より難しいです。PenⅣのマザーボード設計より、この回路の設計の方が大変です。いろいろな部品の特性をきちんと理解して、目的にあった設計をすれば必ずちゃんと動きます。この本を最後まで勉強すると、たぶん大丈夫かな?!

---コラム　トロイダルコアについて---

コイルを巻くコアには材質と形にさまざまなものがあります。構造的には 2 種類のものに分類されます。1 つは磁気を漏らすことが目的の形で、ソレノイドリレーなどがその代表です。もう 1 つは I・E 型コアやトロイダルコアのように磁路（磁界が通る路）が閉ループになっていて、磁気漏れのないものです。特にドーナツの形をしたトロイダルコアは、構造的に継ぎ目がありませんから、小型でインダクタンス値の大きいものが製作できます。また、外部へ磁気を漏らさないので、外部へのノイズ輻射がありません。ただ、コイルを巻きにくいのが難点です。

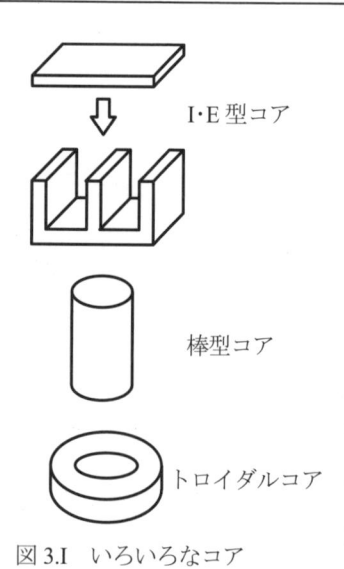

I・E 型コア

棒型コア

トロイダルコア

図 3.1　いろいろなコア

3.3.6　直流に対するコイル L の作用

コイルに直流電圧を与えるとコイルの両端に $L\dfrac{di}{dt}$〔V〕の逆起電力が発生するためコイルに流れる電流は次に示す一次遅れの過渡現象で表せます。図 3.61 のスイッチ S_1 を 'ON' してコイル L に充電が開始されると

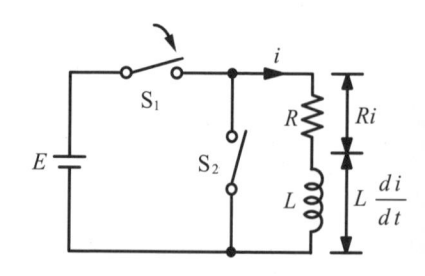

図 3.61　LR の直流過渡現象（充電）

$$E = Ri + L\frac{di}{dt} \tag{3.51}$$

となります。この式（3.51）を変数分離形に変形し、両辺を積分します。

$$\frac{di}{E - Ri} = \frac{dt}{L} \tag{3.52}$$

$$\int \frac{di}{E - Ri} = \int \frac{dt}{L} + K \tag{3.53}$$

$$-\frac{1}{R}\log(E-Ri) = \frac{1}{L}t + K \quad (\text{一般解}) \tag{3.54}$$

$t=0, i=0$ の初期値から K を求めます。

$$K = \frac{-\log E}{R} \tag{3.55}$$

式(3.55)を式(3.54)へ代入し、整理します。

$$-\frac{1}{R}\log(E-Ri) = \frac{1}{L}t - \frac{\log E}{R} \tag{3.56}$$

$$\therefore \log\frac{E-Ri}{E} = -\frac{R}{L}t \tag{3.57}$$

指数形式にします。

$$\frac{E-Ri}{E} = \varepsilon^{-\frac{R}{L}t} \tag{3.58}$$

$$i = \frac{E}{R}\left(1 - \varepsilon^{-\frac{R}{L}t}\right) \tag{3.59}$$

式(3.59)の過渡項の値 $\frac{E}{R}\varepsilon^{-\frac{R}{L}t}$ が $\frac{E}{R}\cdot\frac{1}{\varepsilon}$ に至るまでの時間 τ（タウ）〔s〕を時定数といいます。

$$\frac{E}{R}\cdot\frac{1}{\varepsilon} = \frac{E}{R}\varepsilon^{-\frac{R}{L}\tau} \tag{3.60}$$

$$\varepsilon^{-1} = \varepsilon^{-\frac{R}{L}\tau}$$

$$1 = \frac{R}{L}\tau$$

$$\therefore \tau = \frac{L}{R} \tag{3.61}$$

電流 i の最終値 $\frac{E}{R}$ になるまで、コイル L へ充電されます

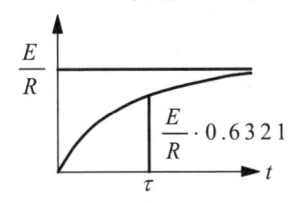

図 3.62　過渡期の電流変化

時定数 τ〔s〕、コイル L〔H〕、抵抗 R〔Ω〕

時定数 $\tau = \frac{L}{R}$〔s〕で図3.62のように電流が変化します。

> 回路設計の計算って大変ですね。

> いいえ、回路設計に微分方程式は不要です。$\tau = \dfrac{L}{R}$ の結果だけが必要です。

次に図 3.63 の S_1 を 'OFF'、S_2 を 'ON'（この切り換えは同時に行う）にして、今までコイル L に蓄えられたエネルギーを放出します。コイルはコンデンサとは逆で変化することを嫌い、現状維持を好む性質ですから、今まで流れていた電流をそのまま流し続けようとする方向へエネルギーを放出します。

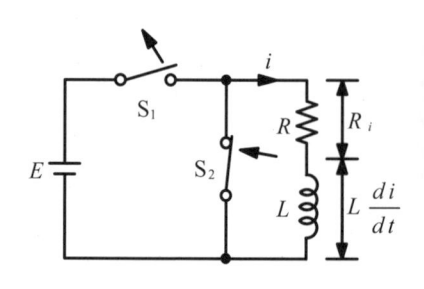

図 3.63 LR の直流過渡現象（放電）

このときの回路電圧は

$$0 = Ri + L\frac{di}{dt} \tag{3.62}$$

となり、初期値を $t = 0$, $i = \dfrac{E}{R}$ として先ほどと同じようにこの微分方程式を解くと、

$$i = \frac{E}{R}\varepsilon^{-\frac{R}{L}t} \tag{3.63}$$

となり、図 3.64 (b) のような減衰カーブを描きます。次にこのときのコイルに蓄えられたエネルギーと、コイルから取り出したエネルギーを考えてみます。インダクタンス L 〔H〕の定義で、

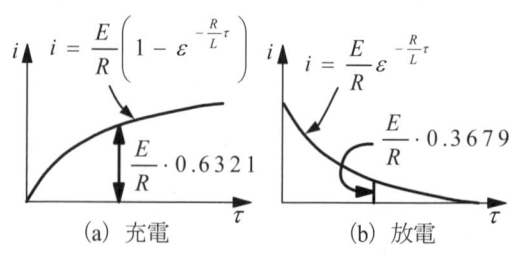

(a) 充電　　(b) 放電

図 3.64　過渡期の充放電電流変化

インダクタンスは電流変化率に対する係数でした。ですからコイル L に対するエネルギーについても電流変化の式になります。コイル L に蓄えられるエネルギー W は、コイル L の両端電圧 $L\dfrac{di}{dt}$ に電流 idt を掛けて積分したものです。

$$W = \int_0^I Lidi \tag{3.64}$$

$$= \frac{1}{2}LI^2 〔J〕 \tag{3.65}$$

・逆起電力について

　充電時、放電時ともにコイル L の両端に発生する電流変化を妨げようとする電圧 $L\dfrac{di}{dt}$ を逆起電力といいます。この逆起電力は使い方によって利にも害にもなります。スイッチング電源は、逆起電力を負荷へ供給して有効利用しています。自動車のイグニッションコイルは、逆起電力をスパークプラグへ接続して火花を飛ばしています。図 3.65 のスイッチ S を'ON'にしてコイルに充電し、次にスイッチ S を'OFF'にすると、今まで流れていた電流 I を維持しようとコイル L は $L\dfrac{di}{dt}$ の逆起電力を発生します。スイッチを'OFF'にした瞬間に電流は I〔A〕→ゼロ〔A〕に変化しますから、このときの逆起電力は理論的には無限大になります。実際はスイッチが'OFF'の瞬間にスイッチ内でスパークが発生し、その間は電流が流れていますから、dt はゼロ秒ではありません。しかしこのときラジオやテレビに「ガリガリ」とノイズが入っています。このようなノイズ発生器になるような設計をしてはいけませんから、普通はコイル L の両端にダイオードや CR スナバを入れて逆起電力の電圧を押さえています。すなわち逆起電力を熱に変換しています。しかしこれがまた別の問題へと発展していきます。

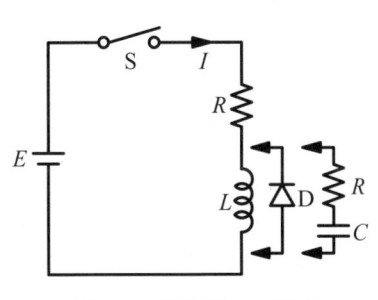

図 3.65　逆起電力の説明

3.3.7 交流に対するコイルの電圧位相と電流位相

第2章の「2.3.2 コイルに流れる電流」と、「2.3.3 交流電力」の項をもう一度おさらいして下さい。式（3.66）の電圧式と、式（3.67）の電流式は重要です。電圧位相に対して $\pi/2$ 遅れる電流位相の関係を理解して下さい。

$$電圧式：\quad e(t) = E_m \sin \omega t \tag{3.66}$$

$$電流式：\quad i(t) = I_m \sin\left(\omega t - \frac{\pi}{2}\right) \tag{3.67}$$

3.3.8 誘導性リアクタンス

交流に対してのコンデンサが作用する電流を妨げる要素である容量性リアクタンスは 3.2.5 項ですでに勉強しました。今度は交流とコイルの関係です。図 3.66 の回路でコイルに交流電圧を与えた場合も、直流でのオームの法則と同じように

$$電流 \rightarrow I = \frac{E\, \nearrow\text{電圧}}{R\, \searrow\text{電流を妨げるもの}} \quad \text{の関係になります。}$$

交流に対してコイルの場合の電流を妨げるものは抵抗 R ではなく、位相と周波数の要素を含んだ誘導性リアクタンス X_L です。

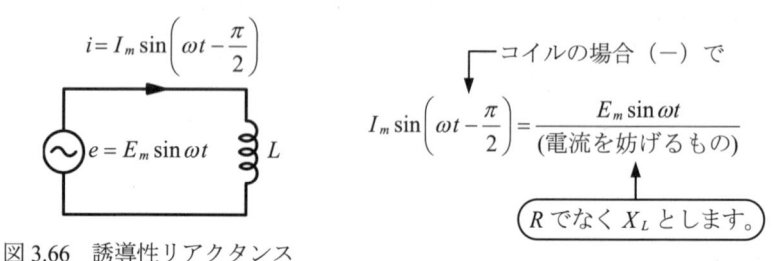

$$I_m \sin\left(\omega t - \frac{\pi}{2}\right) = \frac{E_m \sin \omega t}{(\text{電流を妨げるもの})}$$

コイルの場合（−）で
R でなく X_L とします。

図 3.66 誘導性リアクタンス

誘導性リアクタンス X_L の導き方を次に示します。コイル L に交流電圧を印加すると、コイル L の両端には印加電圧と同相、同圧の逆起電力 $e(t) = E_m \sin \omega t\,[\mathrm{V}]$ が発生します。

コイル L の起電力 $e(t) = L\dfrac{di}{dt}\,[\mathrm{V}]$ ですから、

$$L\frac{di}{dt} = E_m \sin \omega t \tag{3.68}$$

となり、この微分方程式から電流 i を導きます。

$$i = \frac{E_m}{L}\int \sin \omega t dt \tag{3.69}$$

$$= -\frac{E_m}{\omega L}\cos \omega t \text{ となり、} \cos \omega t = -\sin\left(\omega t - \frac{\pi}{2}\right) \text{ だから}$$

$$= -\frac{E_m}{\omega L}\sin\left(\omega t - \frac{\pi}{2}\right) \tag{3.70}$$

式 (3.70) の $\sin\left(\omega t - \frac{\pi}{2}\right)$ が 1 のとき、電圧は最大値となりますから、

$$I_m = \frac{E_m}{\omega L} \tag{3.71}$$

$$\therefore \omega L = \frac{E_m}{I_m} \tag{3.72}$$

この ωL を誘導性リアクタンスといい、$\frac{E_m}{I_m}$ ですから単位は抵抗と同じ〔Ω〕です。記号は一般的に X_L を使います。

誘導性リアクタンス　$X_L = \omega L = 2\pi f L$〔Ω〕です。

> この式だけはきちんと覚えましょう。

🔔 おさらい問題です。

問 3.10) 1〔H〕のコイルに 60〔H〕と 120〔H〕の交流を与えたとき、リアクタンスはいくらでしょうか。

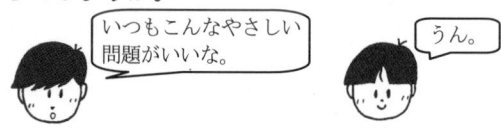

> いつもこんなやさしい問題がいいな。

> うん。

🔔 まとめの時間です。

ここでは抵抗 R、コンデンサ C、コイル L の違いをまとめておさらいします。

	単位の定義
抵抗 R	$1[A]$ の電流で $1[V]$ の電位差が発生する抵抗が $1[\Omega]$ オーム $R = \dfrac{E}{I}[\Omega]$ よく使用する補助単位　$10^3[\Omega]:[k\Omega]$, $10^6[\Omega]:[M\Omega]$
コンデンサ C	$1[V]$ の電位差で $1[Q]$ の電荷を蓄えるコンデンサが $1[F]$ ファラッド $C = \dfrac{Q}{V}[F]$ よく使用する補助単位　$10^{-6}[F]:[\mu F]$, $10^{-12}[F]:[pF]$
コイル L	毎秒 $1[A]$ の電流変化で $1[V]$ の逆起電力が発生するコイルが $1[H]$ ヘンリー $e_L = L\dfrac{di}{dt}$ 　　　└── この係数 L がコイル L の値 よく使用する補助単位　$10^{-3}[H]:[mH]$, $10^{-6}[H]:[\mu H]$

	直列計算	並列計算
抵抗 R	$R = R_1 + R_2$	$R = \dfrac{1}{\dfrac{1}{R_1}+\dfrac{1}{R_2}} = \dfrac{R_1 R_2}{R_1 + R_2}$
コンデンサ C	$C = \dfrac{1}{\dfrac{1}{C_1}+\dfrac{1}{C_2}} = \dfrac{C_1 C_2}{C_1 + C_2}$	$C = C_1 + C_2$
コイル L	$L = L_1 + L_2$	$L = \dfrac{1}{\dfrac{1}{L_1}+\dfrac{1}{L_2}} = \dfrac{L_1 L_2}{L_1 + L_2}$

注意：相互インダクタンスの影響あり

	時定数	レジスタンス・リアクタンス
抵抗 R	—	R 〔Ω〕
コンデンサ C	$\tau = RC$〔s〕	$X_C = \dfrac{1}{\omega C} = \dfrac{1}{2\pi fC}$〔Ω〕
コイル L	$\tau = \dfrac{L}{R}$〔s〕	$X_L = \omega L = 2\pi fL$〔Ω〕

	電圧位相に対して	理由
抵抗 R	同相の電流が流れる。	抵抗だから。
コンデンサ C	電流位相は90°進む。	電圧の変化分に対して短絡同等の電流が流れる。
コイル L	電流位相は90°遅れる。	印加電圧と同相で同じ電圧の逆起電力が発生し、電流変化を妨げる。

	電流位相に対して	理由
抵抗 R	抵抗の両端電圧は同相。	抵抗だから。
コンデンサ C	コンデンサの両端電圧の位相は90°遅れる。	電流が流れ込むことで電荷がとどまり電位が上昇する。だから電流が先、電圧は後。
コイル L	コイルの両端電圧の位相は90°進む。	電流変化を妨げるための逆起電力が先回りして発生する。

3.3.9 インピーダンス

三大電気要素である抵抗 R、コンデンサ C、コイル L の特性は理解できました。次はこの R、C、L を組み合わせて使う交流抵抗(インピーダンス)の考え方を勉強します。その前に交流に対する時間の感覚を少し整理します。

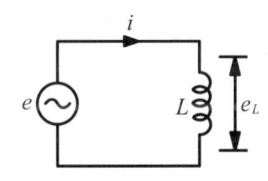

図3.67 交流表現の説明

図3.67のコイル L に交流電圧 e を与え、このときのコイル両端電圧 e_L で考えてみます。式(3.73)の e_L は表現が異なりますが、みんな同じです。

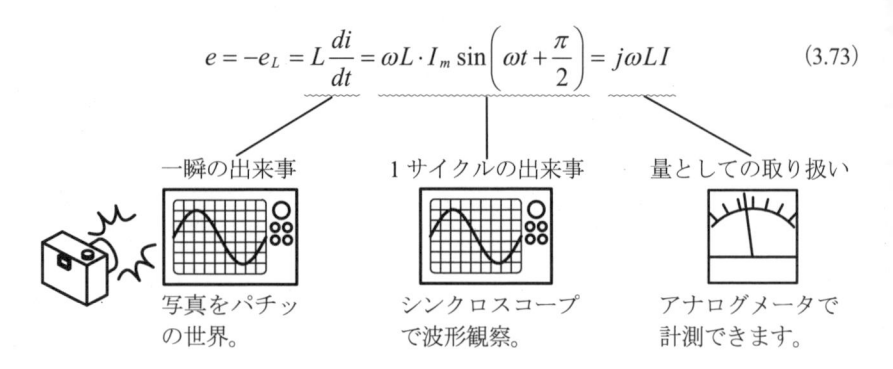

$$e = -e_L = L\frac{di}{dt} = \omega L \cdot I_m \sin\left(\omega t + \frac{\pi}{2}\right) = j\omega L I \qquad (3.73)$$

一瞬の出来事 — 写真をパチッの世界。

1サイクルの出来事 — シンクロスコープで波形観察。

量としての取り扱い — アナログメータで計測できます。

$L\dfrac{di}{dt}$ や $I_m \sin \omega t$ は瞬時値ですが、これから扱う $j\omega L I$ は定常状態の値ですから、アナログメータでも計測できる実効値です。これは私たちがいつも使っている100〔V〕の交流に40〔W〕の電球の世界です。

図3.68に示す交流回路のコイルに流れる電流 i とコイルの両端電圧 e_L との関係について考えてみます。

・ベクトル記号法について

$$e_L = \omega L \cdot I_m \sin\left(\omega t + \frac{\pi}{2}\right) \qquad (3.74)$$

$$i = I_m \sin \omega t \qquad (3.75)$$

図3.68　コイルの i と e_L

電圧 e_L は電流 i より位相が $\dfrac{\pi}{2}$ 進んでいます。

この位相の異なる e_L と i を複素数平面に表現する手法がベクトル記号法です。ベクトル記号法で扱う値は最大値でなく、アナログメータでも計測できる実効値を使いますから、$I_m \sin \omega t$ で表示される電流値を実効値に変更します。

電圧の実効値 $\qquad E = \dfrac{\omega L \cdot I_m}{\sqrt{2}} = \omega L I \qquad (3.76)$

電流の実効値 $\qquad I = \dfrac{I_m}{\sqrt{2}} \qquad (3.77)$

以上の関係をベクトル図に表すと、図3.69のようになります。

$$\dot{E} = j\omega L\dot{I} = jX_L\dot{I} \qquad (3.78)$$

└── $j\omega L$ がリアクタンス

電気では虚数軸を j で表します。

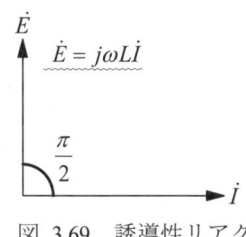

図 3.69 誘導性リアクタンスのベクトル図

「瞬時値と定常値どちらを使うのかな?」

「学者さんは瞬時値をよく使いますが、回路の設計では定常値以外はまったく使用しません。数式は簡単が一番です。」

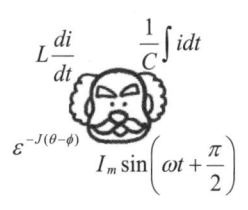

$L\dfrac{di}{dt} \qquad \dfrac{1}{C}\displaystyle\int idt$

$\varepsilon^{-J(\theta-\phi)}$

$I_m \sin\left(\omega t + \dfrac{\pi}{2}\right)$

・交流抵抗（インピーダンス）

図 3.70 のような抵抗 R、コイル L、コンデンサ C を直列に接続し、交流電源を接続します。直列接続の場合、各素子には同じ電流 $\dot{I}$ が流れますから、各素子の両端電圧は次のようになります。

$$\dot{E}_R = R\dot{I}$$
$$\dot{E}_L = j\omega L\dot{I}$$
$$\dot{E}_C = -j\dfrac{1}{\omega C}\dot{I}$$

「コンデンサの両端電圧は電流位相に対して遅れますから $-j$ になります。」

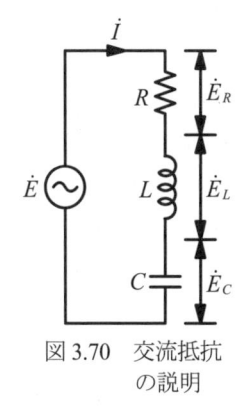

図 3.70 交流抵抗の説明

電源電圧は各素子の両端電圧のベクトル和ですから

$$\dot{E} = \dot{E}_R + \dot{E}_L + \dot{E}_C \qquad (3.79)$$

$$\dot{E} = R\dot{I} + j\omega L\dot{I} - j\dfrac{1}{\omega C}\dot{I} \qquad (3.80)$$

式 3.76 のベクトル図は図 3.71 で表され、虚数項の値を差し引きし、実数項とのベクトル和が $\dot{E}$ となります。このとき角度 θ を位相角といい、2.3 項で説明した力率角になります。

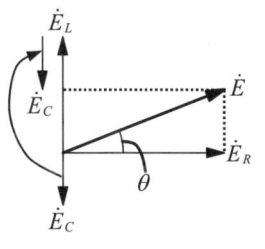

図 3.71 R、L、C 直列回路のベクトル図

また式 (3.80) を変形すると

$$\dot{E} = \dot{I}\left(R + j\omega L - j\frac{1}{\omega C}\right) \tag{3.81}$$

$$\frac{\dot{E}}{\dot{I}} = R + j\omega L - j\frac{1}{\omega C} \tag{3.82}$$

となり、この式 (3.82) は $\dfrac{\dot{E}}{\dot{I}}$ ですから、交流抵抗 $\dot{Z}$ またはインピーダンス $\dot{Z}$ といい、単位は〔Ω〕です。

$$\text{インピーダンス} \quad \dot{Z} = R + j\left(\omega L - \frac{1}{\omega C}\right) [\Omega] \tag{3.83}$$

$$= R + jX [\Omega] \tag{3.84}$$

↑　　↑
レジスタンス　　この虚数項 X をリアクタンスといいます。

また、インピーダンスの逆数をアドミタンスといい、記号 Y を使い、次のように表します。アドミタンスの単位は〔℧〕モー、または〔S〕ジーメンスです。

$$\dot{Y} = \frac{1}{\dot{Z}} = G + jB \; [\Omega] \text{ または} [S] \tag{3.85}$$

└── サセプタンス
└── コンダクタンス

アドミタンスを無理矢理 $\dot{Y} = \dfrac{1}{\dot{Z}}$ の発想で進めると

$$\dot{Y} = \frac{1}{\dot{Z}} = \frac{1}{R + jX} = \frac{(R - jX)}{(R + jX)(R - jX)} = \cdots$$

と泥沼の世界に入りますから、最初から式 (3.86) のようにアドミタンスは電流を求めるものとして考えましょう。

$$\dot{I} = \dot{Y}\dot{V} = G\dot{V} + jB\dot{V} \tag{3.86}$$

∴ 直列回路は電流基準でインピーダンス Z を使った計算、並列回路は電圧基準でアドミタンス Y を使った計算が便利です。

―― コラム　位相角について ――

　電流と電圧の位相が「進む」「遅れる」の表現にあまり明確な基準がありません。「電流に対して電圧の位相が進んでいる」は「電圧に対して電流は遅れている」です。鶏と卵です。一般的に強電屋さんが言う「位相が遅れる」はコイル負荷を表し、電圧に対して電流が遅れることを意味します。しかし電子回路屋さんはあまりこの概念がありませんから、電流位相と電圧位相の話をするときは必ず「どちら」に対して「どちら」が「進む」「遅れる」を明確にしましょう。

図 3.J　位相角について

おさらい問題です。

問 3.11)　100〔Hz〕の交流に対する図 3.K の A－B 間のインピーダンスは何〔Ω〕でしょうか。
また、位相角はコイルより、またはコンデンサよりの何度でしょうか。

図 3.K

3.3.10　共振

図 3.72 の回路電流と各素子の両端電圧を求めます。回路電流 $\dot{I}$ は

$$\dot{I} = \frac{\dot{E}}{\dot{Z}} = \frac{\dot{E}}{R + j\left(\omega L - \dfrac{1}{\omega C}\right)} \tag{3.87}$$

$$= \frac{100}{100 + j\left(2\pi \cdot 100 \cdot 2.5 - \dfrac{1}{2\pi \cdot 100 \cdot 1 \times 10^{-6}}\right)}$$

$$= \frac{100}{100 + j(1570.5 - 1591.8)} = 0.97 \,〔A〕$$

となります。次に回路電流 i から各素子の両端電圧を求めます。

$$E_R = R \cdot i$$
$$= 100 \cdot 0.97 = 97 \text{ [V]}$$
$$E_L = 2\pi f L \cdot i$$
$$= 2\pi \cdot 100 \cdot 2.5 \cdot 0.97 = 1523 \text{ [V]}$$
$$E_C = \frac{1}{2\pi f C} \cdot i$$
$$= \frac{1}{2\pi \cdot 100 \cdot 1 \times 10^{-6}} \cdot 0.97 = 1544 \text{ [V]}$$

検算してみます。

$$E = E_R + E_L + E_C$$
$$100 = 97 + 1523 + 1544$$
$$? = 3164 \quad ?$$
$$?$$
計算が合いません。

図 3.72 直列共振の説明

元の電圧より負荷の電圧が高くなっています。こんなに得していいのかなぁ。

この検算がまちがえています。ベクトル和になります。
$$100 = 97 + j(1523 - 1544)$$
$$= \sqrt{(97)^2 + (-21)^2}$$
$$\fallingdotseq 100$$

$j(E_L - E_C) = 21 \text{ [V]}$

ベクトル図を書いてみるとよく分かります。虚数部の E_L と E_C が相殺され、その差が 21 [V] になっています。でも実際に電圧計で電圧を測ってみると E_L は 1523 [V]、E_C は 1544 [V] あります。すごく得した気持ちになれます。これが共振（この例はまだ共振に近い状態）です。

$E_L = 1523 \text{ [V]}$
$E_R = 97 \text{ [V]}$
100 [V]
$E_C = 1544 \text{ [V]}$

図 3.L　共振の説明

インピーダンス $\dot{Z} = R + j\left(\omega L - \dfrac{1}{\omega C}\right)$ の ωL と $\dfrac{1}{\omega C}$ が完全に相殺された状態を共振といい、そのときの周波数（共振周波数）は次式から導きます。

$$\omega L = \frac{1}{\omega C} \tag{3.88}$$

$$2\pi f L = \frac{1}{2\pi f C}$$

$$f^2 = \frac{1}{4\pi^2 LC}$$

$$f = \frac{1}{2\pi\sqrt{LC}} \,[\text{Hz}] \tag{3.89}$$

このときの R 対 ωL の比率を Q（電圧拡大率）といい、式（3.90）で表されるコイルの性能を決める要素の1つです。

$$Q = \frac{\omega L}{R} \tag{3.90}$$

・並列共振

図3.73の並列共振について説明します。並列回路の計算は、各素子に流れる電流の和で考えるアドミタンスが便利です。図3.73の回路電流 I は

$$\dot{I} = \dot{I}_L + \dot{I}_C = \dot{Y}E \tag{3.91}$$

$$= \left(-j\frac{1}{\omega L} + j\omega C\right)E \tag{3.92}$$

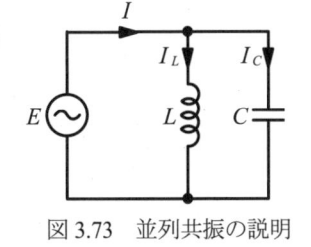

図3.73 並列共振の説明

注意） 今度は電圧に対する電流位相ですから、I_L が遅れ I_C が進みとなります。

$\dfrac{1}{\omega L} = \omega C$ の条件で共振します。共振状態では $\dot{I}_L$ と $\dot{I}_C$ が相殺され、見かけ上電流の流れない状態となり、合成リアクタンスは無限大となります。

🔔 まとめの時間です。

誘導性リアクタンスと容量性リアクタンスの値が等しい状態を共振といいます。

$$\omega L = \frac{1}{\omega C}$$

共振周波数　$f = \dfrac{1}{2\pi\sqrt{LC}}$ 〔Hz〕

コイルの $Q = \dfrac{\omega L}{R}$ が大きい方が良いコイルです。

🔔 おさらい問題です。

問 3.12) 直列共振回路 A－B の共振周波数とコイルの Q を求めましょう。

A○—/\/\/\—⌇⌇⌇—| |—○B
　　10〔Ω〕　1〔mH〕　0.01〔μF〕
　　　r　　　 L　　　　C

---- コラム　電気タンスについて ----

抵抗　　　―⋀⋀⋀―　　の値を　レジスタンス R といいます。
コイル　　―◠◠◠―　　の値を　インダクタンス L といいます。
コンデンサ　―| |―　　の値を　キャパシタンス C といいます。

抵抗は直流回路でも交流回路でも周波数が変わっても回路に及ぼす影響力は同じですが、コイルとコンデンサの回路への影響力は周波数に依存します。つまり交流用にコイル ―◠◠◠― とコンデンサ ―| |― の働き具合を示す周波数要素の入った値が必要です。コイル ―◠◠◠― は ωL、コンデンサ ―| |― は $\dfrac{1}{\omega C}$ で表す リアクタンス X です。もう1つ交流用に ○―⋀⋀―◠◠◠―| |―○ をまとめて表す値も必要になります。

これが交流抵抗　　インピーダンス Z　＝　レジスタンス R　＋　リアクタンス X

さらに　　　　　　　　　　　↓逆数　　　　　　　↓逆数　　　　　　　↓逆数

インピーダンス Z　　アドミタンス Y　＝　コンダクタンス G　＋　サセプタンス B
の逆数といいます。

他にインピーダンスとアドミタンスをまとめてイミッタンスや、コンデンサ C の逆数 $\dfrac{1}{C}$ をエラスタンスと呼ぶことがあります。この $\dfrac{1}{C}$ の単位は Farad の逆で Daraf（ダラフ）といいます。

これで第3章を終了します。ここまでは電気理論の復習を行う基礎講座でしたが、第4章以降は電子回路設計に足を踏み入れる実践講座になります。この章までで前半が終わったことになります。後半も頑張って勉強しましょう。

第4章 電子回路部品の使い方

　電子回路の3大要素である抵抗R、コイルL、コンデンサCは前章で勉強しました。本章ではR、L、C以外の電子部品を実践回路に即した内容で説明します。ただしトランジスタ、FET、オペアンプは次章以降に説明枠を用意しています。また各部品の説明にあたり、本誌の性格上その構造、製法に関するものはできるだけ省かせていただき、部品の使用者の立場で説明します。

さあ、実践回路だ。ぼくはDVDプレーヤを作ろうかな。

ぼくは次世代のPHSだな。

夢ではありませんが…。目標は大きい方がいいですね。

4.1　ダイオード

　ここでは整流ダイオード、ショットキバリアダイオード、ツェナダイオード、および可変容量ダイオードなど、よく使われるダイオードを紹介します。

4.1.1　ダイオードの基礎知識

　ダイオードはアノードAからカソードK方向に電流がよく流れ、その逆方向へは電流が流れにくくなっています。

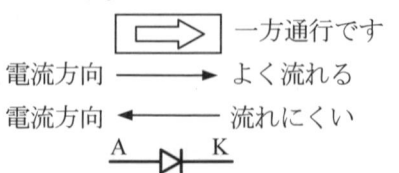

一方通行です
電流方向 ──→ よく流れる
電流方向 ←── 流れにくい
A　　K

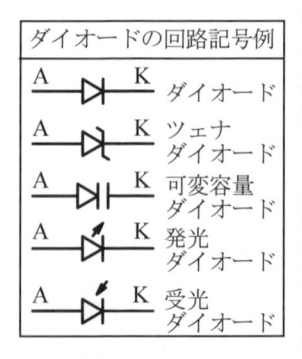

ダイオードの回路記号例
A ─▷|─ K　ダイオード
A ─▷|─ K　ツェナダイオード
A ─▷|─ K　可変容量ダイオード
A ─▷|─ K　発光ダイオード
A ─▷|─ K　受光ダイオード

　ダイオードの回路記号はまとめて  ─▷|─ ですが、種類や製造メーカによっていろいろな表現をします。このダイオード記号例以外にも数多くありますが、あまり意識して区別する必要はありません。ただし、例えば一般整流ダイオードとツェナダイオードでは使用目的が違いますから区別は必要です。

第4章 電子回路部品の使い方　119

――― コラム　陽極 Anode，陰極 Cathode ―――

　電子管の電流の入口を陽極 Anode、電流の出口を陰極 Cathode と呼びます。古い昔の真空管の場合は、プレート P（陽極 Anode でなく板 Plate）、グリッド G、カソード K と呼んでいました。ダイオードでは（＋）電極をアノード A、（－）電極をカソード K と表します。しかし、どうして陰極カソード Cathode を 'C' ではなく 'K' で表すのでしょうか？ 少し疑問を感じて調べてみたところ、ドイツ語の Kathode に語源があるようです。一般的にはアノード A、カソード K で表しますが、カソード C としている書物も少し見受けられます。

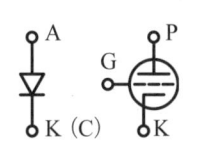

・ダイオードの整流実験

　ダイオードに流れる電流と電圧降下の規定を、図 4.1 のダイオード静特性図を使い説明します。

　I_F（順電流）　　：ダイオードの順方向（よく流れる方向）の電流
　V_F（順電圧）　　：順電流が流れているときのダイオード両端電圧
　I_R（逆電流）　　：ダイオードの逆方向（流れていく方向）の電流
　V_R（逆電圧）　　：逆電流が流れているときのダイオード両端電圧

降伏電圧とは
逆向きの電圧が阻止できなくなり、急に電流が流れ始める電圧（負けましたの電圧）。この値はダイオードにより異なる。ツェナダイオードは点線のように切れが良い。

降伏電圧（逆電圧）

電流値にかかわらず、電圧降下 V_F はやや一定。
一般整流用ダイオードで 0.8〔V〕±0.5〔V〕
発光ダイオードの場合、1.8〔V〕前後

順方向に電流が流れ始める。一般的にこの値を順電圧 V_F と呼びます。

漏れ電流
ゲルマダイオードで数〔μA〕
シリコンダイオードで数〔nA〕

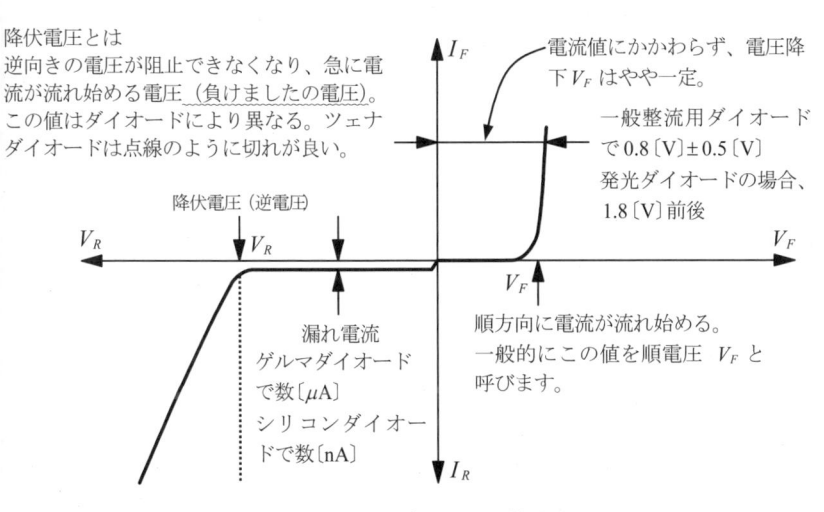

図 4.1　ダイオード静特性図

図 4.2　整流の説明 (1)

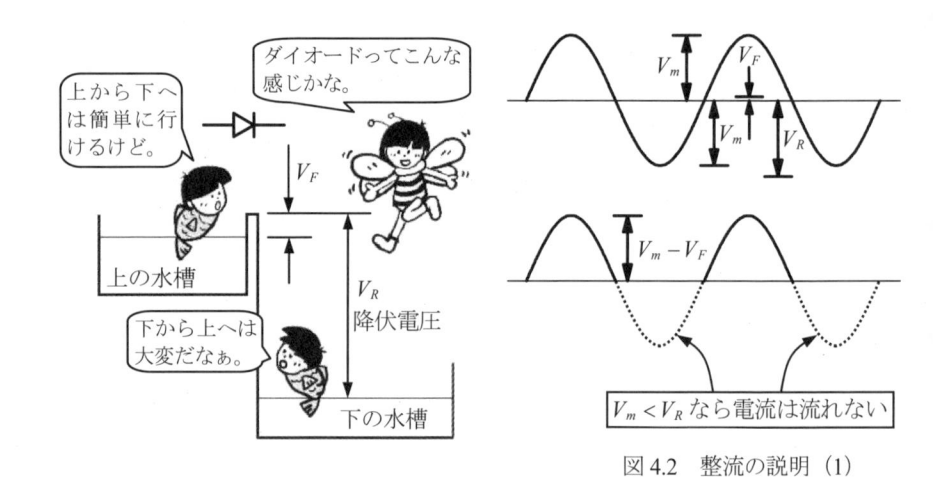

　整流ダイオードは図 4.2 のようにV_FとV_Rの差で整流します。図 4.3 の回路でダイオードに交流を流し、整流実験を行います。この実験で使用する整流ダイオード 1S1585 の場合、$V_F = 0.7$〔V〕　$V_R = 80$〔V〕となっていますから、160〔Vpp〕以下の交流であれば整流できます。しかし、この実験では電圧が
　　　　　　100〔Vrms〕=282〔Vpp〕

$E = $交流100〔Vrms〕
$R = 15$〔kΩ〕
D = 1S1585

図 4.3　整流実験

です。この場合、図 4.4 のようにV_Rが降伏電圧を超えたところから整流できなくなります。シンクロスコープで電圧波形観察を行うと、この様子が読みとれます。

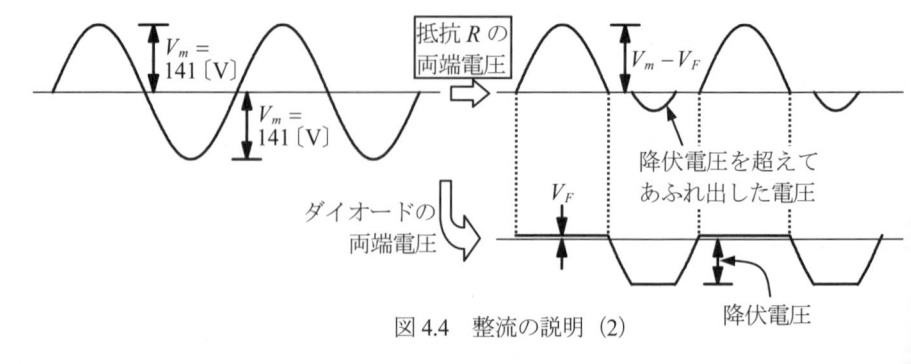

図 4.4　整流の説明 (2)

ツェナダイオードは V_R 降伏電圧を使いますが、整流ダイオードに降伏電圧以上の電圧を加える使い方はしません。動作保証がされていません。例えば、図 4.5 のブリッジ整流回路で降伏電流が流れると、その瞬間にダイオードが壊れます。

図 4.5　整流の説明（3）

・整流の周波数特性

図 4.6 の回路図を使い、ファンクションジェネレータ（波形と周波数と電圧が自由に変えられる信号発生器）から出力される交流波形をダイオードで整流し、その波形を周波数を変えて観察します。整流波形は図 4.7 のようになります。きれいに整流できています。でも、ゼロ通過部分を拡大してみると実は少しこのような「しっぽ」があります。周波数が低いときは順電流の下がる傾斜が緩やかであるため、この「しっぽ」の存在はあまり目立ちません。しかし、周波数が高くなると順電流が減少する傾斜が急になるので、この「しっぽ」は大きくなり目立ってきます。

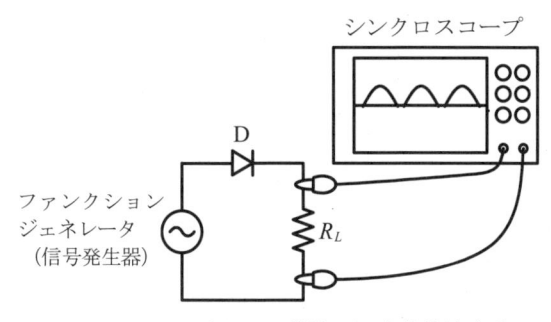

図 4.6　整流の周波数特性実験

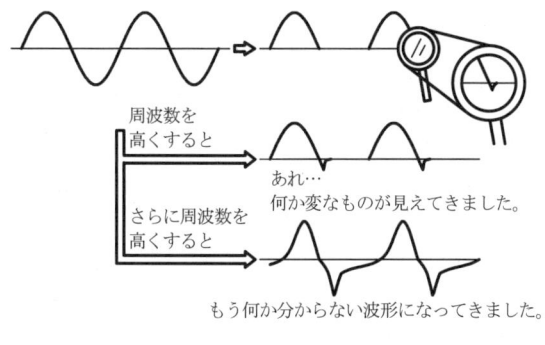

図 4.7　整流波形

結論　電流は直ぐに止まれない

説明方法を変えます。ダイオード内部には図 4.8 のように＋正孔と－電子があり、順方向の電圧が印加されると互いに接近して電流が流れます。逆方向の電圧を印加すると印加した電圧に引き寄せられ、＋正孔と－電子は離れ、その間に空乏領域を作ります。この空乏領域が図 4.9 (a) のように弁の働きをします。そしてこの弁が切り替わる瞬間に弁のすきまを少し電流が漏れ、図 4.9 (b) のような「しっぽ」になります。

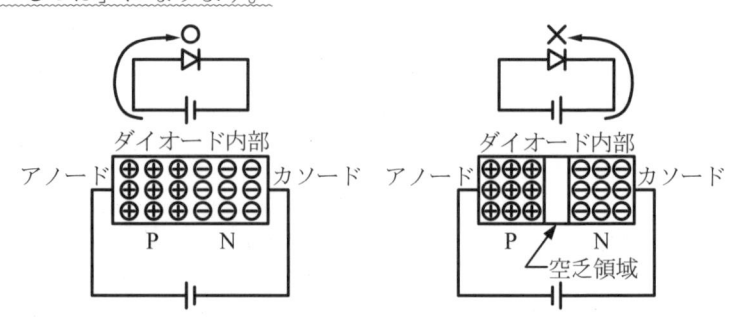

図 4.8　PN 型ダイオードの構造

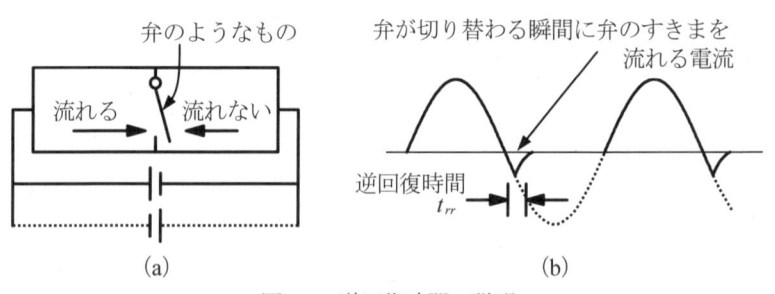

図 4.9　逆回復時間の説明

　弁の切り替わりに必要な時間を逆回復時間といい、ダイオードの速度を表す要素です。測定方法は図 4.10 のようにパルス状の交流を入力し、順方向に一定電流を流している状態から逆電圧を印加し、そのときの逆電流 I_R が $0.1I_R$ まで回復する時間を測ります。一般的なダイオードの逆回復時間特性を図 4.11 に示します。

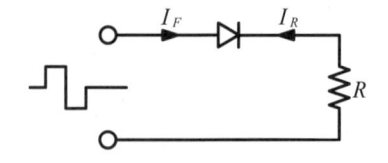

図 4.10　逆回復時間計測回路

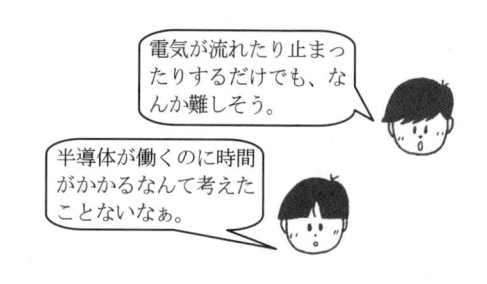

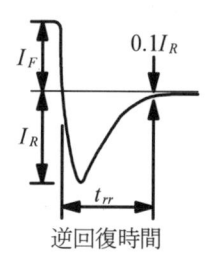

第 4 章 電子回路部品の使い方　123

図 4.11　逆回復時間

・規格表の見方

表 4.1　最大定格

① 最大定格 ($Ta=25℃$)

	項目	記号	定格	単位
②	せん頭逆電圧	V_{RM}	85	V
③	逆電圧	V_R	80	V
④	せん頭順電流	I_{FM}	300	mA
⑤	平均整流電流	I_O	100	mA
⑥	サージ電流 (10ms)	I_{FSM}	2	A
⑦	許容損失	P	150	mW
⑧	接合温度	T_j	125	℃
⑨	保存温度	T_{stg}	-55〜125	℃

特性図などに使用される記号

限界値

　回路の詳細設計をするときに、半導体メーカが発行している規格表（データブック）は必需品です。各メーカのデータブックの表し方はおおむね統一されています。ここでは㈱東芝のダイオード・データブックの中から、高速スイッチングダイオード ISS190 を例に表 4.1 の最大定格と表 4.2 の電気的特性の見方を説明します。

① これ以上の値で使用すると短時間で壊れる限界表示。
② 逆方向に印加できる交流電圧の最大値。
③ 逆方向に印加できる直流電圧の最大値。
④ 順方向に流せる交流電流の最大値。
⑤ 順方向に流せる直流電流の最大値。
⑥ 単発のパス電流で流せる最大値。
⑦ 許容熱損失の最大値。
⑧ ダイオードの命である接合部の許容最高温度。しかし、ユーザは接合部の温度計算はできない。あまり温度を上昇させないで使用する、勧めの意。
⑨ 保存温度がこの範囲内であること。

熱損失は次式のように表せます。

熱損失の安全率は2以上（定格の半分以下）は必要です。

Σ 熱損失 $= V_F \times I_F \times$ デューティ ＋ 逆回復損失 $[W]$ です。

- デューティ：順方向に電流が流れている時間比率
- 逆回復損失：算出しにくい値ですが、順電流、逆回復時間、周波数に比例します。

表 4.2 電気的特性

電気的特性 ——— 使用範囲内での代表計測値の一覧です

項目	記号	測定条件	最小	標準	最大	単位
順電圧	V_F (1)	$I_F = 1\,\text{mA}$	—	0.61	—	V
	V_F (2)	$I_F = 10\,\text{mA}$	—	0.74	—	
	V_F (3)	$I_F = 100\,\text{mA}$	—	0.92	1.20	
逆電流	I_R (1)	$V_R = 30\,\text{V}$	—	—	0.1	μA
	I_R (2)	$V_R = 80\,\text{V}$	—	—	0.5	
端子間容量	C_T	$V_R = 0, f = 1\,\text{MHz}$	—	2.2	4.0	pF
逆回復時間	t_{rr}	$I_F = 10\,\text{mA}$	—	1.6	4.0	ns

- I_F 10 [mA] からの逆回復時間の計測例。
- 漏れ電流の代表計測値。
- 順電圧は順方向の電圧降下ですから、順電流により若干変わります。

詳細なデータブックであれば、図 4.12, 図 4.13 のような特性図が付属します。

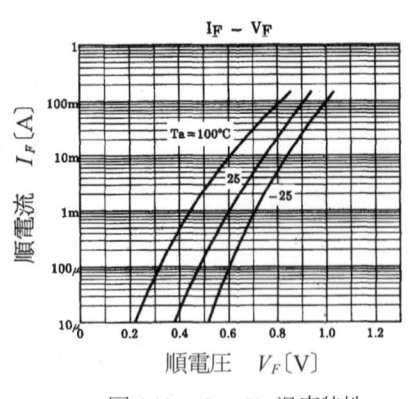

図 4.12 $I_F - V_F$ 温度特性

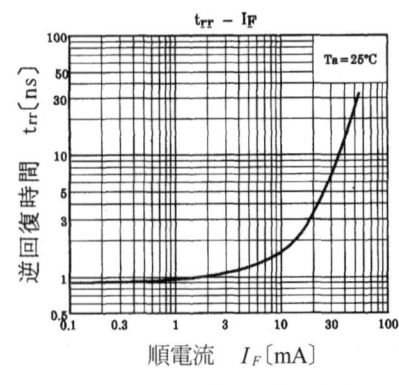

図 4.13 逆回復時間特性

> ダイオードは最大定格で使ったらダメなんだって。半分くらいがいいらしいよ。

> そうだよ。ぼくも最大定格の半分で余裕を持って勉強してるんだ!

> そうです。最大定格のどの項目も少しの時間であっても超える使い方をしてはいけません。これはすべての電子部品に共通する大事なことです。余裕半分で使いましょう!!

4.1.2 整流ダイオード ─▶┤─

　整流ダイオードは電気の一方通行を作るダイオードです。整流ダイオードは電源整流用の大型素子と信号整流用の小型素子に大別され、また動作速度（逆回復時間）により細かく分類されています。特に超高速版のショットキバリアダイオードは、一般の PN 型ダイオードと構造も異なり、別扱いされます。また、漏れ電流の少ないことが特徴の、低リークダイオードなどもあります。パッケージではダイオード単体のものと、2 本～4 本のダイオードがセンタタップまたはブリッジで 1 つのパッケージに組み込まれたものがあります。

整流ダイオード
├─大型素子─┬─ PN 型汎用ダイオード ……… 50Hz、60Hz の電源整流用に使用します。逆耐圧と平均整流電流が規定されていて、時間要素は資料に記載されていません。
│   ├─ PN 型高速ダイオード ……… 大型の高速ダイオードの速度は数ランクに分かれていて、逆回復時間が数十〔nsec〕～数〔μsec〕のものがあります。逆耐圧 V_R の高いものは順電圧 V_F も大きくなり、それだけ熱損失も大きくなります。
│   └─ ショットキバリアダイオード ……… 逆回復時間はピコ〔psec〕の桁で大変高速です。順電圧 V_F は 0.3〔V〕前後ですから、損失も少なく大変優れたダイオードです。しかし逆電圧が 100〔V〕程度のものしかなく、使用範囲は限定されます。
└─大型素子── ブリッジダイオード ……… 整流用の大型ダイオードが 2 本のセンタタップまたは 4 本のブリッジになっています。主に電力ものの整流に使いますから、あまり高速版はありません。

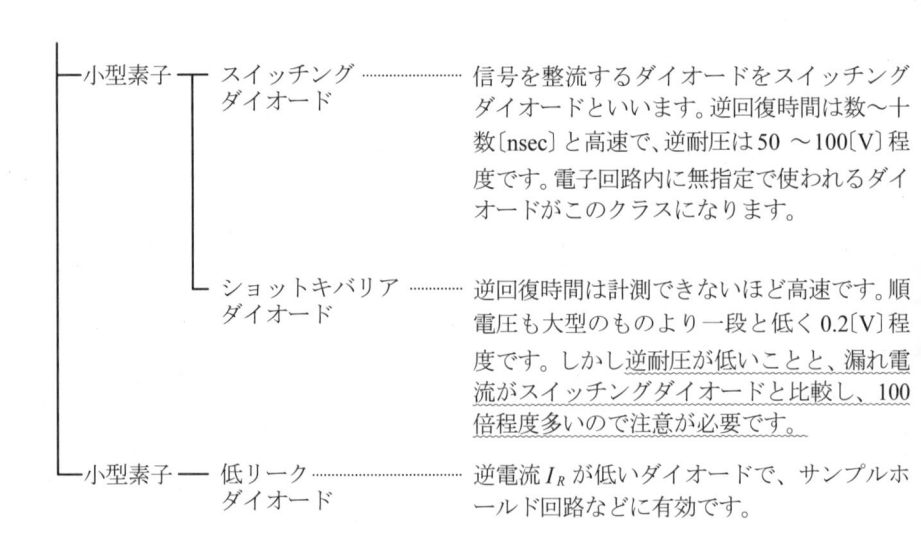

```
┌ 小型素子 ─┬ スイッチング ……… 信号を整流するダイオードをスイッチング
│          │ ダイオード          ダイオードといいます。逆回復時間は数～十
│          │                     数〔nsec〕と高速で、逆耐圧は 50 ～ 100〔V〕程
│          │                     度です。電子回路内に無指定で使われるダイ
│          │                     オードがこのクラスになります。
│          │
│          └ ショットキバリア …… 逆回復時間は計測できないほど高速です。順
│            ダイオード            電圧も大型のものより一段と低く 0.2〔V〕程
│                                  度です。しかし逆耐圧が低いことと、漏れ電
│                                  流がスイッチングダイオードと比較し、100
│                                  倍程度多いので注意が必要です。
│
└ 小型素子 ── 低リーク ………… 逆電流 $I_R$ が低いダイオードで、サンプルホ
              ダイオード           ールド回路などに有効です。
```

・整流ダイオードの使い方（ほんの一例です）

その 1) 整流

図 4.14 はトランスのセンタタップを使った全波整流です。ダイオードにかかる逆電圧は $200〔V〕\times\sqrt{2} = 282〔V〕$ ですから、ダイオードの逆耐圧は安全率を含め 600〔V〕のものが必要です。

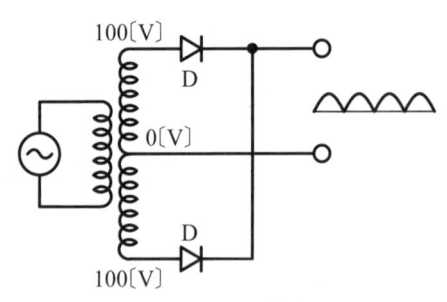

図 4.14　整流

その 2) 入力保護

図 4.15 はダイオードを使った入力保護回路です。信号＋ノイズの入力電圧が電源電圧 ＋V_F 以上または 0〔V〕－V_F 以下になるとノイズ電流はダイオードへバイパスされます。

IC の入力から電源へ電流が流れると IC を壊すことがあります。

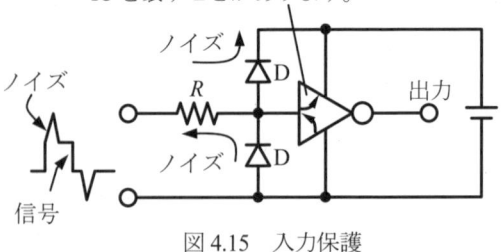

図 4.15　入力保護

その3) サージ止め

図 4.16 の回路において、スイッチ S を 'OFF' にした瞬間にコイル L から発生する逆起電力 $e = L\dfrac{di}{dt}$ をダイオード D へ流すことで、サージ発生を抑えます。

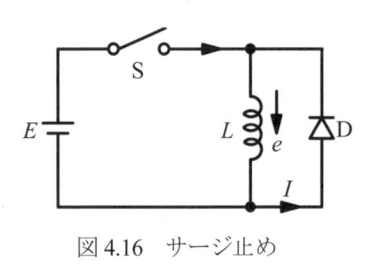

図 4.16　サージ止め

その4) 信号整流

図 4.17 はオペアンプによる半波整流回路です。ダイオードとオペアンプを組み合わすことで、ダイオードの順電圧 V_F による電圧降下の影響がなくなります。詳細は第 6 章で説明します。

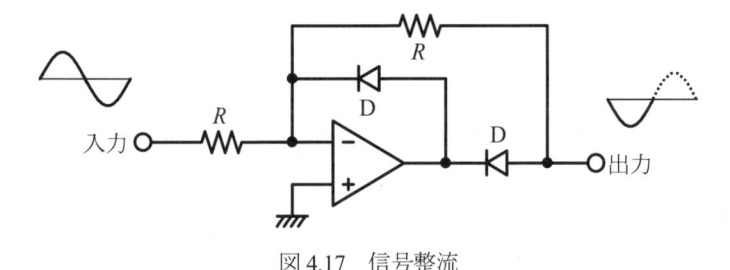

図 4.17　信号整流

> 電気を一方通行にするだけで、いろいろな仕事ができます。ここで問題となることは、目的に合ったダイオードの選定です。1) の整流回路と 2) の入力保護回路のダイオードを取り違えると、どちらも作動しません。目的と仕様に合わせた部品選択は重要です。

4.1.3 ツェナダイオード

ツェナダイオードは定電圧ダイオードとも呼ばれ、図4.18 のように逆電圧の降伏領域が安定して使用できるダイオードです。回路符号はZDがよく使用されます。ツェナダイオードの降伏電圧をツェナ電圧 V_Z といい、ツェナダイオードはツェナ電圧 V_Z を使いますから、接続方向は整流ダイオードの逆向きになります。一般の整流ダイオードは降伏領域を多用すると、局部的な降伏が進み壊れます。また、ツェナダイオードを整流ダイオードとしての使用はできますが、順電圧V_F とツェナ電圧V_Z の差が少ないので整流ダイオードには不向きです。

ツェナ電圧を図4.19 (a) の回路で確認しましょう。ツェナダイオードを使うときは、図4.19 (a) のように電流制限抵抗 R を直列に接続します。この抵抗がないと電源がツェナ電圧を超えたところから短絡状態になります。図4.19 (a) の可変電源の出力電圧E_V を変え、ツェナの両端電圧の変化を観察します。電源電圧E_V の変化に対して、図4.19 (b) のようにツェナ電圧V_Z を超えたところから増加量が少なくなります。これがツェナダイオードの定電圧特性です。

このときの回路電流Iは

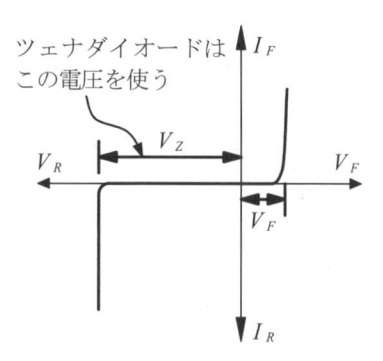

図4.18 ツェナ特性

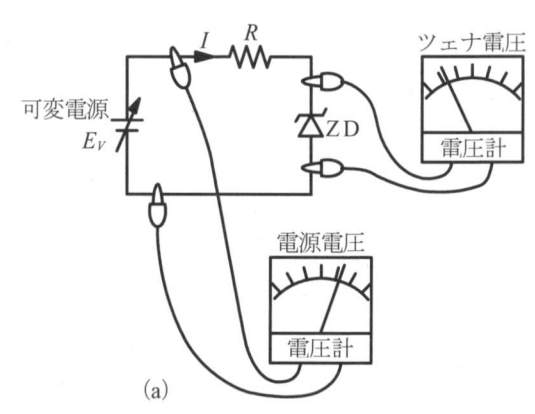

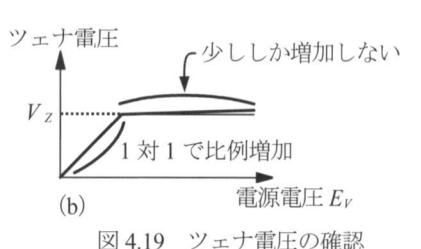

図4.19 ツェナ電圧の確認

$$I = \frac{E_V - V_Z}{R} \text{[A]} \tag{4.1}$$

となります。

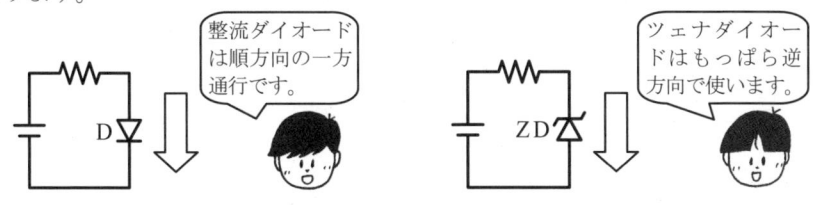

整流ダイオードは順方向の一方通行です。

ツェナダイオードはもっぱら逆方向で使います。

・ツェナダイオードの使い方例

その1)　簡易定電圧電源

図4.20はフィードバックを取らない簡易定電圧電源です。負荷量により出力電圧が多少変化しますが、簡単に作れる電源ですからよく使用します。また、交流を整流した後の平滑回路（リップルフィルタ）としても効果があります。

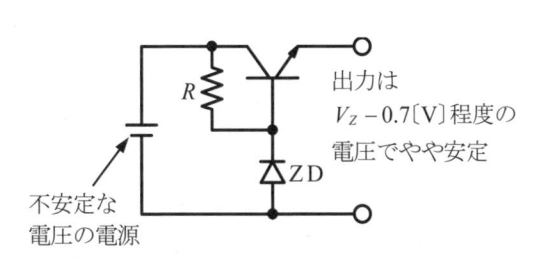

出力は $V_Z - 0.7$ [V]程度の電圧でやや安定

不安定な電圧の電源

図4.20　定電圧電源

その2)　サージ止め回路への応用

図4.21にツェナダイオードを使ったスナバ（サージ止め）回路を示します。スイッチSを'OFF'する時に発生する逆起電力のツェナ電圧以上のものだけを消費し、ツェナ電圧V_Z以下になるとLの逆起電力による電流I'を流さなくします。これによりダイオードだけのサージ止めと比較し、スイッチSの'OFF'から磁界がゼロになるまでの時間が短くなります。

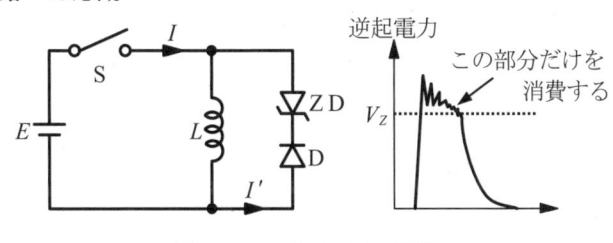

この部分だけを消費する

図4.21　スナバ回路の説明

・ツェナダイオード使用上の注意

その1）発熱について
　ツェナダイオードはツェナ電圧が電圧降下の値となるため、熱損失の値が大きくなります。図4.22のツェナダイオードZDの発熱量P〔W〕は

$$P = I \cdot V_Z \text{〔W〕} \quad (4.2)$$

となり、特にツェナ電圧の高いものは発熱に注意が必要です。電流制限抵抗Rの値を調整して、安全な許容損失内で使用して下さい。

図4.22　発熱量の説明

その2）ツェナ電圧の温度係数
　ツェナ電圧の温度係数は、おおむね0.1〔%/℃〕ほどあります。この温度係数はツェナ電圧により異なり、

　　　ツェナ電圧が5〔V〕以下の場合、負の温度係数
　　　ツェナ電圧が6〔V〕以上の場合、正の温度係数、となり

ちょうどこの間の5.6〔V〕辺りでツェナダイオードの温度係数がゼロとなります。

・ツェナダイオードの回路設計例
　図4.23に示すツェナダイオードを使った10〔V〕の電源を、500〔Ω〕～2〔kΩ〕に変化する負荷に安定供給します。このときのRの適正値とツェナダイオードの適正なワッテージを求めます。

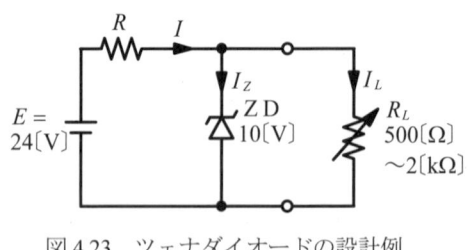

図4.23　ツェナダイオードの設計例

　負荷抵抗が500〔Ω〕～2〔kΩ〕に変化すると、負荷電流I_Lは

$$I_{L(min)} = \frac{10\text{〔V〕}}{2\text{〔kΩ〕}} = 5\text{〔mA〕}$$

$$I_{L(max)} = \frac{10〔V〕}{500〔Ω〕} = 20〔mA〕$$ となります。

次にツェナ電流I_Zの決め方ですが、少しどんぶり要素が入ります。このクラスのツェナダイオードでツェナ電圧が安定するためには、最低でも数〔mA〕のツェナ電流は必要です。この$I_{Z(min)}$を5〔mA〕とすると、回路電流Iは

$$I = I_{Z(min)} + I_{L(max)} = 25〔mA〕$$

電流制限抵抗Rによる電圧降下は24〔V〕−10〔V〕で14〔V〕必要ですから、

$$R = \frac{24〔V〕-10〔V〕}{25〔mA〕} = 560〔Ω〕$$ となります。

ツェナ消費電力はI_Lが5〔mA〕のとき、I_Zは20〔mA〕ですから、

$$P = V_Z \cdot I_Z = 10〔V〕\cdot 20〔mA〕= 0.2〔W〕$$

となりますから、0.5〔W〕型ツェナダイオードで対応可能です。これは与えられた仕様の最低保証値ですから、実際はもう少し設計マージンが必要です。マージンの取り方は設計者の判断です。参考までに筆者が設計する場合、$R = 430〔Ω〕$ 2〔W〕、ツェナダイオードは1〔W〕型にします。

> この辺りで少し気づいていただけたかと思いますが、第3章以降で具体的に回路の定数を決めるとき、必ずと言ってよいほどオームの法則が出てきます。回路設計においてオームの法則は最も重要です。あらためて認識して下さい。

> うんっ。 うん。

4.1.4 可変容量ダイオード ─┤⊬─

図4.24のPN型ダイオードに逆電圧を印加すると、その電圧に比例して空乏領域の大きさが変化します。これがコンデンサの電極板の距離が変化したことに相当し、アノード、カソード間のコンデンサ容量が変化します。このダイオードの特質を活用するために、空乏領域の誘電率を向上させるなど、コンデンサとして

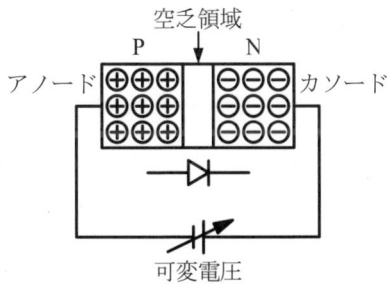

図4.24 可変容量ダイオード

の性能を持たせたものが可変容量ダイオード、別名バリキャップVCです。主に民生用のテレビチューナ、FMチューナ、PLL制御などに使用されます。可変容量ダイオードは図4.25のように100〔kΩ〕程度の高抵抗を通して逆電圧を印加します。この抵抗は共振回路に対して可変電源の存在による影響を軽減させるものです。可変容量ダイオードの逆電圧V_R対コンデンサ容量の一例を図2.26に示します。逆電圧V_Rが高くなると空乏領域が大きくなり、コンデンサ容量が少なくなる様子がよく分かります。

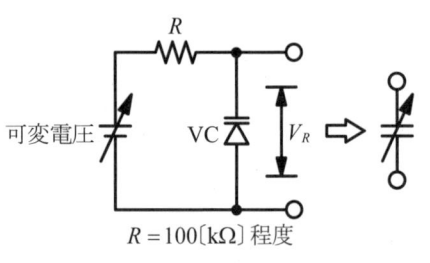

図4.25 可変容量ダイオードの使い方

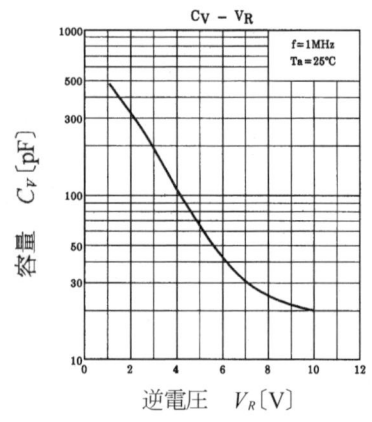

図4.26 逆電圧－容量特性

数年前まではラジオには選局ダイアルがついていました。現在は一発選局の押釦だけです。これを可能にしたのは可変容量ダイオードとPLL（フェーズ・ロック・ループ）という発振回路の賜物です。

昔のラジオ

・可変容量ダイオードの使い方例

その1) コルピッツ発振回路

　図4.27はスーパーヘテロダイン受信器の局部発振などに使用されるコルピッツ発振回路です。制御電圧により発信周波数を変更します。

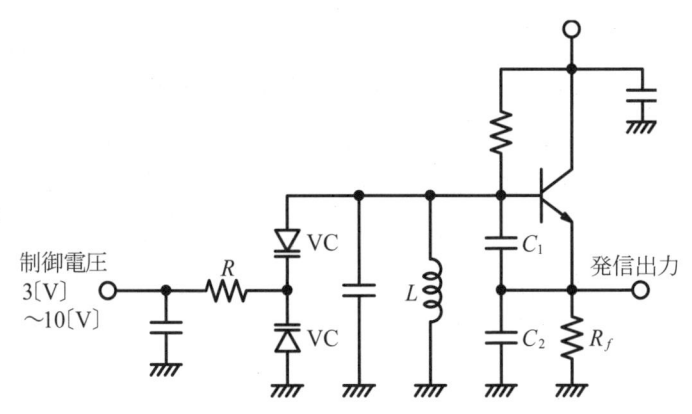

図 4.27　コルピッツ発振回路

その 2) 高周波増幅

　図 4.28 は一般的な高周波の同調回路で、同調周波数は制御電圧で変更できます。前述の発振回路と組み合わせて、スーパーヘテロダイン受信器の高周波部分を構成します。

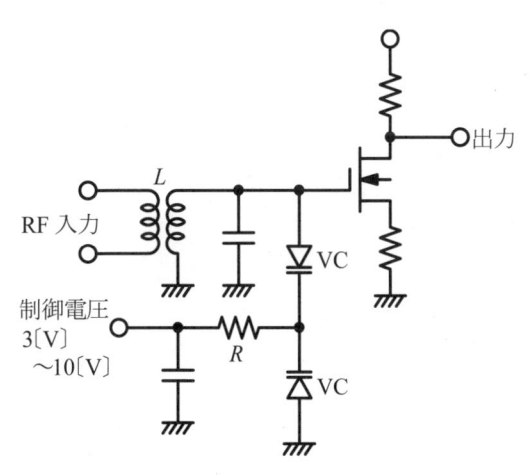

図 4.28　高周波増幅回路

☆ここまでに紹介したダイオードの写真です。

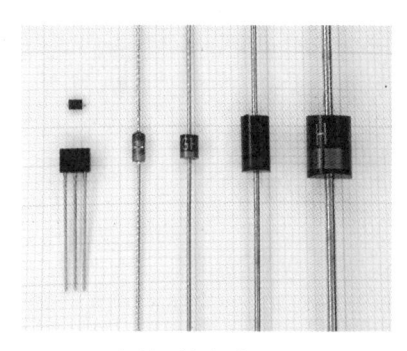

小中型の整流ダイオード

写真左の2つがショットキバリアダイオード、それ以外は汎用整流ダイオードです。外観だけではダイオードの種類の区別はできません。

大型整流ダイオードと放熱フィン

大型素子のショットキバリア型のもの以外は、あまり高速動作を望めません。大型素子は発熱を伴いますから写真のような放熱フィンが必要です。

電源回路で使う整流ブリッジ

大型のものは箱体にネジ止めするなど、放熱対策をします。

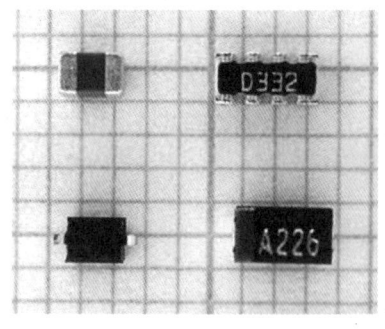

チップデバイス

1 mmグリッドの上で撮影したチップデバイスです。抵抗（左上）、ラダー抵抗（右上）、ダイオード（左下）、コンデンサ（右下）です。外観からはデバイスの種類が分かりにくいため、本書ではリードデバイスを中心に部品の紹介をしています。

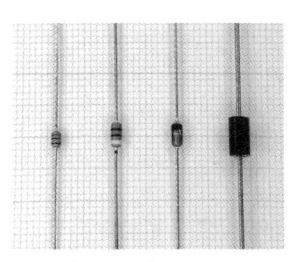

第 4 章　電子回路部品の使い方　　135

定電圧ダイオード

小型から大型のものまであり、外観では整流ダイオードと区別できません。ツェナダイオードはツェナ電圧を表記しています。

可変容量ダイオード

写真は 2 素子内蔵のものですが、4 素子内蔵の IC の型をしたものもあります。

🔨 まとめの時間です。

・よく使うダイオード

```
┌── まとめて整流ダイオード
│┌ 整流ダイオード ················ 電源整流用
├┤ スイッチングダイオード ············ 信号整流用、速い。
│└ ショットキバリアダイオード ········· 超速い、V_F が低い、
│                               しかし V_R も低い。
├ ツェナダイオード ················· 逆電圧 V_R を使う、
│                               定電圧ダイオード。
└ 可変容量ダイオード ··············· 逆電圧 V_R を変えると、
                                コンデンサ容量が変わる
                                バリキャップ。
```

・電流はすぐに止まれない

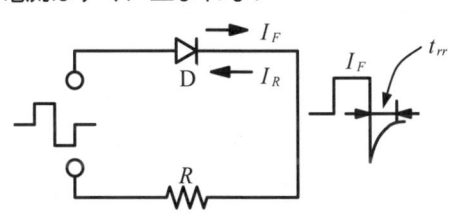

t_{rr} ＝逆回復時間
順電流'OFF'から逆電流阻止までの時間。この t_{rr} が短いダイオードを高速ダイオードといいます。

図 4.A　t_{rr} の説明

・**ダイオード特性をもう一度確認して下さい。**

　ツェナダイオード以外、降伏領域を使わないで下さい。

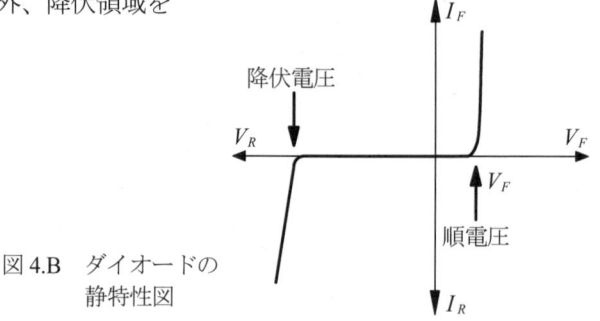

図 4.B　ダイオードの静特性図

🔦 おさらい問題です。

問 4.1)　図 4.C に示す静特性のダイオードを次の条件で使用したときの回路電流 I を求める。

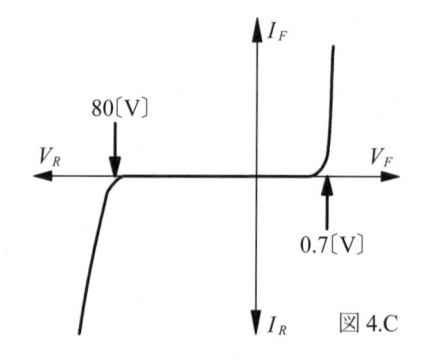

図 4.C

問 4.1.1)　電源 E が順方向 $100[\mathrm{V}]$ のときの回路の回路電流 I は?

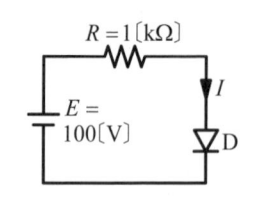

$R = 1[\mathrm{k}\Omega]$, $E = 100[\mathrm{V}]$

問 4.1.2)　電源 E が逆方向 $50[\mathrm{V}]$ のときの回路電流 I は?

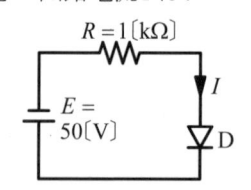

$R = 1[\mathrm{k}\Omega]$, $E = 50[\mathrm{V}]$

問 4.1.3)　電源 E が逆方向 $100[\mathrm{V}]$ のときの回路電流 I は?

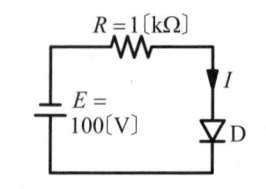

$R = 1[\mathrm{k}\Omega]$, $E = 100[\mathrm{V}]$

問 4.2) ◻ に適切な語句を入れて下さい。
- 整流ダイオードは [問4.2.1] (V_R) と [問4.2.2] (V_F) の差で整流します。整流ダイオードに [問4.2.1] 以上の電圧を与えてはいけません。
- ダイオードの順電流が流れている状態から逆電圧を阻止するまでの切り替わり時間を [問4.2.3] といい、動作速度を表します。
- ツェナダイオードは [問4.2.4] が安定していて、整流ダイオードの逆方向を使うことで定電圧効果が得られます。
- ツェナダイオードは [問4.2.5] 〔W〕の熱損失が発生します。

4.2 オプトデバイス

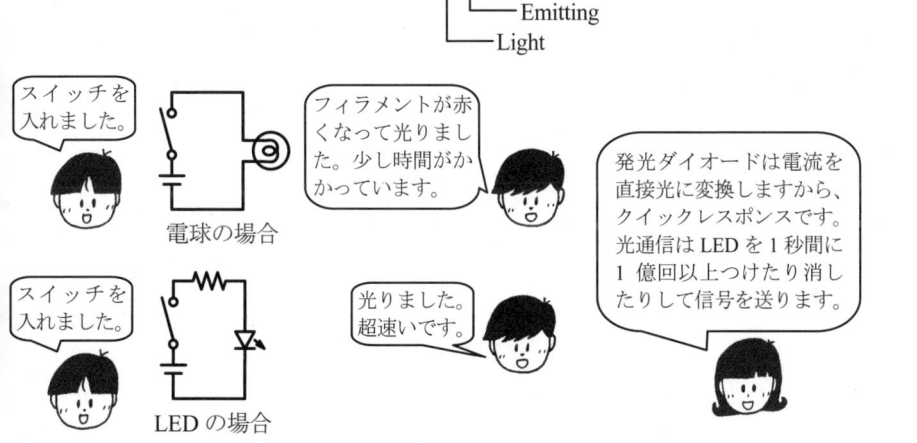

4.2.1 発光ダイオード

　発光ダイオードは電流を流すことで光を発するダイオードです。電流を流すことで光るのであれば電球も同じですが、電球の場合フィラメントが電流で発熱し光っているのに対して、発光ダイオードは半導体内を電子が通過するときに光波長の電磁波が直接放射されることで光ります。そのため「光らせる」用途以外に光を信号として扱う通信方法など、広範囲に応用されます。発光ダイオードの発光色は「赤」「黄」「緑」が主流でしたが、最近になって青色発光のものが実用化され、また、この青色発光に蛍光体を使い白色発光にしたものなどもあります。発光ダイオードは通常ＬＥＤと呼びます。

L ─ Light
E ─ Emitting
D ─ Diode

スイッチを入れました。
フィラメントが赤くなって光りました。少し時間がかかっています。
電球の場合

スイッチを入れました。
光りました。超速いです。
LED の場合

発光ダイオードは電流を直接光に変換しますから、クイックレスポンスです。光通信は LED を 1 秒間に 1 億回以上つけたり消したりして信号を送ります。

・発光ダイオードを光らせます。

その1) 直流点灯

LED は図 4.29 のように電流制限抵抗 R で順電流 I_F を通常 10〔mA〕ほどに調整して使います。このときの順電圧 V_F は約 2〔V〕です。抵抗 R は式 (4.3)、順電流 I_F は式 (4.4) で求めます。

$$R = \frac{E - V_F}{I_F} \quad (4.3)$$

$$= \frac{12〔V〕- 2〔V〕}{10〔mA〕} = 1〔kΩ〕$$

$$I_F = \frac{E - V_F}{R}〔A〕\quad (4.4)$$

図 4.29　LED の直流点灯

I_F は 3〔mA〕〜 15〔mA〕の間で調整します。図 4.29 では、電源 E に 12〔V〕のものを用意しています。LED の V_F は素子により多少ばらつきがありますから、R の両端電圧に少し余裕が持てる電源電圧を用意して下さい。

その2) 交流点灯

次に図 4.30 の回路を使い、LED を交流で光らせます。交流でも I_F は直流と同じように

$$I_F = \frac{E - V_F}{R}〔A〕\quad (4.4)$$

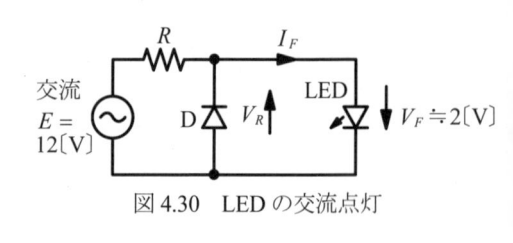

図 4.30　LED の交流点灯

となります。しかし、交流の半サイクル分だけで I_F が流れるので、図 4.31 のような注意が必要です。

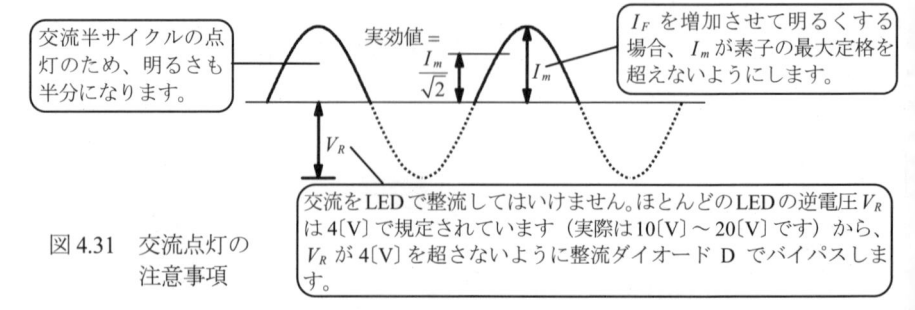

交流半サイクルの点灯のため、明るさも半分になります。

実効値 = $\dfrac{I_m}{\sqrt{2}}$

I_F を増加させて明るくする場合、I_m が素子の最大定格を超えないようにします。

V_R

交流を LED で整流してはいけません。ほとんどの LED の逆電圧 V_R は 4〔V〕で規定されています（実際は 10〔V〕〜 20〔V〕です）から、V_R が 4〔V〕を超さないように整流ダイオード D でバイパスします。

図 4.31　交流点灯の注意事項

その3) パルス点灯

　LEDで光る広告看板など多量のLEDを光らせる場合、個別のLEDにそれぞれ1個ずつスイッチを付けるとスイッチの数が多くなり、制御も複雑になります。そこで一列ずつ順番に通電し、何列目の何番目のLEDといった五目並べのような点灯を、目にも止まらぬ速さで繰り返します。図4.32のようにパルス列を5分割して順番に光らせる場合、直流点灯と同じ明るさを必要とすれば1つの列が点灯するとき5倍の明るさが必要になります。

　このように順番にLEDを点灯させる方法をダイナミック点灯といいます。ダイナミック点灯の順電流I_Fは、最大定格以内で通常の連続点灯時の4～5倍の電流を短時間流します。

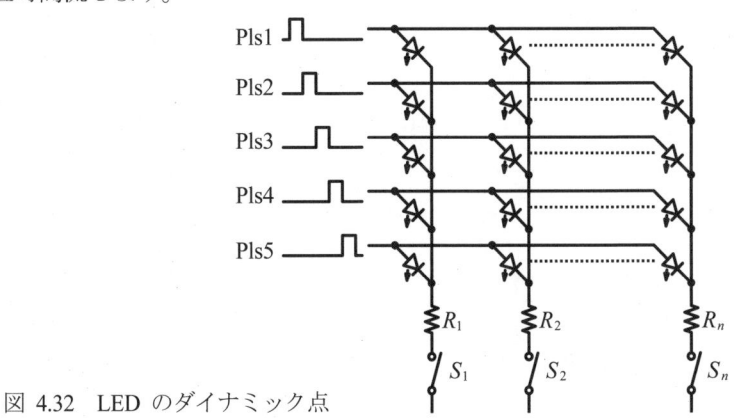

図 4.32　LEDのダイナミック点

・LEDに関する知識

その1) LEDの明るさは温度によって変化します。

　LEDは温度が上がると暗くなります。周囲温度が25 →50[℃]に変化すると、LEDの照度は20 ～30[%]低下します。LEDを高密度実装する広告看板などでは、明るさを確保するためにI_Fを増やすより放熱を考慮した設計が優先されます。

その2) 人間の目は緑色に対する感度が最も良好です。

　同じ照度であれば光波長555[nm]の緑色LEDが人には最も明るく見えます。

その 3) LED の直列接続、並列接続

LED の発光量を増加させる方法として直列または並列接続が可能です。図 4.33 に示す LED 直列接続の順電流 I_F は式 (4.5) で求めます。

$$I_F = \frac{E - n \cdot V_F}{R} [A] \qquad (4.5)$$

各 LED の V_F には多少のバラツキがありますから、R の両端電圧 ($E - n \cdot V_F$) は少し余裕を持って残して下さい。

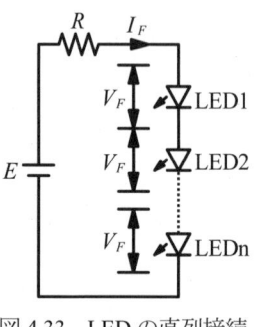

図 4.33 LED の直列接続

LED を並列接続する場合は、図 4.34 (b) のように各 LED 個別に電流制限抵抗 R を入れて下さい。図 4.34 (a) の接続では各 LED に流れる電流にバラツキが発生します。

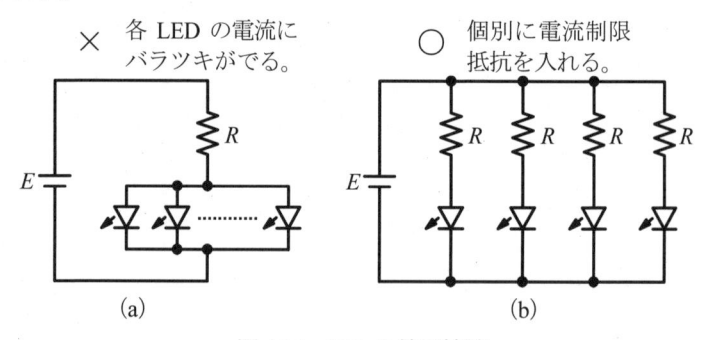

図 4.34 LED の並列接続

4.2.2 受光素子

受光素子にはフォトダイオード、フォトトランジスタ、太陽電池、CdS などがあります。ここでは発光ダイオードとの組み合わせで、受光センサとして使うフォトダイオードとフォトトランジスタを説明します。

・フォトダイオード

フォトダイオードは図 4.35 のように一定逆電圧 V_r (バイアス) 印加した状態で受光すると、受光量に対応して逆電流が増加します。フォトダイオードは太陽電池と同じで、光量に比例した光電流を発生していますが、バイアスをかけて使いますから回路を流れる逆電流 I_R は

$$I_R = 光電流+バイアス電流$$

となります。逆電流I_R対光量特性を図 4.36 に示します。両軸とも対数で表すとやや直線になりますが、光量が少ない暗電流領域は周囲温度の影響を大きく受け、不安定になります。アナログ的な使い方をする場合は注意して下さい。

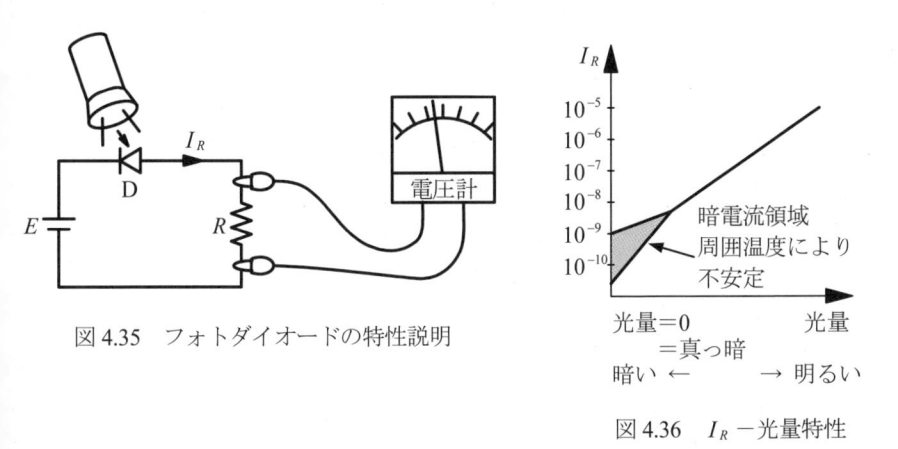

図 4.35 フォトダイオードの特性説明

図 4.36 I_R－光量特性

フォトダイオードの特徴は高速動作です。入力の光量変化から出力電流の変化までの時間が数～100〔nsec〕程度で、他の受光素子と比較し 10～1000 倍ほど高速です。

フォトダイオードを使った光検出回路の具体例を図 4.37 に示します。フォトダイオードの光電流は、暗電流領域で10^{-10}〔A〕と微少電流ですから、使用するオペアンプは入力バイアス電流と入力オフセット電流の少ない C-MOS 入力のものを使います。この回路で最大入光時 2～3〔V〕の電圧が出力されます。

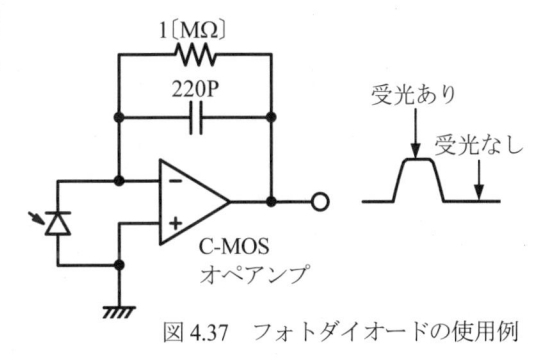

図 4.37 フォトダイオードの使用例

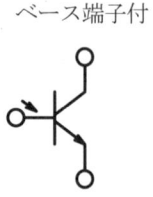

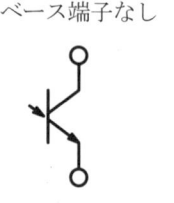

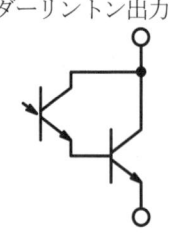

・フォトトランジスタ

　フォトトランジスタはフォトダイオードとトランジスタを組み合わせて出力電流を大きくし、使いやすくなっています。しかしその反面、スイッチング速度が大幅に低下しています。

　フォトトランジスタの等価回路を図4.38に示します。フォトダイオードの逆電流I_Rがトランジスタのベース電流I_bになり、電流増幅率h_{fe}倍されたコレクタ電流I_cが出力されます。

出力電流I_Cは
$I_C = h_{fe} \cdot I_b$

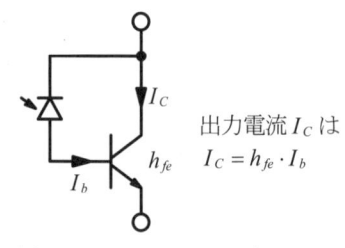

図4.38　フォトトランジスタの等価回路

　フォトトランジスタには図4.39のような3種類の型があります。フォトトランジスタのベース端子の必要はありませんので、ベース端子なしのものもあります。また、出力電流をより多くするためにトランジスタをダーリントン接続したものもあります。

ベース端子付　　ベース端子なし　　ダーリントン出力

図4.39　フォトトランジスタの種類

　次にフォトトランジスタの具体的な使い方例を説明します。図4.40の回路でフォトトランジスタのスイッチング特性を計測します。光源のLEDはファンクションジェネレータのパルス出力で点灯させます。フォトトランジスタの出力電流は数〔mA〕程度ありますから、直接負荷抵抗を接続可能です。2チャンネルのシンクロスコープで光源側のLEDの電流と出力電流を同時に観察すると、2つ波形の時間差が5〔μsec〕程度確認できます。

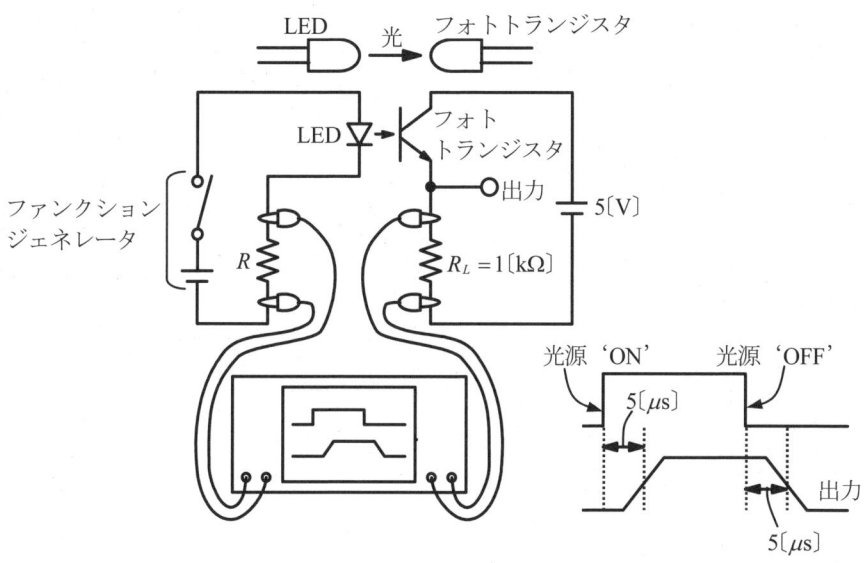

図 4.40　フォトトランジスタの使用例とスイッチング特性

［フォトダイオードは速いけど、出力電流が少ないです。］

［フォトトランジスタは出力電流は大きいけど、低速動作です。］

［もう一つ、暗電流もここでのキーワードです。］

4.2.3　フォトカプラ

　フォトカプラは図 4.41 のように、発光素子と受光素子を 1 つのケースに組み込んだものです。電気→光→電気変換を行い、電気信号を光学的に絶縁します。ノイズ対策および機器間の誘導起電力による障害の除去に大きく貢献します。この説明は後述のEMI 対策の項で詳しく行います。

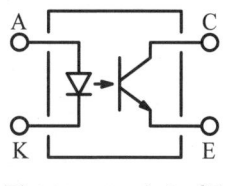

図 4.41　フォトカプラ

・フォトカプラの種類

　フォトカプラの入力側は LED ですが、出力側はいろいろなデバイスが用意されています。トランジスタ出力のものが最も一般的ですが、交流仕様のサイリスタ出力またはトライアック出力など SSR（ソリッドステートリレー）に近いものもあります。表 4.3 にフォトカプラの種類一覧を示します。

表 4.3　フォトカプラの種類一覧

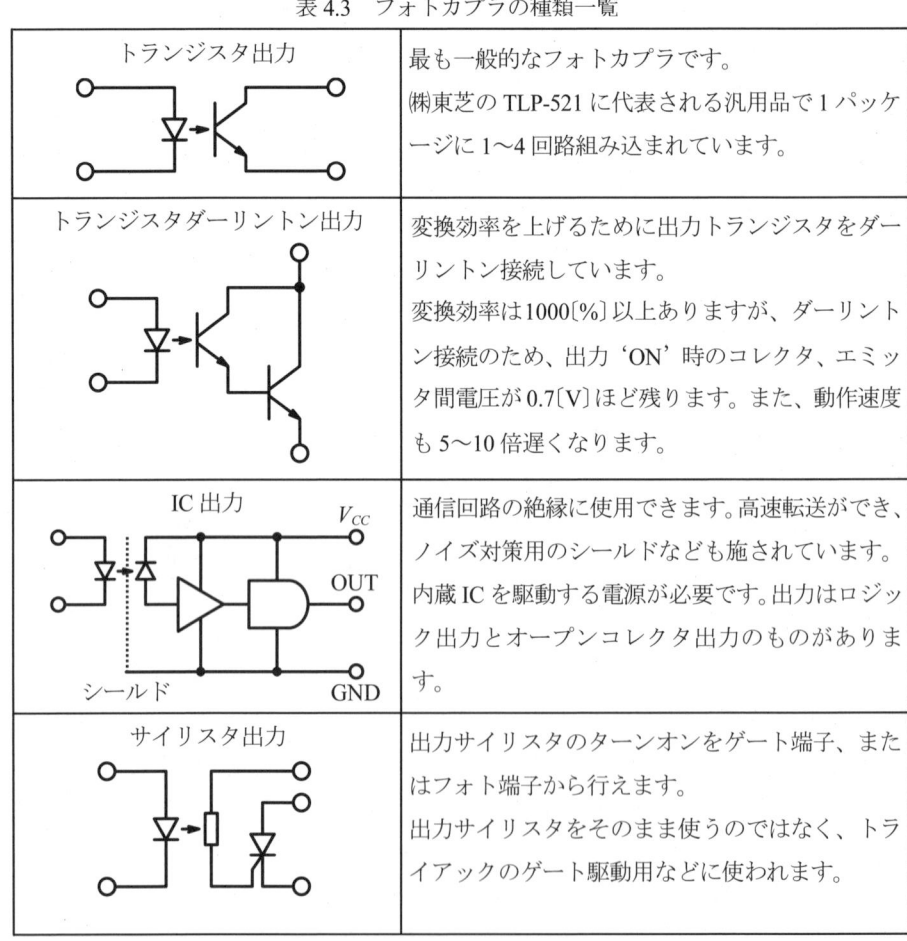

トランジスタ出力	最も一般的なフォトカプラです。㈱東芝の TLP-521 に代表される汎用品で 1 パッケージに 1～4 回路組み込まれています。
トランジスタダーリントン出力	変換効率を上げるために出力トランジスタをダーリントン接続しています。変換効率は1000〔%〕以上ありますが、ダーリントン接続のため、出力'ON'時のコレクタ、エミッタ間電圧が 0.7〔V〕ほど残ります。また、動作速度も 5～10 倍遅くなります。
IC 出力	通信回路の絶縁に使用できます。高速転送ができ、ノイズ対策用のシールドなども施されています。内蔵 IC を駆動する電源が必要です。出力はロジック出力とオープンコレクタ出力のものがあります。
サイリスタ出力	出力サイリスタのターンオンをゲート端子、またはフォト端子から行えます。出力サイリスタをそのまま使うのではなく、トライアックのゲート駆動用などに使われます。

トライアック出力	ゼロクロス検出機能付きのものなどもあり、小型のSSRとして使用できます。
フォトボル出力	出力側に太陽電池を数段重ねて出力電圧をC-MOSレベル〔V〕にしています。電源を用意することなく直接パワーMOSデバイスのゲートを絶縁した状態で駆動できます。
フォトダイオード出力	出力はフォトダイオードの光電流ですから、外付けの増幅回路が必要です。
MOS FET出力	出力はMOS FETですから、ドライ接点リレーとして使用できます。'ON'抵抗は数m〔Ω〕のものからあります。出力の仕様もいろいろと揃っていますから、便利で使いやすい素子です。

・フォトカプラの使い方と特性

　図4.42に最も一般的なトランジスタ出力フォトカプラの使い方と、入出力特性を示します。電気→光→電気変換を行うフォトカプラの伝達効率を入力電流 I_F と出力電流 I_C の比で表し、変換効率といいます。

$$変換効率 = \frac{I_C}{I_F} \times 100 [\%] \tag{4.6}$$

変換効率は最小値で50%〜600%と幅があり、製品によりランク分けされています。

10[mA] 前後の電流を流します。

絶縁耐圧は 2000～3000[V]

変換効率が100[%]であれば、発光側のI_Fが10[mA]のとき、I_Cは10[mA]程度流れます。

V_{CE0}はコレクタ、エミッタ間に印加できる最大電圧 V_{CE0} 50[V]の製品が多い。

フォトカプラ

$V_F = 1.2$[V], ± 0.2[V]くらいです。逆電圧V_Rは約4[V]です。逆電圧が印加される場合は LED の交流点灯と同じようにダイオードでバイパスします。

コレクタ、エミッタ間電圧。出力電圧となります。入力対出力の時間遅れが発生します。出力側がオープンコレクタの場合

$t_{ON} \fallingdotseq$ 数 [μsec]

$t_{OFF} \fallingdotseq$ 十数 [μsec]

図 4.42 フォトカプラの使い方

・フォトカプラの設計例

図4.43のフォトカプラを使った絶縁回路の設計例を説明します。スイッチS_1の'ON'←→'OFF'信号を絶縁し、5[V]系のロジック信号に変換します。

図 4.43 フォトカプラの設計例

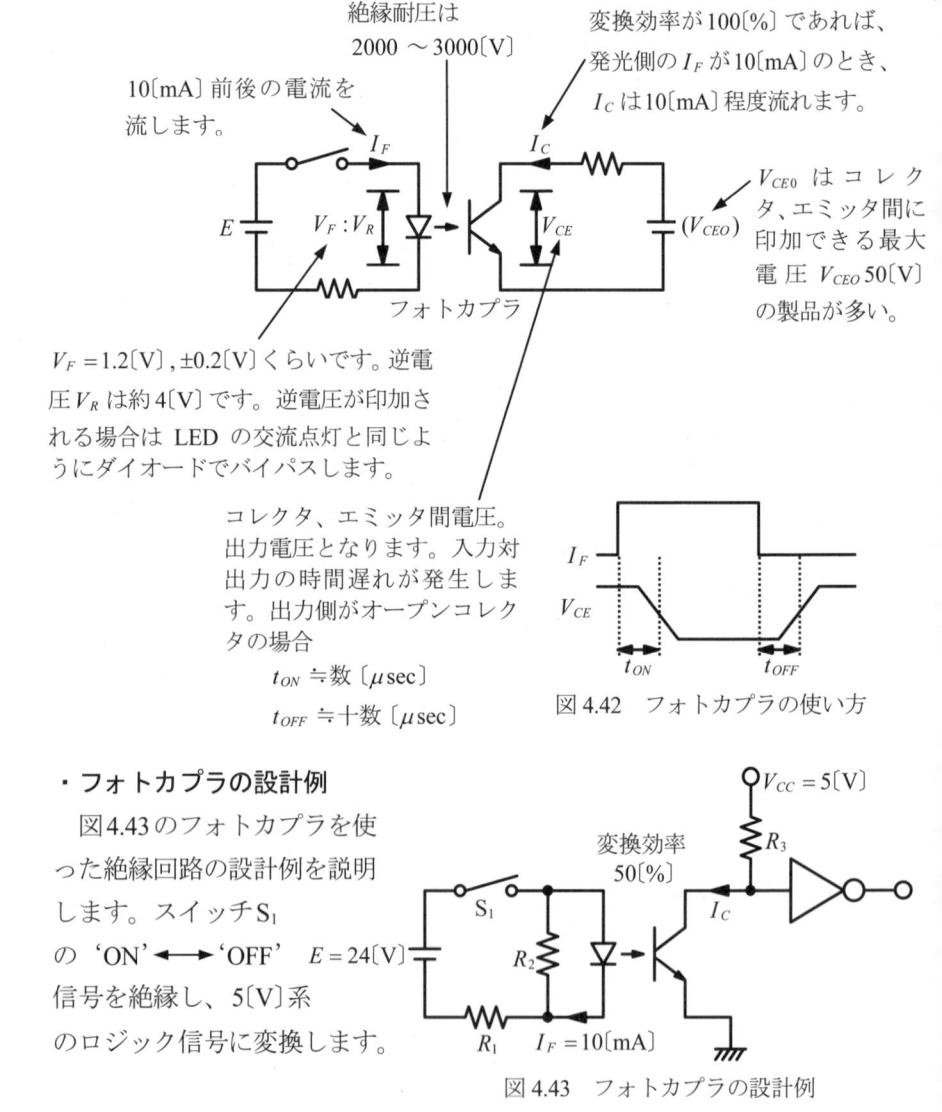

1) R_2 の目的と抵抗値

スイッチS_2を'OFF'にしたとき LED に蓄えられた電荷が消費されず、LEDの両端電圧がV_F以下に下がりにくいため、LED が完全に消灯するまで少し時間がかかります。R_2でこの電荷を消費させ、LDE を速く消灯させます。この抵抗をブリーダ抵抗といいます。R_2へ1[mA]流すときのR_2の値は

$$R_2 = \frac{V_F}{I_{R2}} = \frac{1.2}{1 \times 10^{-3}} = 1.2 \, [\text{k}\Omega]$$

2) R_1 の目的と抵抗値

R_1 は LED に流れる電流 I_F を制限します。$I_F = 10 \, [\text{mA}]$ としたときの R_1 の値とワッテージを求めます。

$$R_1 = \frac{E - V_F}{I_F + I_{R2}} = \frac{24 - 1.2}{(10 + 1) \times 10^{-3}} = 2.07 \, [\text{k}\Omega]$$

E24 の数値表から最も近い抵抗値を選択します。

$$2.07 \, [\text{k}\Omega] \rightarrow 2 \, [\text{k}\Omega] \quad \text{とします}$$

R_1 のワッテージを求めます。

$$P = \frac{V^2}{R} = \frac{(24 - 1.2)^2}{2 \times 10^3} = 0.26 \, [\text{W}]$$

安全率を 4 倍程度かけて、1 [W] 型抵抗となります。

3) R_3 の目的と抵抗値

フォトカプラの出力電流 I_C は入力側の LED に流れる順電流 I_F × 変換効率となります。I_C × R_3 の値が 5 [V] 以上になるように設計します。

$$R_3 = \frac{V_{CC}}{I_C} = \frac{5}{5 \times 10^{-3}} = 1 \, [\text{k}\Omega]$$

R_3 を 1 [kΩ] 以上の値にすると、コレクタ電圧が完全に 'ON' ⟷ 'OFF' します。

――― コラム　オプトデバイスの応用 ―――

　光は電磁波です。オプトデバイスが扱う光の範囲は、波長の短い方から紫外線、可視光、赤外線辺りです。オプトデバイスの応用範囲は多岐に渡り、その種類と分野を羅列するだけでも紙面が足らないほどです。ここでは本文で取り上げたもの以外の応用分野を少しですが紹介します。

・サーモグラフィー（赤外線カメラ）

　絶対 0 度（−273℃）より温度の高いものは赤外線を出しています。温度の高いものは短い波長の赤外線を多量に出し、温度の低いものは長い波長の赤外

線を少量出しています。すなわち物体から出る赤外線を見ることで、その物体の温度が分かります。この赤外線の量と波長を画像にしたものが、よくテレビなどで見る緑色とオレンジ色のモザイク画像です。

・焦電センサ

　広範囲な波長の赤外線に反応するセンサです。人体から出る10〔μm〕前後の赤外線を通すフィルタを付けて、自動ドアや防犯警報器の人間検出センサとしてよく使用します。少し余談ですが、蛇の視力はあまり良くなく、目の代わりに鼻の先に焦電センサのような赤外線センサを持っていて、これで周囲の状況を認識しているそうです。ハイテクなんでしょうか!?

・光ファイバジャイロ

　図4.Dのようにループにした光ファイバの両端からレーザ光を通します。この装置全体が角速度ωで回転すると、行きと帰りのレーザ光に干渉縞が発生し、これを解析することで角速度の値が得られます。角速度を積分すると角度となります。

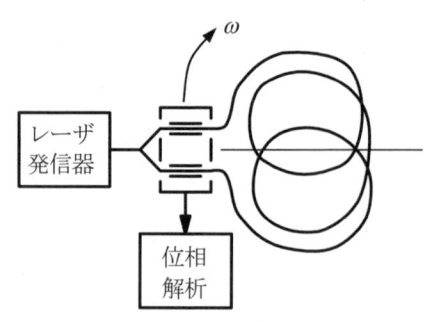

図4.D　光ファイバジャイロ

・レーザを使った距離計、速度計

　図4.Eのようにレーザ光を目標物に当て反射させます。レーザ光の往復距離だけの位相遅れが発生していますから、送信レーザ光と受信レーザ光の位相差を測ることで

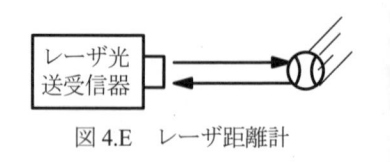

図4.E　レーザ距離計

距離が分かります。距離を微分することで速度計測もできます。

4.2.4　いろいろなオプトデバイス

・フォトセンサ

　発光素子と受光素子の間に光を遮るものが「有るか」「無いか」を判別するセンサです。図4.44のように一体もので小型のものから、レーザ光を使い数百〔m〕

の距離を監視するものもあります。原理的には大型フォトカプラです。

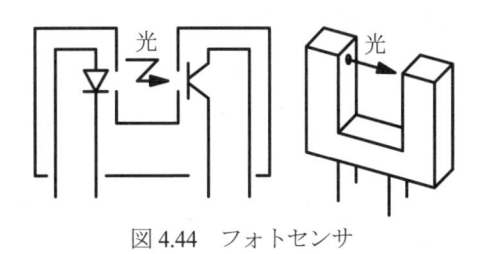

図4.44 フォトセンサ

・SSR (Solid State Relay)

　SSRは主に交流負荷を'ON'⟷'OFF'する無接点リレーです。構造は図4.45のようにトライアック出力のフォトカプラを少し大きくしたものです。負荷電流は大きいもので数百〔A〕のものまであり、その'ON'⟷'OFF'を数〔mA〕の電流で制御できますから、大変便利なハイブリッド素子です。

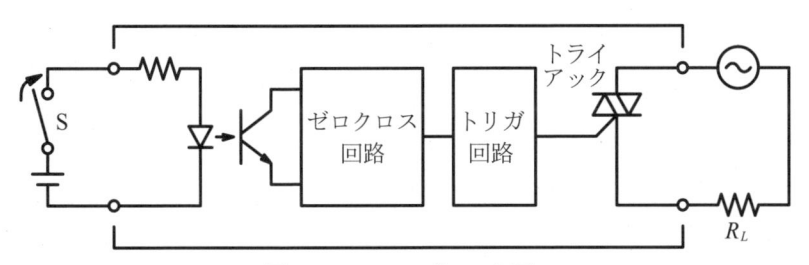

図4.45 SSRのブロック図

ゼロクロス機能

　入力のスイッチSが'ON'にされてもすぐに出力トライアックにトリガをかけないで、図4.46のように交流電圧が最寄りのゼロを通過するときにトリガをかけ、出力トライアックをターンオンさせます。こうすることで負荷投入時の突入電流を低く抑えられます。スイッチが'OFF'の時はトライアックですから、電流'ゼロ'で自動的にターンオフします。

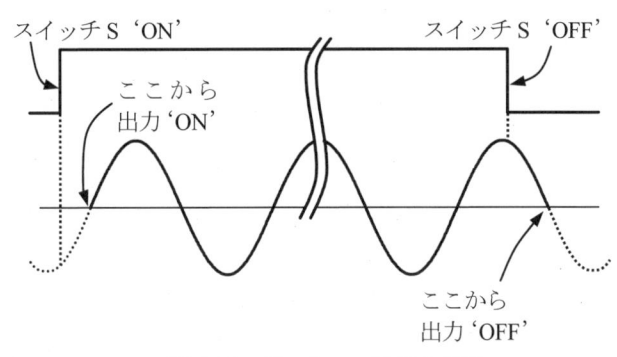

図4.46 ゼロクロス機能の説明

・太陽電池

太陽電池は図4.47のようにフォトダイオードとよく似た構造で、半導体のPN接合面に光が当たると光電流が流れます。PNの方向を考えると、出力電流は逆電流I_Rの方向になります。

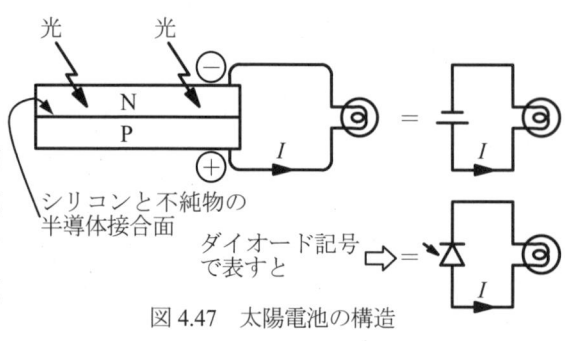

図4.47 太陽電池の構造

話は少しそれますが、タービンを回して発電する発電機の場合、タービンを回すエネルギーと発電機から取り出すエネルギーがつり合っていなければなりません。そこで発電を行うための制御が必要になります。ところが太陽電池の出力特性は図4.48のように発散しない安全な特性ですから、制御を意識しなくても簡単にエネルギーが取り

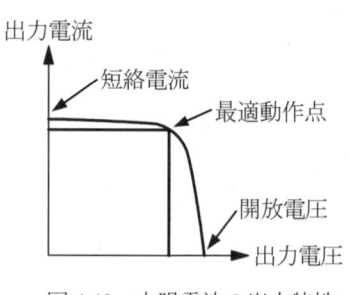

図4.48 太陽電池の出力特性

出せます。図4.48の出力は安全な垂下特性ですから、負荷を短絡しても開放しても問題は起きません。

・CdS (Cadmium Sulfide)

CdSは光量によって抵抗値が変化する光センサです。明るいと抵抗値が少なくなり、暗いと抵抗値が大きくなります。構造は硫化カドミウムの焼き物（セラミック）です。構造的に丈夫ですから、図4.49のように直接バイメタルを駆動する電流を流し、夜間照明の自動'ON'⟷'OFF'などに使用されます。

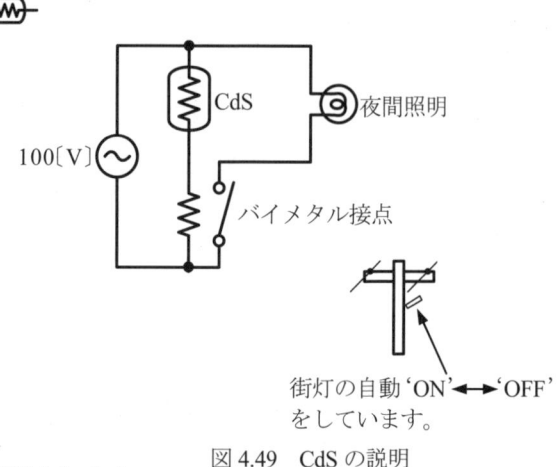

図4.49 CdSの説明

・CCD イメージセンサ（Charge Coupled Device）

　FAX やスキャナで画像情報を取り込む光センサ部分が一列に並んだリニアイメージセンサと、デジタルカメラなどで使うセンサを面に配置したエリアイメージセンサがあります。どちらもフォトダイオードとフォトダイオードの信号を処理する LSI が合体したハイテクセンサです。最近のイメージセンサは写真を扱うため、1 画素を 1bit 処理でなく 1 画素を 8～10bit のアナログ信号で扱い、きめ細やかな階調を行っています。またカラーイメージセンサは各画素の上に赤・緑・青のカラーフィルタを順番に貼ったものです。図 4.50 に最もシンプルな階調処理のない CCD リニアイメージセンサの概略図を示します。フォトダイオードとその数だけのゲートと、シフトレジスタのビットがあり、次の順序で画像を取り込みます。1 個 1 個フォトダイオードに光が当たっている、当たっていないを '1' と '0' の情報として 1 回の読み取り幅の情報をゲートを開けてシフトレジスタへコピーします。シフトレジスタは受け取った情報を 1 ビットずつシリアル信号として制御コンピュータへ送り出します。全部送り出した後にまたゲートを開け、次の読み取り幅の情報を受け取ります。これを繰り返して 1 枚の FAX が送れます。

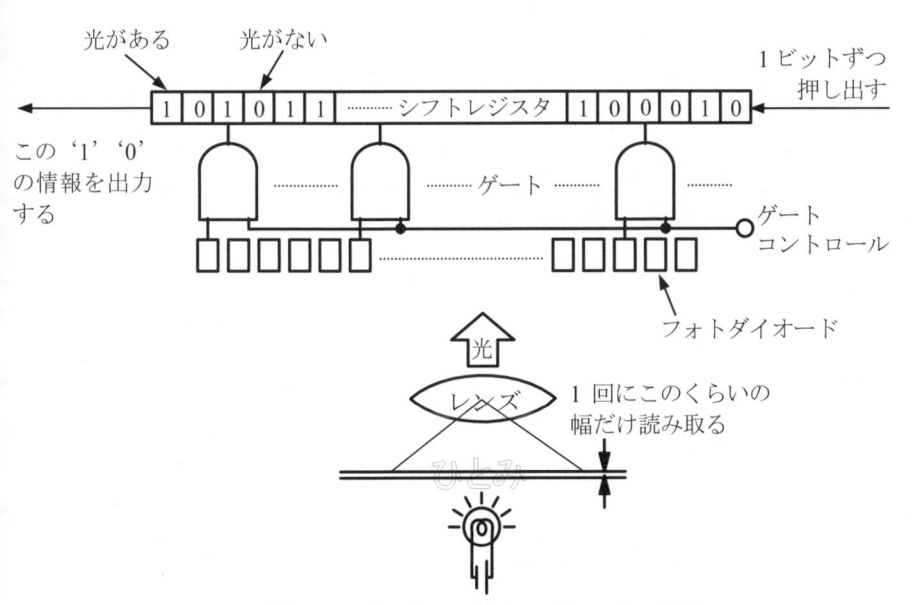

図 4.50　CCD リニアイメージセンサの説明

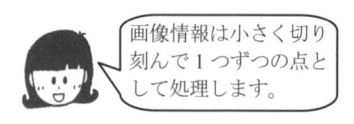

(画像情報は小さく切り刻んで1つずつの点として処理します。)

(小さく切り刻むんだって。)

☆オプトデバイスの写真です。

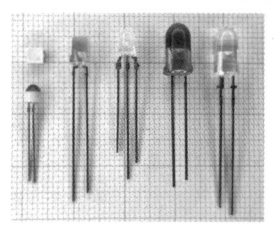

LED ランプ

直径が 3φ、5φ のものが一般的です。色は黄色、緑が多いですが、最近青色のものが実用になりました。
左上はチップ型自発光 LED です。

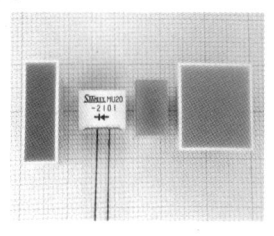

面 LED

チップ型 LED が数個埋め込まれ、その上にカラーフィルタが貼られています。複数個の LED が直並列接続されていますから、回路構成と V_F の確認が必要です。

セグメント LED

7 セグメント＋ドットが最も一般的。文字が大きいものは 1 セグメントに複数の LED が使われているので V_F の確認が必要です。

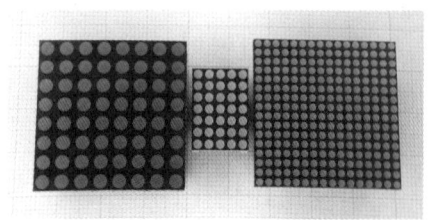

ドットマトリックス LED

ドット数は 7×5、8×8、16×16 などがあります。各 LED はダイナミック点灯用に接続されていますから、16×16 などは ON デューティ比が 1/16 になり、あまり明るく点灯できません。

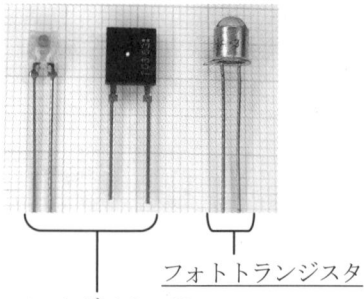

フォトダイオード　**フォトトランジスタ**

受光素子には赤外光と可視光のものがあり、発光素子とペアになったものが多くあります。

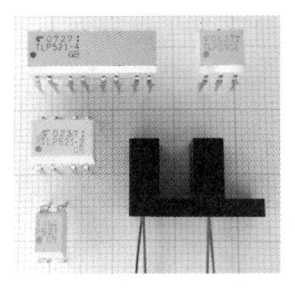

第 4 章　電子回路部品の使い方　153

フォトカプラとフォトセンサ

写真左から 1 回路、2 回路、4 回路内蔵のフォトカプラです。写真右上はフォトボル、写真右下はフォトセンサです。

SSR ソリッドステートリレー

写真左は基板付け 1 ～ 3 [A] 型の小型 SSR です。写真右は 20 [A] 型の中型の SSR です。

まとめの時間です。

・**LED の点灯条件**

　LED は図 4.F の回路で、I_F を 3 ～ 15 [mA] 流し点灯させます。このときの V_F は 1.5 [V] ～ 2 [V] です。V_R は 4 [V] です。逆電流 I_R は流してはいけません。これ以上の逆電圧はダイオードでバイパスします。

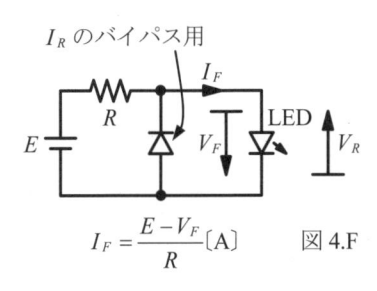

$$I_F = \frac{E - V_F}{R} [A] \qquad 図 4.F$$

　ダイナミック点灯させるときは、最大定格以内で連続点灯時の 4 ～ 5 倍の電流を 1/デューティの時間だけ流します。

・**受光素子の注意事項**

　フォトトランジスタ、フォトカプラともに光量が少ないときに暗電流領域があり、周囲温度の影響を受け動作が不安定です。アナログ動作では特に注意して下さい。

・フォトカプラ

電気 → 光 → 電気変換を行うフォトカプラは、電気絶縁ができる部品です。

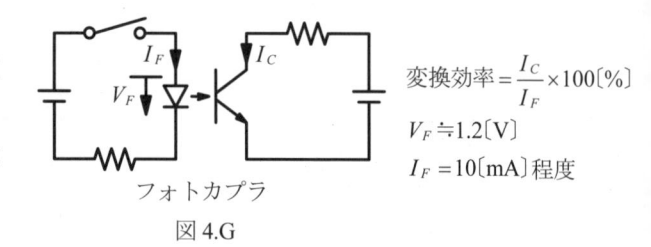

変換効率 $= \dfrac{I_C}{I_F} \times 100 \, [\%]$

$V_F \fallingdotseq 1.2 \, [V]$

$I_F = 10 \, [mA]$ 程度

図 4.G フォトカプラ

🔦 おさらいの問題です。

問 4.3) 図 4.H のように LED30 本を交流 100 [V] で点灯します。$I_F = 10 \, [mA]$ を半サイクルとします。電流制限抵抗は何 [Ω]、何 [W] が適正か？抵抗は E24 のものを使い、ワッテージは安全率を 4 倍とします。

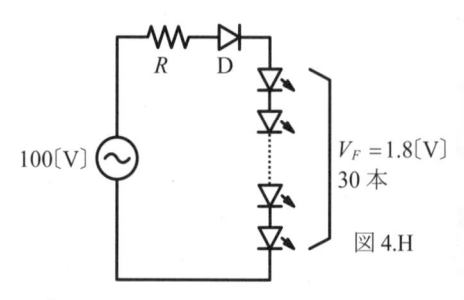

$V_F = 1.8 \, [V]$
30 本
図 4.H

注) 逆電流防止ダイオードは、この場合、直列の方が有利です。
注) 交流の半波整流ですから、R の発熱は直流の 1/2 です。

問 4.4) 図 4.I のフォトカプラによる絶縁回路の各定数を求める。

変換効率 50 [%]

$E = 12 \, [V]$

$I_F = 10 \, [mA]$
$V_F = 1.2 \, [V]$

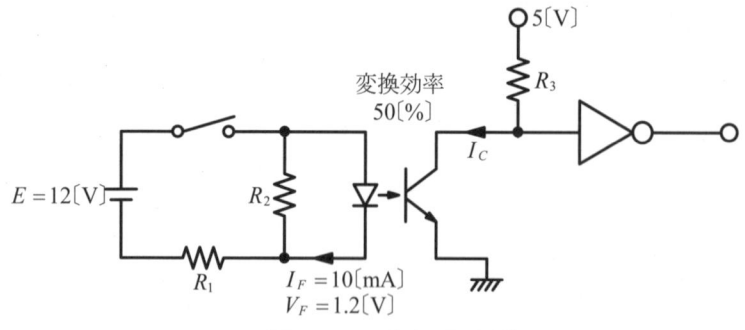

図 4.I　フォトカプラ回路

問 4.4.1) ブリーダ抵抗 R_2 へ 1 [mA] 流すときの R_2 の値はいくらか？
問 4.4.2) $I_F = 10 \, [mA]$ としたときの R_1 の値はいくらか？
問 4.4.3) プルアップ抵抗 R_3 の適切な値はいくらか？

第 4 章　電子回路部品の使い方　155

問 4.5) ◯◯◯ に適切な語句を入れて下さい。
・受光素子は光量が少ないとき、 [問4.5.1] の影響を受けやすい。
・フォトカプラは電気信号を光学的に [問4.5.2] しますから、 [問4.5.3] 並びに [問4.5.4] 対策に効果があります。

4.3　サイリスタとトライアック

　サイリスタとトライアックは交流回路の'ON'⟷'OFF'制御を行うパワーデバイスです。すでにフォトカプラ並びに SSR の項で名前は登場しています。サイリスタやトライアックを使う設計は、制御側と負荷側の電源系統が異なり、絶縁の問題や誘導負荷に対しての誤動作の問題など、難しい要素が多くあります。特に誘導負荷の場合は、ディスクリート部品でのサイリスタやトライアックの使用は避け、既製品の SSR の使用をお勧めします。

4.3.1　サイリスタ

　サイリスタはトランジスタとダイオードの中間的な存在です。構造は図 4.51 のように PNPN 接合の 4 層構造となり、サイリスタとトライアックは同族です。

　サイリスタのグループの中で SCR（Silicon Controlled Rectifier）が最も有名ですから、サイリスタ＝SCR と思っても間違いではないほどです。

　図 4.52 (a) の回路でサイリスタの動作試験を行います。押釦スイッチ PB₁ を押すと I_G が流れ、これがトリガ（引き金）となり、図 4.52 (b) のようにアノード → カソード間に電流 I_T が流れ始めます。これを「ターンオン」といいます。一度ターンオンすると PB₁ を'OFF'し I_G が流れなくなっても、アノード電

サイリスタは走らせるときと止めるときが大変です。

サイリスタ

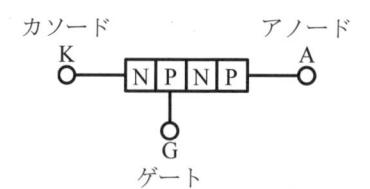

図 4.51　サイリスタの構造

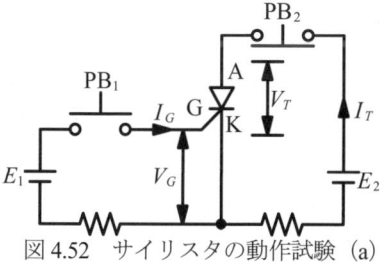

図 4.52　サイリスタの動作試験 (a)

流 I_T は流れ続けます。

次に押釦スイッチPB_2（B接点です）を押して一度回路電流をゼロ〔A〕にすると押釦スイッチPB_2を放して再びアノード、カソード間に電圧が印加されても電流は流れません。これを「ターンオフ」といい、もう一度ターンオンするまでアノード電流は流れません。このように一定動作が記憶されることを、保持される（ホールドされる）といいます。表4.4にサイリスタの動作条件の代表値を示します。

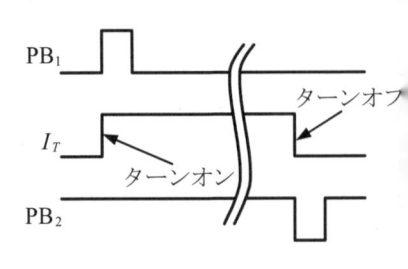

図4.52 サイリスタの動作試験（b）

表4.4 サイリスタの動作条件

項目	記号	最小	標準	最大	単位	説明
ゲートトリガ電圧	V_G			1.0	V	ゲートの順電圧V_F相当
ゲートトリガ電流	I_G		1.0		mA	トリガ電流はトリガ幅により異なる
ゲートトリガパルス幅				1.0	μs	
ゲート非トリガ電圧	V_G	0.2			V	トリガ中でないときはこの電圧以下
保持電流			1.0		mA	アノード電流がこれ以下になるとターンオフする
オン電圧	V_T			2.2	V	I_T = 定格時のA・K端子間電圧
ターンオフ時間				15	μs	ターンオフ時のPB_2開時間

注）この数値は参考値で、標準値を理解するためのものです。

図4.53にサイリスタのトリガ素子UJTとパルストランスを使ったサイリスタの使用例を示します。トリガ素子のUJTはコンデンサCの充電が進み、エミッタ電圧が一定以上になる

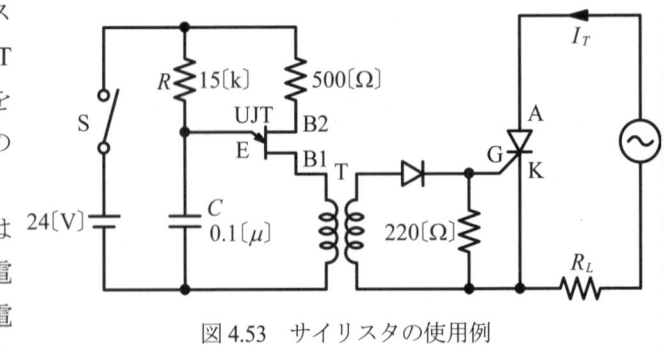

図4.53 サイリスタの使用例

と一気にエミッタ電流が流れ、コンデンサを放電させます。これを CR の時定数に比例した間隔で繰り返し、トリガ信号とします。図 4.53 のスイッチ S が 'ON' されると図 4.54（a）のようなゲートトリガパルスは約 500〔μs〕間隔で出し続けます。サイリスタの動作は図 3.54（b）のように交流電圧が正サイクルで 2〔V〕以上になり、トリガパルスが入るとサイリスタはターンオンします。交流電圧が半サイクル進みゼロを通過し、アノード電流 I_T の値が保持電流以下になるとターンオフします。

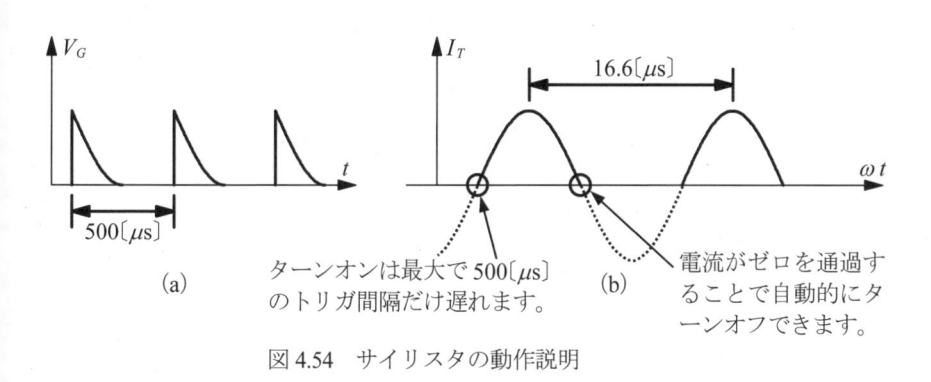

図 4.54 サイリスタの動作説明

交流回路でサイリスタを使う場合、図 4.54（b）のように交流波形がゼロを通過するとき自動的にターンオフしますが、直流回路でサイリスタをターンオフさせる方法は、アノード、カソード間を一瞬短絡し、V_T を 0〔V〕にするなど、少し乱暴なことをするため、回路も複雑になります。直流回路のスイッチングは FET など別のデバイスを使う方が賢明です。

4.3.2 トライアック

トライアックは図 4.55 のようにサイリスタ 2 本を反対向きに接続し、ゲートは 1 本にまとめたものです。交流の両波分の制御がトライアック 1 本でできます。トライアックのゲートトリガは（＋）,（－）どちらでもトリガ可能ですが、T_1, T_2 間を流れる電流方向との組み合わせは図 4.56 のように 4 通りになります。この中で（1＋モード）と（3－モード）の組合わせが最も良く、逆に（3＋モード）はメーカの保証外です。

図 4.55 トライアック

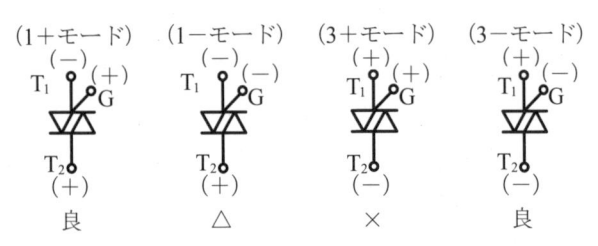

```
        (1＋モード)   (1－モード)   (3＋モード)   (3－モード)
         (－)         (－)         (＋)         (－)
        T₁   (＋)    T₁   (－)    T₁   (＋)    T₁   (－)
           G            G            G            G
        T₂           T₂           T₂           T₂
        (＋)         (＋)         (－)         (－)
         良           △            ×            良
```

図 4.56　トライアックのトリガモード

・トライアックの使用例

　トライアック出力のフォトカプラは小型のものが多く、大電流の負荷を接続するときはパワーブーストが必要です。図4.57のようにトライアックをダーリントン接続することで容易にパワーアップできます。この方法であればゼロクロスやトリガモードは意識せずに、フォトカプラに組み込まれている機能がそのまま使えます。

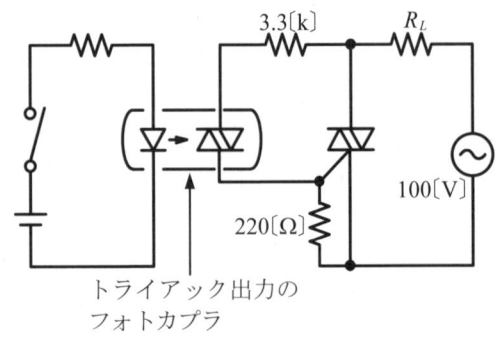

図 4.57　トライアックの使用例

まとめの時間です。

・サイリスタ、トライアックはゲートトリガでターンオンし、回路電流がゼロ〔A〕になることでターンオフします。
・サイリスタ、トライアックは交流のスイッチング制御に適した素子です。直流のスイッチングはFETで行いましょう。

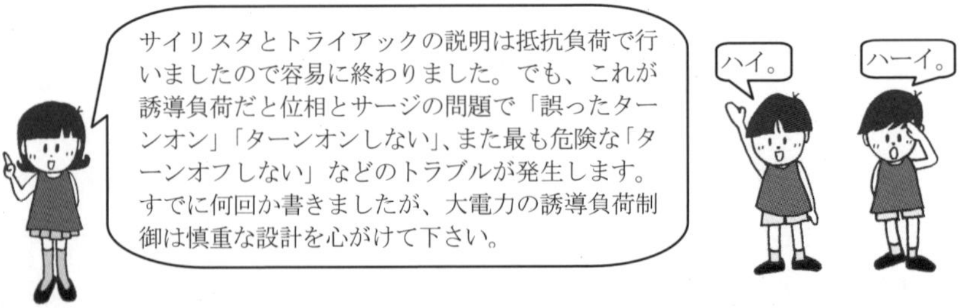

> サイリスタとトライアックの説明は抵抗負荷で行いましたので容易に終わりました。でも、これが誘導負荷だと位相とサージの問題で「誤ったターンオン」「ターンオンしない」、また最も危険な「ターンオフしない」などのトラブルが発生します。すでに何回か書きましたが、大電力の誘導負荷制御は慎重な設計を心がけて下さい。

ハイ。　ハーイ。

4.4 圧電素子

　圧電素子とは、圧電効果ならびに逆圧電効果を伴う結晶体を使い、電気／圧力変換または圧力／電気変換を直接行う素子です。図4.58のように電圧 E とひずみ P の方向は結晶体により異なります。

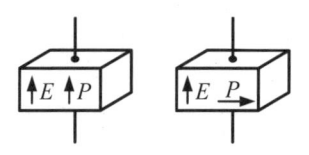

図4.58　電圧素子の説明

　圧電効果とは図4.59のように結晶体に圧力 P を加えると、起電力 E が発生する現象です。

　逆圧電効果とは図4.60のように結晶体に電圧 E を加えると、機械的ひずみが生じる現象です。

図4.59　圧電効果

　圧電素子は超音波洗浄機、魚群探知機（ソナー）、インクジェットプリンタ、ガスコンロの自動着火などいろいろなところで利用されています。ここではプリント基板に実装する圧電素子として水晶発振子、セラミック発振子、圧電発音体を紹介します。

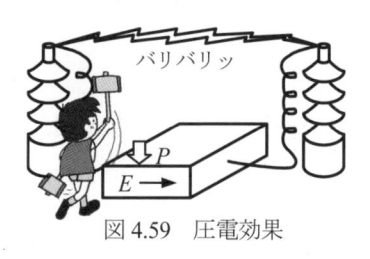

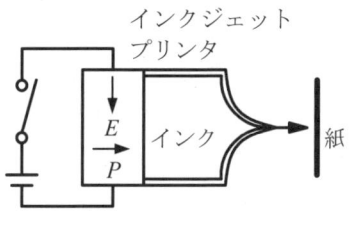

図4.60　逆圧電効果

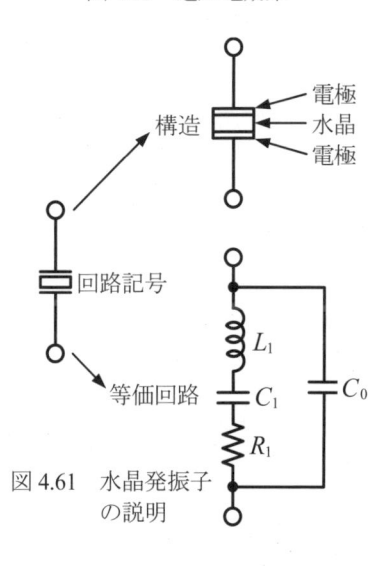

4.4.1　水晶発振子

　水晶発振子は図4.61の回路記号どおり水晶を電極でサンドイッチにしたものです。等価的には L_1, C_1 の直列共振回路ですが、コイルとコンデンサで構成する共振回路と比較し、安定性が格段に優れています。

　共振周波数 f_0 は

$$f_0 = \frac{1}{2\pi\sqrt{L_1 C_1}} \, [\text{Hz}] \tag{4.7}$$

で表され、これは LC の共振回路と同じです。等価回路の抵抗 R_1 は振動損失など損失

図4.61　水晶発振子の説明

分を表し、等価直列抵抗といいます。等価回路の C_0 は端子間容量です。

・水晶発振子の仕様

表 4.5 HC-49/U 型水晶の仕様例

	項目	記号	特性
①	周波数範囲	f	1.8〔MHz〕～ 40〔MHz〕
②	振動モード		AT カット基本波
③	周波数偏差	$\triangle f/f$	±10〔ppm〕　±20〔ppm〕　at25〔℃〕
	動作温度	T_{OPR}	−20〔℃〕～ +70〔℃〕
	保存温度	T_{STG}	−55〔℃〕～ +70〔℃〕
④	負荷容量	CL	30〔pF〕
⑤	等価直列抵抗	R_1	50〔Ω〕max
⑥	並列容量	C_0	5〔pF〕max
	経年変化	f_a	±5〔ppm/年〕max
⑦	最大励振レベル	P_m	2〔mW〕
	推奨励振レベル	P	0.1〔mW〕

① 製作可能な周波数範囲。基本波の場合 40〔MHz〕までで、それ以上は 3～5 倍のオーバートーンとなります。
② 基本波のみの仕様、オーバートーンの場合ここへ 3 次または 5 次オーバートーンの記入があります。
③ 周波数精度ランクです。ランク指定が可能なものもあります。
④ 図 4.63 の※で説明します。
⑤ 等価回路図 4.61 に示す R_1 です。
⑥ 等価回路図 4.61 に示す C_0 です。
⑦ 発振時の水晶の最大許容内消費電力です。

・水晶発振回路例

発振回路には図 4.62 に示す正弦波出力と矩形波出力のものがあります。正弦波は高周波回路に、矩形波はデジタル回路に使用します。いずれの場合も

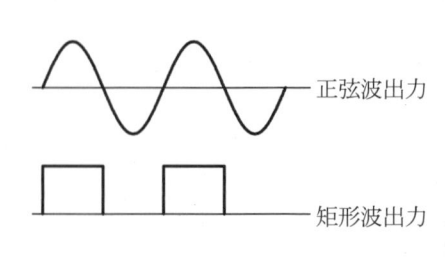

図 4.62 発振出力波形

一定周波数で正帰還となる増幅器を形成します。ここでは CPU のクロックなどに使用する矩形波発振の説明を行います。図 4.63 に C-MOS のロジック IC を使った水晶発振回路の設計例を示します。

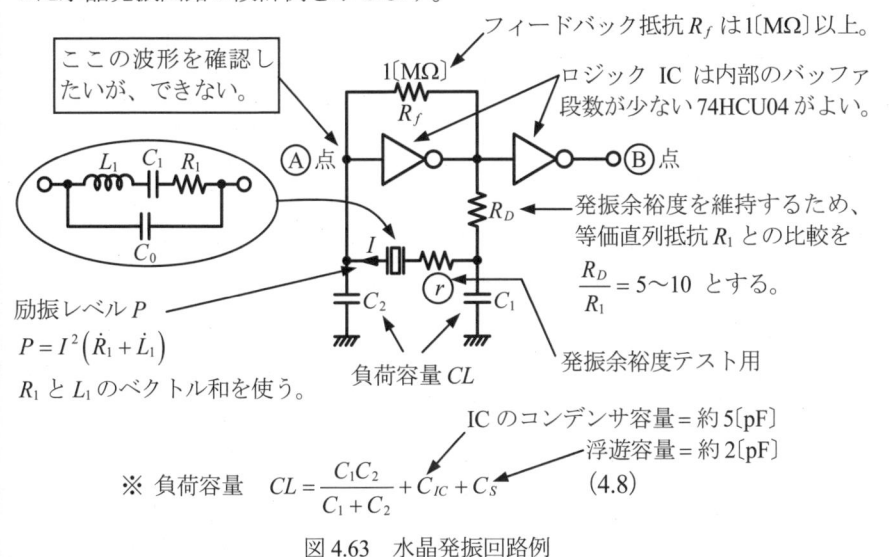

図中の注記：
- ここの波形を確認したいが、できない。
- フィードバック抵抗 R_f は 1〔MΩ〕以上。
- ロジック IC は内部のバッファ段数が少ない 74HCU04 がよい。
- 発振余裕度を維持するため、等価直列抵抗 R_1 との比較を $\dfrac{R_D}{R_1} = 5 \sim 10$ とする。
- 発振余裕度テスト用
- 負荷容量 CL
- IC のコンデンサ容量 = 約 5〔pF〕
- 浮遊容量 = 約 2〔pF〕

励振レベル P
$$P = I^2 (\dot{R_1} + \dot{L_1})$$
R_1 と L_1 のベクトル和を使う。

※ 負荷容量　$CL = \dfrac{C_1 C_2}{C_1 + C_2} + C_{IC} + C_S$ 　　(4.8)

図 4.63　水晶発振回路例

・発振状態の確認

　発振回路の状態を確認するためにシンクロスコープのプローブを水晶発振子の近くに接続するだけで発振条件が変わってしまい、本当に安定した発振なのか不安定なものか判断できません。発振状態の確認は次に示す方法で行います。

その 1)　発振余裕度

　図 4.63 の発振回路がどの程度余裕を持って発振しているのかテストします。水晶と直列に試験用の抵抗 ⓡ を接続し、発振の邪魔をして発振が停止する ⓡ の値を求めます。ⓡ が R_D に近い値でも発振していれば十分合格です。このテスト後、試験抵抗 ⓡ を取り外して使用して下さい。

その 2)　出力波形

　図 4.63 の発振回路の出力 Ⓑ 点をシンクロスコープで観察すると、図 4.64 (上) のように波形のデューティ比が 1 対 1 でないアンバランスな波形になる

ことがあります。このとき Ⓐ 点の波形を観察したいのですが、シンクロスコープのプローブで触れると波形が変わるため直接観察できませんが、多分図 4.64（下）のようになっています。部品の配置なども含め、全体のバランスが悪い状態で発信周波数が高くなるとこの傾向は強くなります。

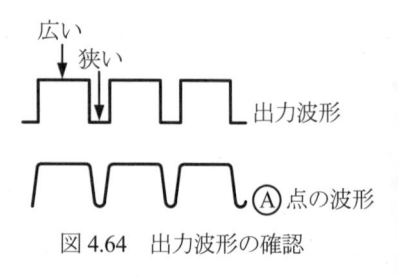

図 4.64 出力波形の確認

その 3) 指で触ってみる

図 4.63 の発振回路の Ⓑ 点の波形を観察しながら Ⓐ 点付近を指で触ってみます。発振が停止したり Ⓑ 点の波形が極端に変化しなければ大丈夫です。

少し原始的ですが、簡単にできるチェック方法です。

・オーバートーン発振

基本波の水晶発振子では、40〔MHz〕程度のものが現在入手できる最高周波数です。これ以上の周波数を必要とする場合は別回路で逓倍するか、もしくはオーバートーン発振を行います。

オーバートーン発振子は図 4.65 のように共振点が基本周波数と基本周波数の奇数倍のところにあります。図 4.66 にオーバートーン発振回路を示します。発振回路内にコイル L とコンデンサ C で簡単な共振回路を置くことで、目的の高次周波数が選択できます。しかし、あまり高い高次波を求めると、発振の信頼性を損ないます。

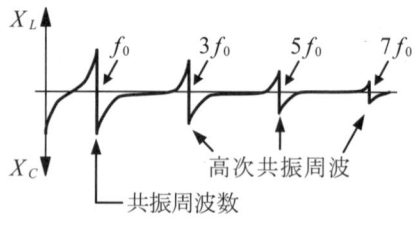

図 4.65 オーバートーン発振子のリアクタンス特性

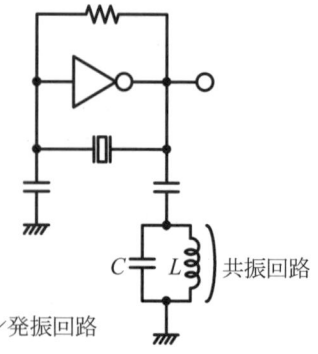

図 4.66 オーバートーン発振回路

・水晶発振モジュール

　高い周波数の水晶発振回路をディスクリート部品で基板に組み込むと、部品配置がその都度ベスト条件にならないため、どうしても信頼性が下がってきます。そこである程度高い周波数（20〔MHz〕以上）からは図 4.67 のような発振モジュールをお勧めします。同じ回路でもモジュールの場合、コンパクトにシールドボックス付きで組み立てられますから、信頼性は格段に良くなります。

　少し発振回路の話から逸れますが、発振波形のデューティ比が悪い場合、図4.68に示すDフリップフロップまたは JK フリップフロップで分周すると、周波数は半分になりますが、デューティ比は確実に50〔%〕になります。クロックのデューティ比規定の厳しい CPU などにはこの方法で対応します。

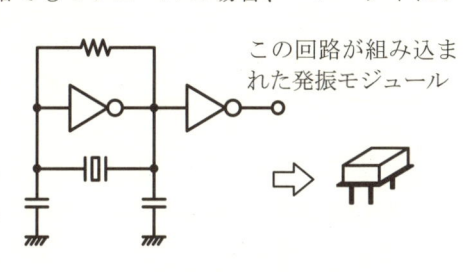

図 4.67　水晶発振モジュール

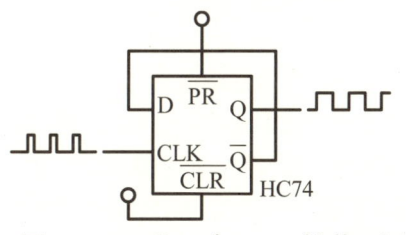

図4.68　Dフリップフロップを使った分周回路

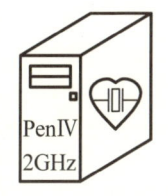

　水晶発振は大切です。どんなコンピュータでも、スペースシャトルのコンピュータでも水晶発振で作ったクロックに同期して作動しています。ですから発振が停止するとすべてが止まります。発振はまさに心臓です。

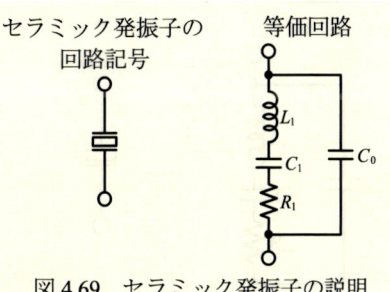

4.4.2　セラミック発振子

　セラミック発振子は商品名「セラロック」でよく知られています。セラミック発振子（図 4.69）は廉価版の水晶発振子と思って間違いありません。回路定数は若干異なりますが、置き換え可能です。セラミック発振子と水晶発振子の特性の

図 4.69　セラミック発振子の説明

違いを表4.6にまとめます。

表4.6 セラミック発振子と水晶発振子の比較

	項目	セラミック発振子	水晶発振子
①	周波数偏差	±5000〔ppm〕	±20〔ppm〕
①	周波数安定性	±5000〔ppm〕	±30〔ppm〕
①	経年変化	±500〔ppm／年〕	±5〔ppm／年〕
②	等価直列抵抗　※代表値	10〔Ω〕	50〔Ω〕
③	負荷容量	100〜200〔pF〕	20〜30〔pF〕

① 精度は水晶発振子の1/100程度です。
② 等価抵抗値は代表値ですが、セラミック発振子の方が強力です。
③ セラミック発振子には負荷容量の記載がありませんので、これは試験値です。

・セラミック発振回路例

セラミック発振回路（図4.70）は、水晶発振回路とまったく同じ構成です。

$R_D = 1$〔kΩ〕と$C_1, C_2 = 150$〔pF〕は試験値です（試験体 ムラタ CSB455E）。

水晶発振子よりも発振は強力ですから、場合によっては励振レベルを抑えるためにR_Sの追加なども必要です。

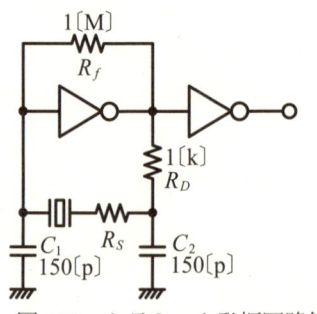

図4.70 セラミック発振回路例

4.4.3 圧電発音体

圧電発音体は図4.71 (b) のように圧電体を電極で挟む構造です。これはセラミック発振子などと同じです。回路記号は完全に統一されていませんが、図4.71 (a) のように圧電体から音が聞こえそうな記号を使います。

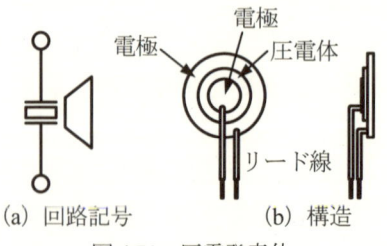

(a) 回路記号　　(b) 構造
図4.71 圧電発音体

動作原理は発振子と同じ圧電効果と逆圧電効果ですが、発音体の振動数は可聴周波数です。用途は小型スピーカまたはブザーです。

・圧電スピーカ

　発音体の共振点をなくし、周波数特性をできるだけフラットにしています。インピーダンスが1〔kΩ〕前後と高い値ですから、汎用オペアンプから直接駆動が可能です。モバイル機器、ノートパソコンなどのスピーカに使用されます。

・他励式圧電ブザー

　圧電スピーカより帯域が狭く、高い音圧レベルが得られます。図4.72のようにパルス駆動を行い、ピッポッパッ程度の音を出力します。

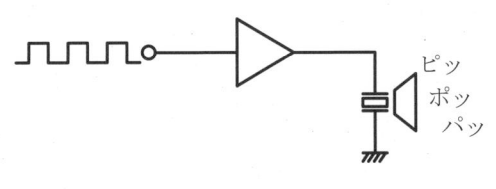

図4.72　他励式圧電ブザーの使い方

・自励式圧電ブザー

　図4.73のように増幅器を取りつけ、発振させる構造です。電極の一部をフィードバックタブとして取り出します。図4.73のスイッチSを'ON'にすると、発音体の共振周波数で発振します。増幅器と発音体が1つのケースに組み込まれた圧電ブザーが多く市販されています。

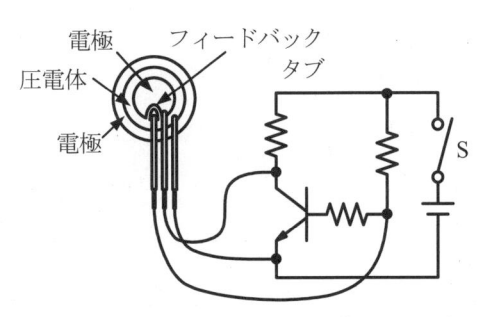

図4.73　自励式圧電ブザーの使い方

🔔 まとめの時間です。
- **圧電素子は圧電効果、逆圧電効果を伴う結晶体です。**
  - 電圧を加えると「ひずみ」が生じます。
  - 圧力を加えると起電力が生じます。

- **発振回路を理解しましょう。**
　発振回路は一定周波数で正帰還となる増幅器です。
　等価直列抵抗、負荷容量、励振レベル、発振余裕度、オーバートーン発振などの語句を復習して下さい。
　セラミック発振子は廉価版の水晶発振子です。

・**発振回路は心臓です。**
　発振回路が停止すると、すべてのシステムが停止します。

🔔 おさらいの問題です。

問 4.6) 表 4.5 の仕様の水晶を使い、10〔MHz〕の発振回路を設計して下さい。

問 4.7) ☐ に適切な語句を入れて下さい。
・圧電素子は 問4.7.1 と 問4.7.2 を伴う結晶体です。
・発振回路は一定周波数で 問4.7.3 となる 問4.7.4 です。

☆圧電素子の写真です。

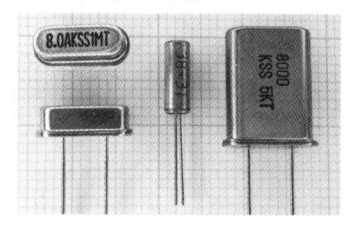

水晶発振子
基板付け用の水晶発振子です。写真中央は励振レベルの低い時計用の発振子です。

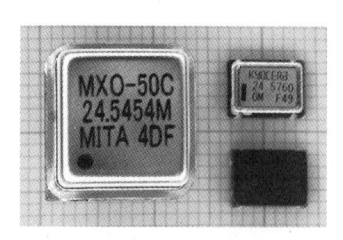

水晶発振モジュール
ディスクリート部品で構成する発振回路よりコストは若干高くなりますが、信頼性も高くなります。

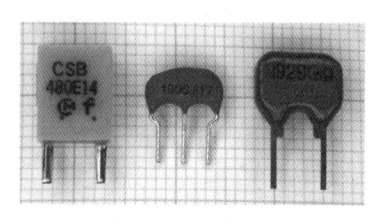

セラミック発振子
廉価版水晶発振子として使えます。メーカは TDK と田村が有名です。

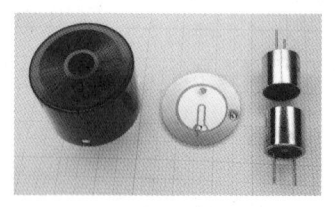

圧電発音体
写真左は自励式ブザー、写真中央は自励式ブザーの発音体です。発振用フィードバックタブが見えます。写真右は超音波センサの発信器と受信器です。

4.5 標準ロジック IC

本書はアナログデバイスを主体とした書物ですから、デジタルデバイスについては概略の紹介程度にとどめます。

4.5.1 ロジック IC とは

ロジック IC（論理 IC）は 'ON' 'OFF'、'1' '0' の世界の IC です。図 4.74 に最も標準的なロジック IC である 74HC00 を示し、ロジック IC の概要を説明します。

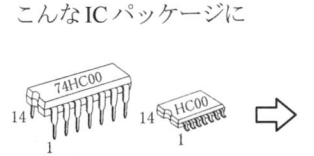

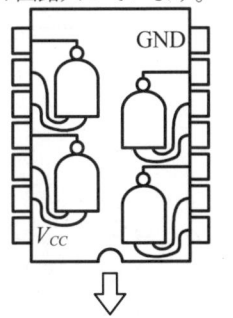

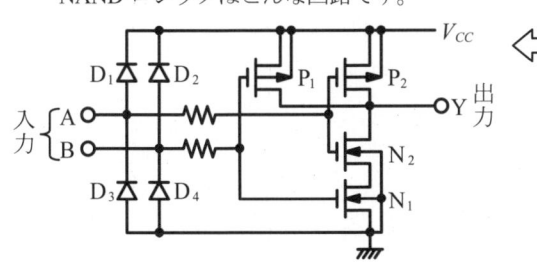

図 4.74 ロジック IC の概要

ロジックの世界で使う '1' または 'ON' は電源電圧と同レベルの電圧です。また '0' または 'OFF' は0〔V〕の電圧レベルを指します。
（注意：後述する "しきい値" の問題もあります）

図 4.75 のテスト回路でロジックの '1'、'0' を体感してみましょう。

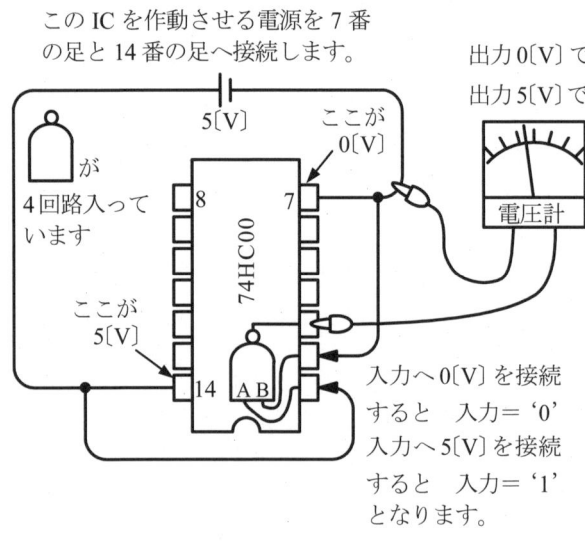

このICを作動させる電源を7番の足と14番の足へ接続します。

出力 0[V] で '0'
出力 5[V] で '1' となります。

5[V]
ここが 0[V]
8 7
74HC00
14 A B
ここが 5[V]

電圧計

入力を0[V]側、5[V]側へ切り替えると出力はこのようになりました。ロジック表のとおりです。

ベルが4回路入っています

入力へ0[V]を接続すると 入力='0'
入力へ5[V]を接続すると 入力='1'
となります。

入力A	入力B	出力
0[V]	0[V]	5[V]
0[V]	5[V]	5[V]
5[V]	0[V]	5[V]
5[V]	5[V]	0[V]

図 4.75　ロジック IC の通電テスト

4.5.2　ロジック IC の種類

　ロジック IC は製造プロセスにより TTL,CMOS,ECL に大別されます。この中で ECL は動作速度2[ns]と大変高速ですが、入手困難であまり一般的でないため、説明から外します。CMOS は FET で TTL はトランジスタで構成されたロジックです（FET とトランジスタは第 5 章で説明します）。

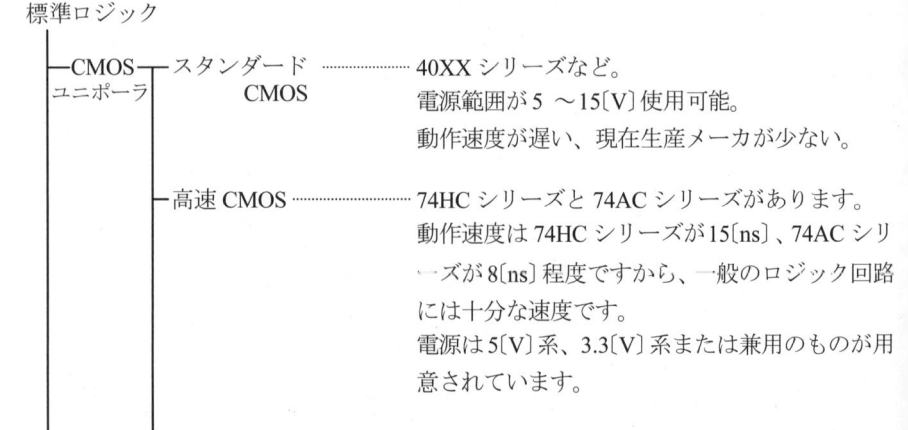

標準ロジック
├─CMOS──スタンダード ············ 40XX シリーズなど。
│ ユニポーラ　　　CMOS 　　　　　　電源範囲が 5～15[V]使用可能。
│　　　　　　　　　　　　　　　　　　動作速度が遅い、現在生産メーカが少ない。
│
├─高速 CMOS ············ 74HC シリーズと 74AC シリーズがあります。
　　　　　　　　　　　　　動作速度は 74HC シリーズが15[ns]、74AC シリーズが8[ns]程度ですから、一般のロジック回路には十分な速度です。
　　　　　　　　　　　　　電源は5[V]系、3.3[V]系または兼用のものが用意されています。

└ BiCMOS .... 74BCXX、74ABTXX シリーズなど。
入力側が CMOS で出力が TTL の構成ですから、両者いいとこ取りの感があります。
動作速度は 5〔ns〕以下と大変高速です。
電源は 5〔V〕系です。
入出力レベルのしきい値が TTL レベルとなっています。

├ TTL ─┬ ショットキ TTL .... 74LSXX シリーズ、74HC と同等速度ですが、消費電力が多い素子です。
│バイポーラ │
│   ├ アドバンスト
│   │ ショットキ TTL .... 74ALSXX シリーズ、74LS の改造版です。
│   │ 動作速度は 74AC より若干遅いが、消費電力は 74AC の約 10 倍です。
│   │
│   └ 高速 TTL .... 74FXX シリーズ。
│   74BT と同等速度、消費電力は 74ABT の約 2 倍です。
│   TTL は全体にシェアが低下しています。

・**動作速度について**

　半導体の状態が変化するためには、必ず時間経過が必要です。前述の 74HC00 の入力対出力変化を例に説明します。図 4.76 のように入力波形に対する出力変化の遅れを計測します。この遅れ時間（$tpHL$, $tpLH$）を伝搬遅延時間といいます。74HC00 の場合、この時間が約15〔ns〕です。74HC00 などロジック IC は、出力段が上下対称のトーテムポール形式になっていますから、波形の立ち上がりと立ち下がりに時間差は付きませんが、出力が

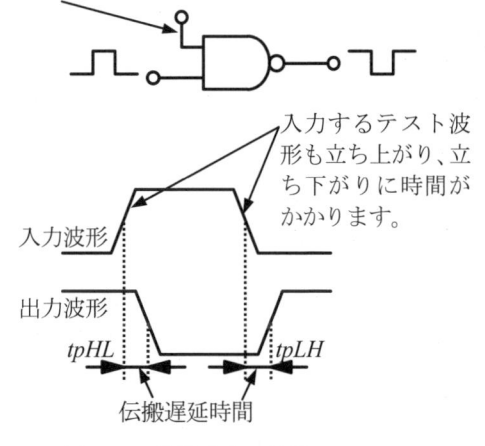

図 4.76　動作速度の計測

オープンコレクタの場合は立ち上がりが極端に遅くなります。

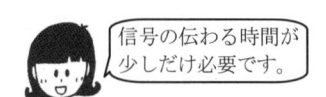

> 信号の伝わる時間が少しだけ必要です。

・入出力のしきい値とノイズマージン

　ロジックICは '1'，'0' の世界ですから、何[V]以上は '1'、何[V]以下は '0' の境界値が必要です。実はこの境界に少しだけグレーゾーンが存在し、使ってはいけない範囲となります。この境界値をしきい値といい、CMOSとTTLでは少し扱い方が異なります。

　まず、5[V]系TTLロジックのしきい値を説明します。図4.77に示すTTL入出力レベルの出力 '1' は2.4[V]以上、出力 '0' は0.4[V]以下を保証しています（図左半分）。そして入力は2[V]以上を '1'、0.8[V]以下を '0' と判断する保証をしています（図右半分）。入出力レベルの保証値の差であるノイズマージンは0.4[V]です。'1'，'0' 判断の中間をしきい値（スレッショルド）電圧といい、TTLでは1.4[V]付近が境界線です。

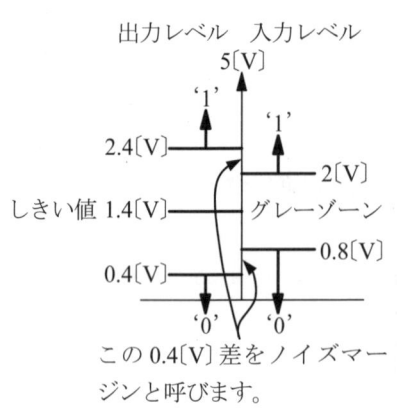

この0.4[V]差をノイズマージンと呼びます。

図4.77　TTLの入出力レベル

次に5〔V〕系 CMOS ロジックのしきい値を説明します。図 4.78 に示す CMOS 入出力レベルの出力'1'は4.9〔V〕以上、出力'0'は0.1〔V〕以下を保証し、入力はそれぞれ3.5〔V〕と1.5〔V〕で判断値を保証しています。入出力の保証値の差であるノイズマージンは1.4〔V〕あり、TTL より大きく安全です。しきい値（スレッショルド）電圧は、電源電圧の約半分の2.5〔V〕付近です。

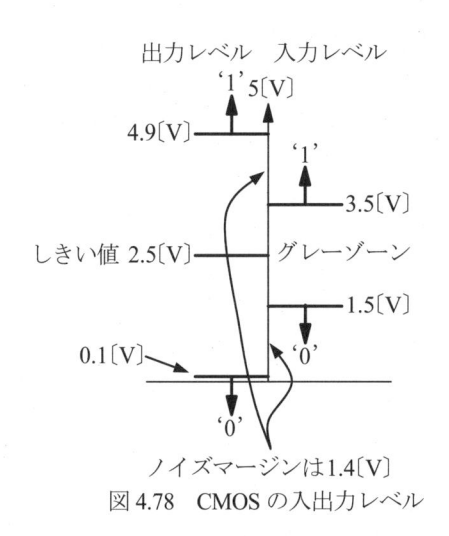

図 4.78 CMOS の入出力レベル

注意） しきい値と入力判断の保証値がよく混同されます。例えば TTL の場合、前述のように"しきい値"は1.4〔V〕付近、'0'判断の保証値は0.8〔V〕以下、'1'判断の保証値は2〔V〕以上です。

4.5.3 ロジック IC の機能

ロジック IC の代表的な機能を紹介します。説明に付けている IC の品名（74HC00 など）は代表名です。

基本ゲート	ロジック回路の基本単位です。2 入力、1 出力のゲートが 4 種類と反転ゲートがあり、これらの組み合わせですべてのロジックが構成されます。

NAND （74HC0	AND （74HC0	NOR （74HC0	OR （74HC3	NOT （74HC0
A B Y 0 0 1 0 1 1 1 0 1 1 1 0	A B Y 0 0 0 0 1 0 1 0 0 1 1 1	A B Y 0 0 1 0 1 0 1 0 0 1 1 0	A B Y 0 0 0 0 1 1 1 0 1 1 1 1	A Y 0 1 1 0

バッファ マルチファンクション	バッファには単純な正転バッファと出力をハイインピーダンスにするスリーステートバッファがあります。ロジック表の Z はハイインピーダンス、X は関係ないことを表します。マルチファンクションはその名の通り多機能型ゲートです。

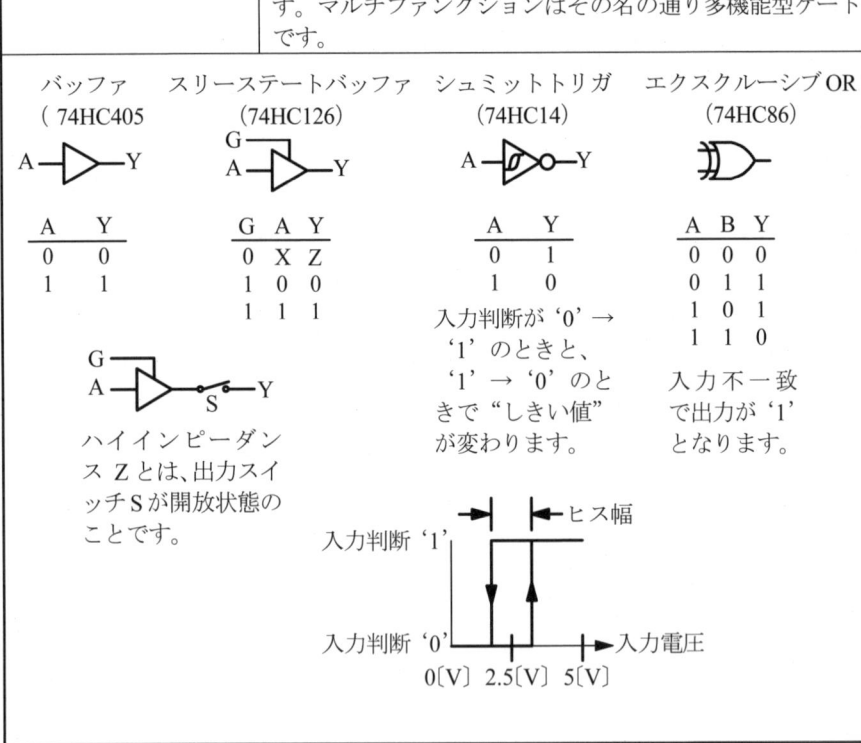

バッファ
(74HC405)

A —▷— Y

A	Y
0	0
1	1

スリーステートバッファ
(74HC126)

G
A —▷— Y

G	A	Y
0	X	Z
1	0	0
1	1	1

G
A —▷—・S— Y

ハイインピーダンス Z とは、出力スイッチ S が開放状態のことです。

シュミットトリガ
(74HC14)

A —▷○— Y

A	Y
0	1
1	0

入力判断が '0' →
'1' のときと、
'1' → '0' のと
きで "しきい値"
が変わります。

エクスクルーシブ OR
(74HC86)

A	B	Y
0	0	0
0	1	1
1	0	1
1	1	0

入力不一致
で出力が '1'
となります。

ヒス幅

入力判断 '1'

入力判断 '0'   → 入力電圧
            0[V] 2.5[V] 5[V]

フリップフロップ ラッチ	**D フリップフロップ** クロック入力 CK の立ち上がりに同期して、入力データ D が出力 Q へ伝達されます。クリア入力 $\overline{\text{CLR}}$ とプリセット入力 $\overline{\text{PR}}$ は非同期で、出力 Q をセットまたはリセットします。出力 $\overline{\text{Q}}$ は出力 Q の反転です。 **J·K フリップフロップ** クロック入力 CK の立ち下がりに同期して、入力データ J と K が出力 Q と $\overline{\text{Q}}$ へ伝達されます。入力 J と入力 K がどちらも '1' の場合は、出力 Q と $\overline{\text{Q}}$ はクロックに同期してトグル動作します。これ以外は D フリップフロップと同じです。 **ラッチ** ラッチ入力 G が '1' のとき、入力データ D は Q へ伝達され、ラッチ入力 G の立ち下がりで Q の値はホールドされます。

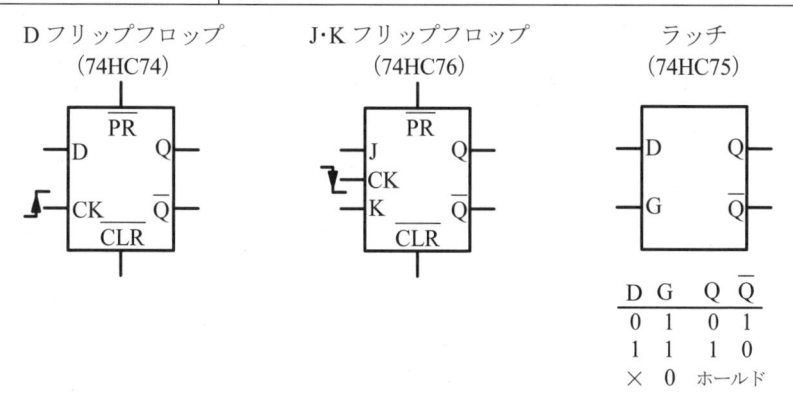

D フリップフロップ　　J·K フリップフロップ　　ラッチ
（74HC74）　　　　　（74HC76）　　　　　（74HC75）

D	G	Q	$\overline{\text{Q}}$
0	1	0	1
1	1	1	0
×	0	ホールド	

エンコーダ デコーダ	符号化することをエンコード、それを戻すことをデコードといいます。例えば 10 進数を 2 進数にすることをエンコード、その逆をデコードといいます。

8to3 エンコーダ　　　　3to8 デコーダ
（74HC148）　　　　　（74HC138）

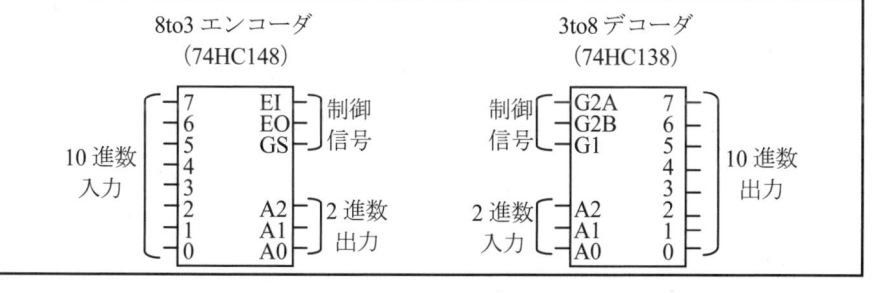

10 進数入力 — 7,6,5,4,3,2,1,0 / 制御信号 — EI, EO, GS / 2 進数出力 — A2, A1, A0

制御信号 — G2A, G2B, G1 / 2 進数入力 — A2, A1, A0 / 10 進数出力 — 7,6,5,4,3,2,1,0

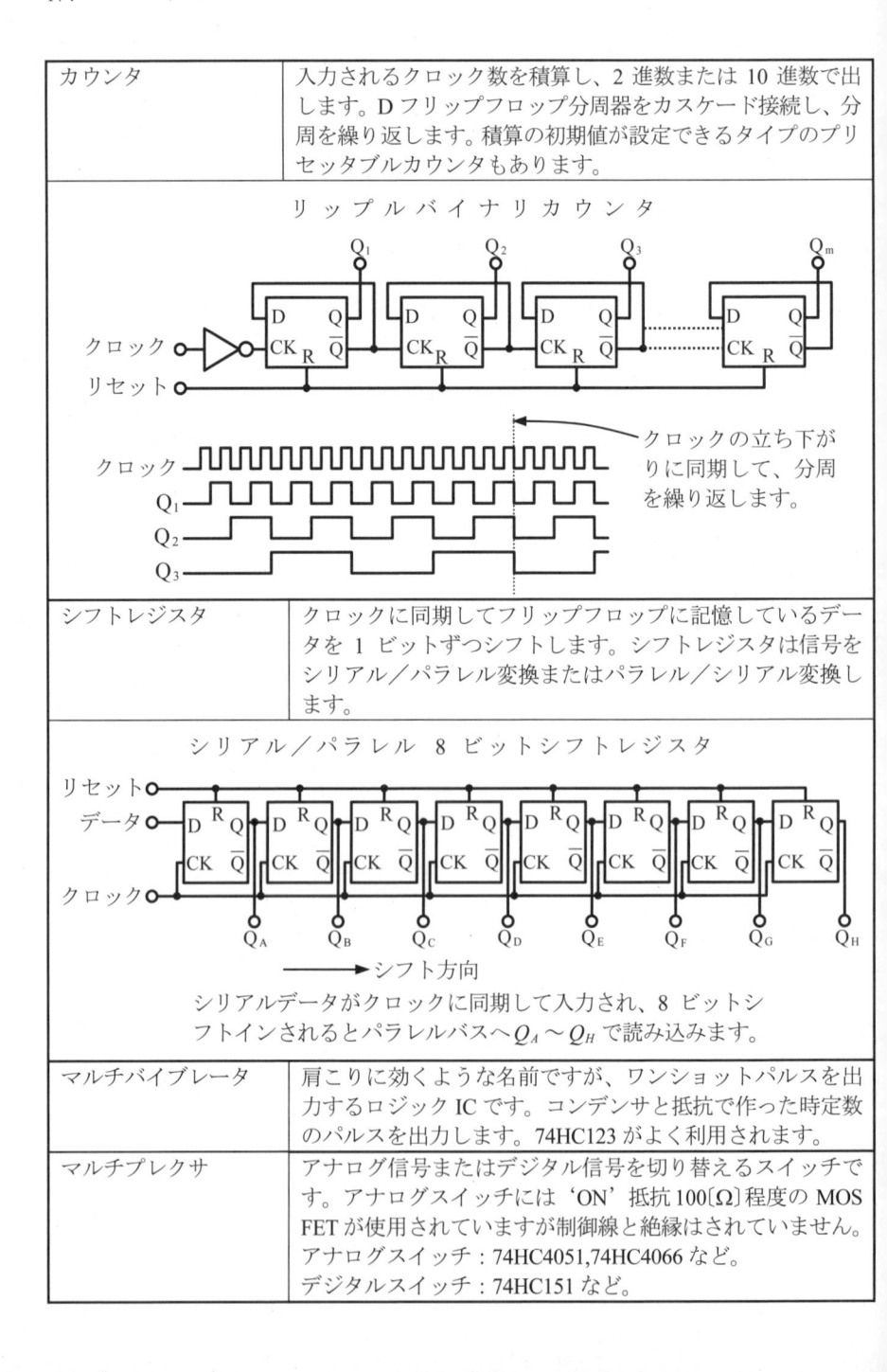

カウンタ	入力されるクロック数を積算し、2 進数または 10 進数で出します。D フリップフロップ分周器をカスケード接続し、分周を繰り返します。積算の初期値が設定できるタイプのプリセッタブルカウンタもあります。
<td colspan="2">

リップルバイナリカウンタ

(図: クロック、リセット入力と D フリップフロップのカスケード接続。出力 Q_1, Q_2, Q_3, ..., Q_m。クロックの立ち下がりに同期して、分周を繰り返します。)

</td> |
| シフトレジスタ | クロックに同期してフリップフロップに記憶しているデータを 1 ビットずつシフトします。シフトレジスタは信号をシリアル／パラレル変換またはパラレル／シリアル変換します。 |
| <td colspan="2">

シリアル／パラレル 8 ビットシフトレジスタ

(図: リセット、データ、クロック入力と 8 個の D フリップフロップ。出力 Q_A ～ Q_H、シフト方向。)

シリアルデータがクロックに同期して入力され、8 ビットシフトインされるとパラレルバスへ Q_A ～ Q_H で読み込みます。

</td> |
| マルチバイブレータ | 肩こりに効くような名前ですが、ワンショットパルスを出力するロジック IC です。コンデンサと抵抗で作った時定数のパルスを出力します。74HC123 がよく利用されます。 |
| マルチプレクサ | アナログ信号またはデジタル信号を切り替えるスイッチです。アナログスイッチには 'ON' 抵抗 100〔Ω〕程度の MOS FET が使用されていますが制御線と絶縁はされていません。
アナログスイッチ：74HC4051, 74HC4066 など。
デジタルスイッチ：74HC151 など。 |

第 4 章　電子回路部品の使い方　175

> ロジック回路は'1'と'0'しかないから計算が簡単かな?! ぼくの頭脳はロジカルさっ!

> 第2章ではあいまいだって言ってたくせにぃ。

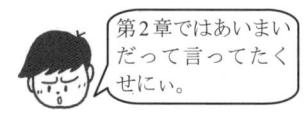

🔔 まとめの時間です。

・ロジック IC には CMOS と TTL の製造プロセスのものがあります。最近は省電力のメリットを活用した CMOS がロジック IC の主流となっています。

・ロジック IC の入力が'1','0'を判断する「しきい値」と「ノイズマージン」を理解して下さい。しきい値付近のグレーゾーンは使ってはいけない範囲です。

・信号がロジック素子内を伝わるのに時間がかかります。これを伝搬遅延時間といいます。

🔔 おさらい問題です。

問 4.8) 図 4.J に示す 5 [V] 系 CMOS ロジック回路の各部の電圧は何 [V] でしょうか？

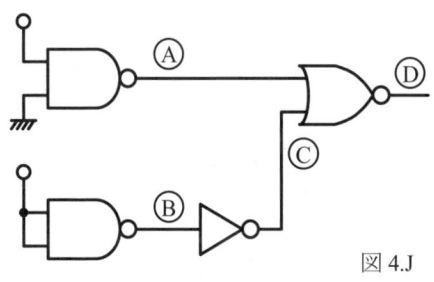

図 4.J

問 4.9) □□□ に適切な語句を入れて下さい。
・ロジック IC の'0'判断と'1'判断の中間付近に [問4.9.1] があります。
・ロジック IC の出力電圧と入力電圧の保証値の差を [問4.9.2] といいます。
・信号がロジック素子内を伝わる時間を [問4.9.3] といいます。

4.6 CPU、MPU

コンピュータの話をこの限られたページでまとめることは至難の業ではありますが、筆者はコンピュータのハードウェア設計を生業にしている立場上、どうしても触れておきたい項目です。

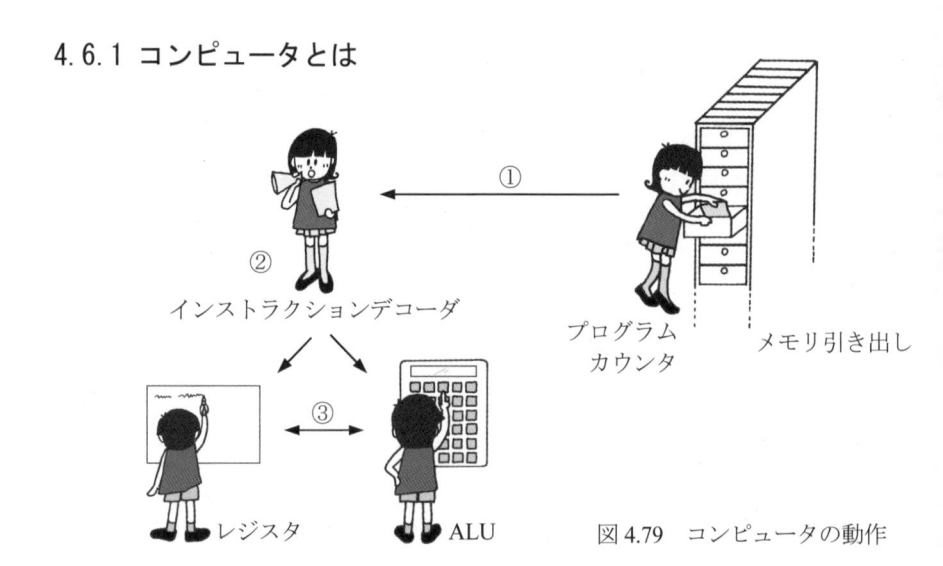

4.6.1 コンピュータとは

図4.79　コンピュータの動作

コンピュータとはメモリ内にある命令（プログラム）を読んで実行する機械です。図4.79を使いプログラムの実行の順序を説明します。

① フェッチサイクル

　プログラムカウンタで指定する番地のメモリ引き出しに入っている命令を、インストラクションデコーダに渡します。プログラムカウンタは順番に引き出しを開けて命令を取り出す仕事をします。

② デコードサイクル

　インストラクションデコーダは現場監督です。プログラムカウンタから渡される命令を解読し、アキュムレータ、ALUなどに指示を出します。

③ 実行サイクル

アキュムレータやALUが計算などの処理を行います。

命令によっては②と③の間にメモリからデータを読み出す処理（データリードサイクル）や、③の後メモリへデータを書き込む処理（データライトサイクル）が追加されることもあります。また①と②で終了する命令もあります。

次にハードウェアの立場からコンピュータの中身を図4.80のブロック図を使い説明します。図4.80のモデルはpentiumから数代さかのぼるintel社の初代量産CPUであるi8080を使いました。

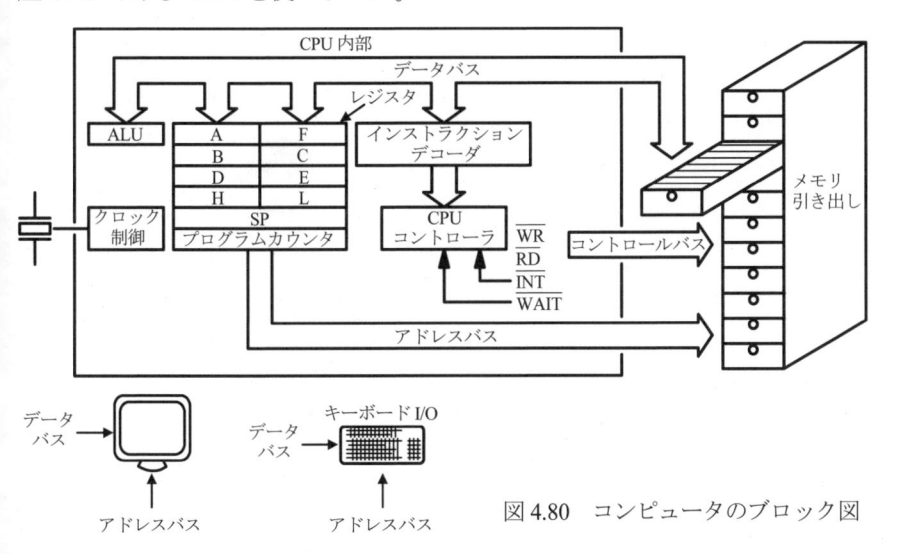

図4.80　コンピュータのブロック図

・メモリ

8ビット幅メモリであれば8個に仕切られた引き出しのようなものです。その仕切内にものが入っていれば'1'、なければ'0'です。アドレスバスで何番目のメモリ引き出しを開けるのか指定します。開いた引き出しの中の状態を読んだり、書いたりするのがデータバスです。

・プログラムカウンタ

引き出しを番地の若い順に開けて、その内容をインストラクションデコーダに知らせます。プログラムカウンタは、命令実行により通常1番地ずつ繰り上

がりますが、ジャンプ命令、コール命令などを実行すると、その指定先番地の値になります。

・インストラクションデコーダ

現場監督のような役割です。プログラムカウンタから渡された命令を解読し、ALUやアキュムレータなどに指示します。実際は、命令に対応したハードウェアロジックを起動させます。

> インストラクションデコーダはCPU内のひとみお姉さんのようです。

・ALU

Arithmetic Logic Unitの略で、計算する所です。8ビットCPUであれば8ビット幅、16ビットCPUであれば16ビット幅というように、CPUのビット幅と同じサイズの計算を行います。

> ALUはCPUの中の電卓です。

・レジスタ

計算の結果を置いたり、処理途中のメモ用紙であったり、いろいろな用途に使われる作業台です。

・アドレスバス

メモリ番地、I/O番地を指示するバスです。アドレスバスラインが20本で1Mバイト（正確には1048576バイト）、24本で16Mバイト、32本で4Gバイトのアドレス空間となります。この関係は2進数で1,2,4,8,16,32とアドレスバスの本数だけ数え上げるとすぐに理解できます。

・データバス

メモリ、I/Oへのデータ書き込み、またはメモリ、I/Oからのデータ読み出しを行う双方向性バスです。アドレスバスで指示した番地が対象となり、そのメモリまたはI/Oデータの読み書きを行います。

・コントロールバスと CPU コントローラ

　データバス、アドレスバス以外の制御線を全部まとめてコントロールバスと呼びます。例えばメモリへの書き込み信号 $\overline{WR}$（ライト）、読み出し信号 $\overline{RD}$（リード）、割り込み要求の $\overline{INT}$ などです。このコントロールバスも含め、アドレスバス、データバスなどはすべて CPU の内部動作に連係し、CPU コントローラというロジックから制御されています。しかし CPU を使うユーザの立場では、CPU コントローラの存在を意識する必要はありません。

> CPU コントローラは裏方さんですね。

・クロックコントローラ

　コンピュータは、クロックと呼ばれる交流（矩形波）信号に同期して動作します。このクロックを水晶発振回路で作りますから発振回路は大変重要です。

> 発振回路は心臓でしたね。

4.6.2　プログラムの実行

　簡単な加算プログラムを使い、コンピュータが命令を実行する過程を説明します。使用する CPU は Z80 上位互換のもので、㈱東芝から販売されている TLCS900 シリーズの 16/32 ビット CISC CPU です。実行するプログラムを次に示します。

・プログラム

　プログラムは「A レジスタに書き込んだ 50H とメモリ 2000H 番地の内容を加算し、答を 2000H 番地へ格納する」内容です

※1）数字の後に付く H は 16 進数 Hex の H です。

※2）メモリ配置はプログラムを 100H 番地、データ領域を 2000H 番地からとします。

ニーモニック記述のプログラム

　　　　　　　　　　┌─「ここからコメントです」を表します。
LD　　　A,50H　　　;A レジスタに 50H を書き込む。
ADD　　（2000H）,A　;2000H 番地の内容に A レジスタの内容（50H）を
　　　　　　　　　　　加算する。

これをコンピュータが直接読める機械言語に変換（アセンブル）すると、

　　ニーモニック　　　　機械言語
LD　　　A,50H　　　→　2150
ADD　　（2000H）,A　→　C1002089

これをメモリの 100H 番地へ配置し、実行すると次の実行例のようになります。

・プログラムの実行

　プログラムの実行過程を図 4.81 に示します。プログラムカウンタは、100H 番地の命令から順番に読み込み、インストラクションデコーダに渡します。インストラクションデコーダは渡された命令を順次解読し、CPU コントローラを経由して実行します。ただしこのプログラム実行前の 2000H 番地の内容は 12H だったとします。

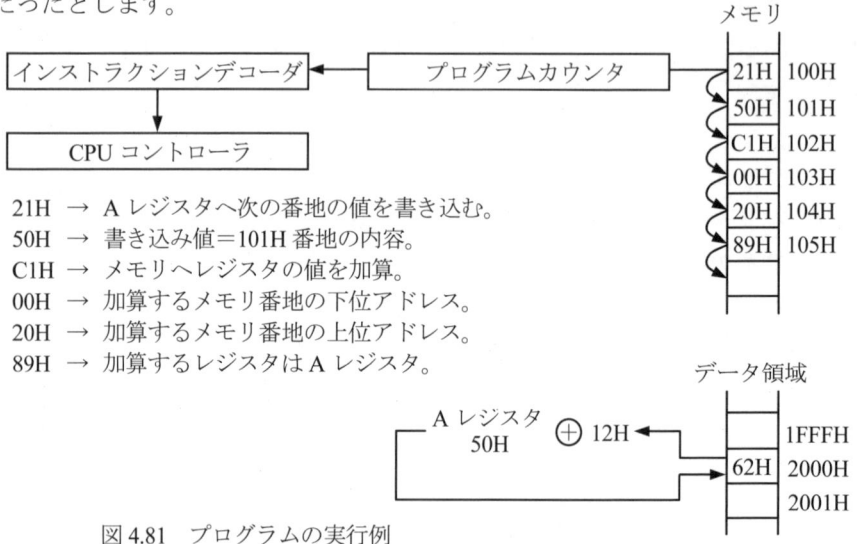

21H → A レジスタへ次の番地の値を書き込む。
50H → 書き込み値＝101H 番地の内容。
C1H → メモリへレジスタの値を加算。
00H → 加算するメモリ番地の下位アドレス。
20H → 加算するメモリ番地の上位アドレス。
89H → 加算するレジスタは A レジスタ。

図 4.81　プログラムの実行例

コンピュータはメモリからプログラムを読み込み実行していることを納得していただけたでしょうか!? 少し余談ですが、コンピュータの行う仕事の大半はこのメモリアクセスですから、コンピュータの処理能力はメモリアクセス能力に大きく依存します。例えばパソコンのメインメモリやキャッシュメモリを追加することで、処理能力が向上するのはこのためです。

4.6.3 CPU と MPU の違い

CPU は Central Processing Unit といい、コンピュータの中心部分です。一昔前は CPU に周辺 I/O、メモリなど組み合わせて CPU ボードを作っていました。その頃のボードは大変高価で、VME バスボードなど数十万円は当たり前の時代がありました。しかし現在は CPU を含め周辺 LSI が小型化されて、すべてを小さなチップ内に組み込みできるようになりました。このチップを MPU Micro Processing Unit と呼びます。価格も下がり、現在は千円を超す MPU は高価な部類に入ります。

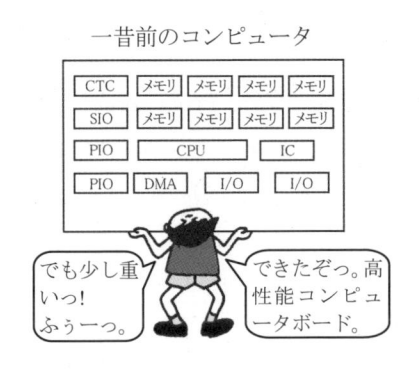

🔔 **コンピュータとは**
コンピュータとはメモリにある命令（プログラム）を解読して実行する機械です。

4.7 プログラマブルロジック

ゲートアレーやプログラマブルロジックが世に現れてすでに 30 年になります。その間に主だったものだけでも次のような素子が発表されました。

・PAL（Programmable Array Logic）
　AND-OR アレーと PROM（メモリ）を使用したプログラマブルロジックデバ

イス (PLD) です。数百ゲートのものが多く、比較的高速ではあるが消費電力が大きいこと、プログラムの書き換えができないなど問題が多いデバイスです。

・GAL (Generic Array Logic)
Lattice 社の商品名です。PAL と互換性があり、プログラムの電気書き込みと電気消去が可能です。C^2MOS デバイスにより低消費電力動作となりました。

・FPGA (Field Programmable Gate Array)
大規模ロジック設計に対応可能なゲートアレーです。SRAM にプログラムを記憶させるため起動時にコンフィギュレーション ROM から SRAM へプログラム転送し、動作が開始されます。
Xilinx 社・Altera 社の特許戦略が圧倒しています。

・CPLD (Complex Programmable Logic Device)
GAL を大型化したものです。中型の FPGA 程度の回路規模に対応できます。フラッシュ ROM にプログラムを書き込むので FPGA のようなコンフィギュレーション操作が不要で使い易いデバイスです。

・他に PEEL・EPL・PALCE・HAL などのプログラマブルロジックがありますが、現在は FPGA・CPLD が主流です。

このように多くのプログラマブルロジックが発表されましたが、当初はあまり一般化されませんでした。しかし、1990年代後半～2000年代に FPGA と CPLD の大規模化・高速化・省電力化が行われ、また開発言語である VHDL や Verilog の使用環境が整うことで飛躍的に普及が進みました。

また、プログラマブルロジックの最近の動向として CPU と同一パッケージに FPGA を組み込むシステム LSI が民生品向けに多く使用されています。

```
┌─────────────────┐
│ CPU             │
│      ＋  FPGA   │
│ メモリ           │
└─────────────────┘
       システムLSI
```

システム LSI が一つあればプログラム変更だけで携帯電話や PDA のコアにも、DVD レコーダーのコアにも設計変更が容易に行えます。

4.8 半導体メモリ

メモリはコンピュータに接続し、コンピュータのプログラムやデータを記憶するものです。半導体メモリには読み出し専用の ROM（Read Only Memory）と、読み書き可能な RAM（Random Access Memory）があり、ROM はプログラム格納に、RAM は CPU のスタックやデータ領域に使われます。

4.8.1 半導体メモリの種類

半導体メモリの概要を次の一覧に示します。

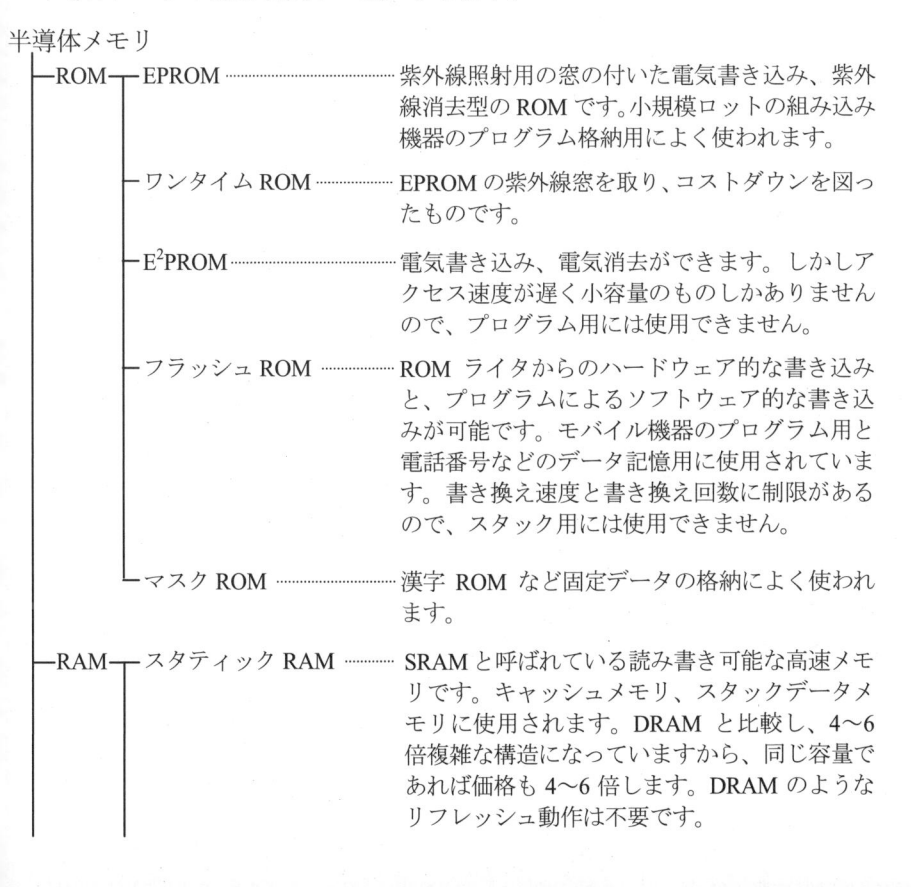

半導体メモリ
- ROM
  - EPROM .... 紫外線照射用の窓の付いた電気書き込み、紫外線消去型の ROM です。小規模ロットの組み込み機器のプログラム格納用によく使われます。
  - ワンタイム ROM .... EPROM の紫外線窓を取り、コストダウンを図ったものです。
  - E^2PROM .... 電気書き込み、電気消去ができます。しかしアクセス速度が遅く小容量のものしかありませんので、プログラム用には使用できません。
  - フラッシュ ROM .... ROM ライタからのハードウェア的な書き込みと、プログラムによるソフトウェア的な書き込みが可能です。モバイル機器のプログラム用と電話番号などのデータ記憶用に使用されています。書き換え速度と書き換え回数に制限があるので、スタック用には使用できません。
  - マスク ROM .... 漢字 ROM など固定データの格納によく使われます。
- RAM
  - スタティック RAM ...... SRAM と呼ばれている読み書き可能な高速メモリです。キャッシュメモリ、スタックデータメモリに使用されます。DRAM と比較し、4〜6 倍複雑な構造になっていますから、同じ容量であれば価格も 4〜6 倍します。DRAM のようなリフレッシュ動作は不要です。

└ ダイナミック RAM ……… DRAM と呼ばれるメモリです。構造がシンプルで低価格のため、パソコンのメインメモリに多く使用されています。データはメモリ内のコンデンサに記憶していますから、コンデンサが放電しない前に定期的に再充電（リフレッシュ動作）が必要です。このため制御回路は SRAM と比べ多少複雑になり、速度も SRAM と比較すると低速です。

> フラッシュ ROM は携帯電話など民生品に幅広く使われています。また各 CPU メーカも競ってフラッシュ ROM 内蔵の CPU を開発しています。フラッシュ ROM は今後、大きな需要が期待できるメモリです。

4.8.2 メモリへのアクセス

メモリへのアクセス方法を次の 8 ビット幅、1M ビット（128K バイト）スタティック RAM を使って説明します。128K バイトとはメモリ引き出しの頁（4.6.1項）で説明した 8 つに仕切られた引き出しが約 128,000 個（正確には 131,702 個です）あるメモリです。メモリには図 4.82 のようにアドレスバス、データバスと制御線 $\overline{CS}$ $\overline{WR}$ $\overline{OE}$ を接続します。

A0〜A16 の 17 本のアドレスバスの組み合わせで、131,072 個の引き出し 1 個ずつを指定し、その引き出しの 8 つの仕切を D0〜D7 の 8 本のデータバスで操作します。

メモリへのアクセスは次の順序で行います。

── このメモリをアクセスするとき '0' にします。
── 書き込むとき '0' にします。
── 読み出すとき '0' にします。

$\overline{OE}$
$\overline{WR}$
$\overline{CS}$
A16
A15
A14
A13
⋮
A5
A4
A3
A2
A1
A0
D7 D6 D5 D4 D3 D2 D1 D0

この組合せで何番目の引き出しをアクセスするか指定します。

メモリ引き出しの仕切りに対応します。

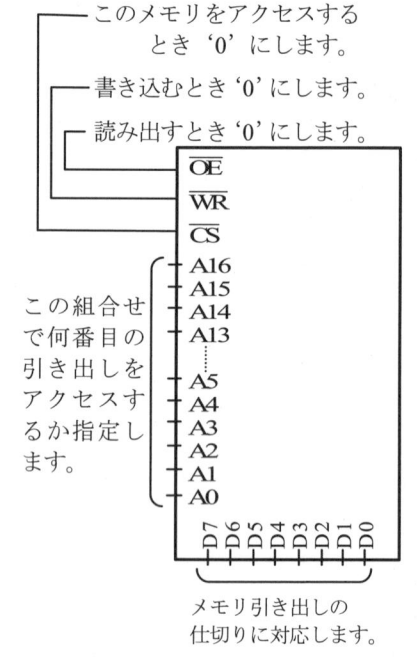

図 4.82　メモリの入出力ピン

① チップセレクト $\overline{CS}$ を '0' にすることで「このメモリをアクセスします」と宣言します。チップセレクト信号はアドレスバスの組み合わせで作りますから、同時にアクセスするアドレスも指定されます。

② 読み出しの場合 は、図4.83のようにアウトプットイネーブル $\overline{OE}$ を '0' にします。これによりメモリのデータバスは出力となります。

③ 読み出しの場合 は、$\overline{OE}$ が '0' から '1' に立ち上がる瞬間のデータバスの状態を CPU が読み込みます。

② 書き込みの場合 は、図4.84のようにライトイネーブル $\overline{WR}$ を '0' とします。これによりメモリのデータバスは入力となります。

③ 書き込みの場合 は、$\overline{WR}$ が '0' から '1' に立ち上がる瞬間のデータバスの状態をメモリへ書き込みます。

④ $\overline{CS}$ を '1' に戻し、1サイクルが終了します。

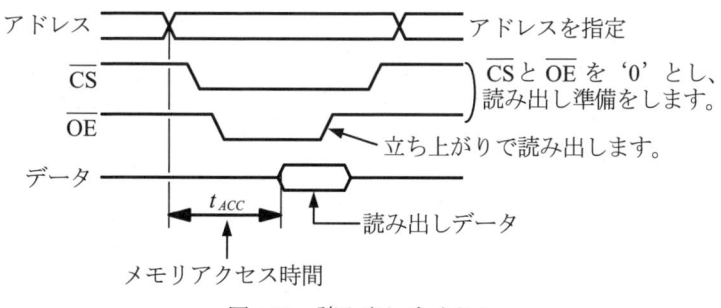

図4.83 読み出しサイクル

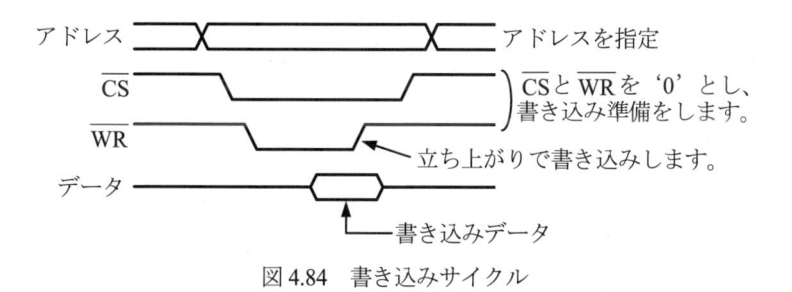

図4.84 書き込みサイクル

☆メモリの写真です。

EPROM
紫外線照射窓があります。電気書き込みを行い、紫外線で消去します。

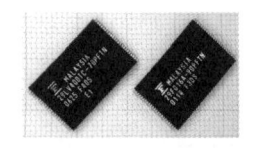

フラッシュ ROM
モバイル向けのため、小さくて薄いパッケージです。10（mm）×20（mm）の大きさでフロッピーディスク7枚分の記憶容量があります。

スタティック RAM
高速でデータの読み出し書き込みができます。コンピュータのキャッシュメモリ、データメモリに使われます。

🔔まとめの時間です。

メモリはプログラムやデータを格納する引き出しです。「何番目の引き出し」をアドレスバスで指定します。引き出しの中は仕切りがあり、その中に物（電圧）が入っていれば'1'、入っていなければ'0'となります。この'1'、'0'の状態をデータバスで読んだり、書き換えたりします。

10110110はヘキサ読みでB6Hとなります。

図4.K　メモリの説明

4.9　電子デバイスいろいろ

4.9.1　リレー

リレーは電磁石の力で接点を機械的に動かす電気仕掛けのスイッチです。リレーを電子デバイスに分類するには少し抵抗を感じますが、回路基板によく実装しますので、ここで説明しておきます。回路記号は図4.85のように、電

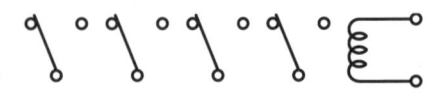

図4.85　リレー回路記号

磁石のコイルと接点で表します。

　リレーの構造図を図 4.86 (a) に、使用例を図 4.86 (b) に示します。図 4.86 (b) のスイッチ S を 'ON' にすると、可動接点は電磁石に引かれて A 側へ接触します。これにより A 側に接続された電池と電球の回路に電流 I_L が流れ電球が光ります。スイッチ S を 'OFF' にすると電磁石の力はなくなり、可動接点はスプリングに引かれて B 側へ戻ります。同時に I_L の回路が切れますから電球は消えます。

　リレー接点の電磁石側の接点を A 接点、スプリング側の接点を B 接点と呼び、図 4.86 のような A 側と B 側の切替接点を C 接点構成と呼びます。

　このように電気仕掛けのスイッチを使うことで、

1) 1 つの操作コイルで複数の接点が同時に動かせる。
2) 操作コイルと各接点が完全に絶縁される、

などの効果があります。

　接点構成を A 接点はメイク接点、B 接点はブレーク接点、C 接点構成はトランスファ接点構成という呼び方もあります。

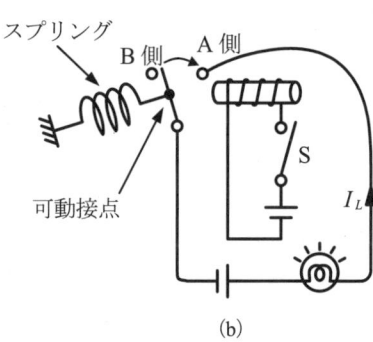

図 4.86　リレーの構造と使用例

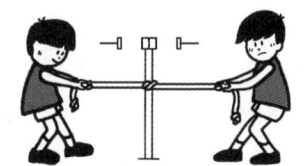

・リレーの動作時間

　リレーは機械的に接点を移動させるため、ロジック IC のマルチプレクサと比べ約 10^6 倍の切り替え時間を要します。また、機械的な接点が不安定な瞬間（チャタリング）もあります。図 4.87 のスイッチ S を 'ON' にしてから接点が A 側へ

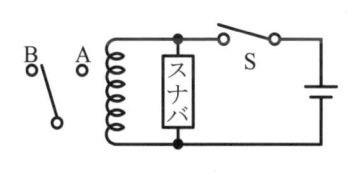

図 4.87　リレー動作説明

移動する時間、スイッチSを'OFF'してからB側へ復帰する時間のタイムチャートを図4.88に示します。接点の移動時間とチャタリングが読みとれます。

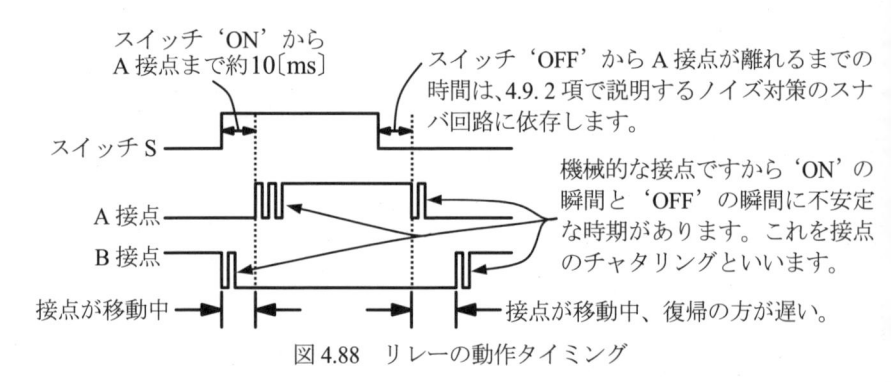

図4.88 リレーの動作タイミング

・交流リレー

図4.89(a)の回路で直流リレーを交流で駆動すると、図4.89(b)のように交流の極性が切り替わる付近で電磁石の磁力不足となり接点が振動します。この対策として図4.90のように電磁石のコアの先端を半分に割り、片方に「くまとりコイル」という銅線を巻きます。この「くまとりコイル」は磁界の位相を遅らせる作用があります。これにより位相の異なる2個の電磁石で引いたことになり、振動はなくなります。しかし位相を遅らせるコイルの影響で、スイッチSを'OFF'にしてから磁界がなくなり接点が'OFF'になるまでの時間は少し延びます。

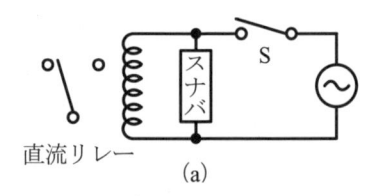

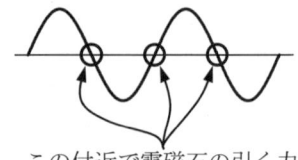

図4.89 交流リレーの動作説明

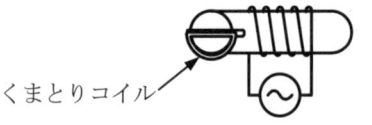

図4.90 くまとりコイル

第 4 章　電子回路部品の使い方　189

☆リレーの写真です。

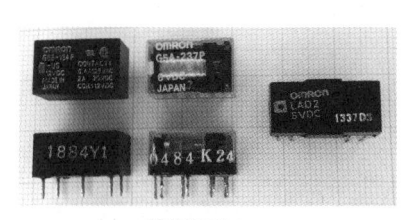

基板用リレー

Dip の IC サイズのものが一般的です。基板用リレーの接点は小型ですから、誘導負荷の大電流を 'ON' ⟷ 'OFF' すると接点の溶着事故の危険があります。接点容量の定格内で使用して下さい。

制御用リレーとソケット

強電回路の制御に多く使用されます。

4.9.2　スナバ素子

前項のリレーをはじめとするコイルに対して急激な電流変化（スイッチの 'ON' ⟷ 'OFF' など）を与えると、図 4.91 のようにコイルの逆起電力が大きなサージノイズ発生源になります。

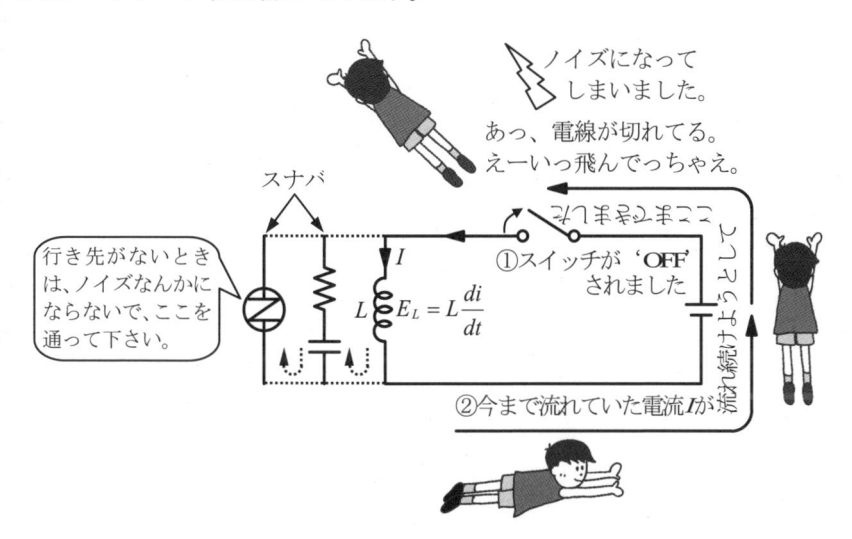

図 4.91　サージノイズの説明

$$E_L = L\frac{di}{dt}$$

この逆起電力をコイルと並列に接続したスナバ回路 ─⊖─ または ─WW─||─ にバイパスすることでノイズの発生は止められます。

・ゼットラップまたはバリスタ ─⊖─

酸化亜鉛などの焼き物（バリスタはシリコンカーバイドの焼き物）を電極で挟んだ型のものです。ゼットラップの静特性を図4.92 に示します。ツェナダイオードを2本背中合わせに接続したような対称特性を示しますから、交流回路のノイズ消しに有効です。バリスタ電圧は図4.93 の使用例のように回路電圧（実効値）の2倍程度の値を選択します。この回路のスイッチSを'OFF'にしたときのコイルLの両端電圧 V_L を波形観察すると、図4.94 のようにバリスタ電圧でサージをカットしています。ゼットラップ、バリスタには寿命があります。通常の定格内での使用であれば、あまり意識しなくても構いませんが、大きな発熱を伴うような使い方をすると著しく寿命を縮めます。

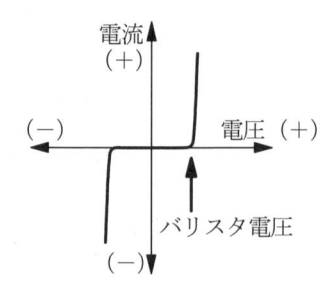

図4.92 ゼットラップの静特性図

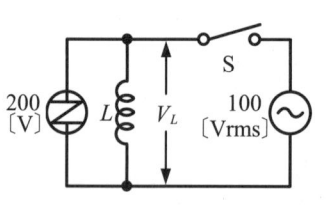

図4.93 ゼットラップの使用例

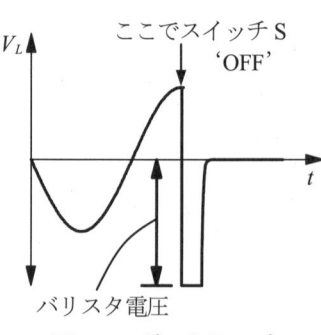

図4.94 ゼットラップのサージ吸収

・CR スナバ

CR スナバは図4.95（a）のようにコンデンサと抵抗の直列回路でサージノイズを吸収します。コンデンサは無極性のものを使用しますから、交流回路、直流回路のど

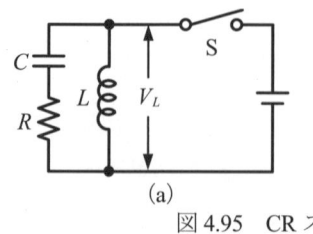

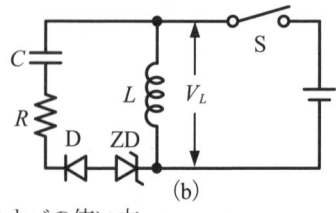

図4.95 CR スナバの使い方

ちらでも使用できます。

　CR スナバのサージ吸収特性は図 4.96 のようにスイッチ 'OFF' からの過渡的な現象は、なだらかに収束しますが、収束までの時間が長く、その間磁界は残ったままになります。この対策として場合によっては図 4.95 (b) のようにツェナダイオードを併用することもあります。ツェナダイオードを併用すると、ツェナ電圧以下の逆起電圧を流さないので磁界が 'OFF' になるまでの時間が短くなります（図 4.21 参照）。

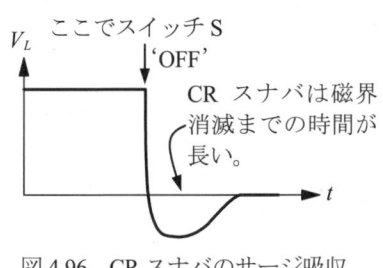

図 4.96　CR スナバのサージ吸収

・スナバ回路を使ったときの注意

　スナバ回路を使うことでサージノイズは軽減できますが、スナバ回路に電流が流れている間、磁界は残りますから次のような問題が発生します。

リレーの場合：
　スイッチ 'OFF' から接点 'OFF' までの時間が長くなります。
ステッピングモータの場合：
　駆動相の切り替え時、1 つ前の相に磁界が残るため、ステッピングモータが高速回転できません。
スイッチング電源の場合：
　スイッチングのエネルギーをスナバに喰われる形になりますから、効率の低下とスナバの発熱を伴います。

> コイル L に蓄えられたエネルギーの処理方法は、大変難しい問題です。その都度、いろいろな方法でカット＆トライしなければなりません。ここではその必要性を理解して下さい。

☆スナバの写真です。

ゼットラップ、バリスタ

既製品のCRスナバ

写真左はリレー用のものです。写真右は大型のもので電力回路に使用されます。

写真はリレーのノイズ消しのものです。スナバの大きさは定格電圧とサージ吸収量に比例します。

4.9.3 三端子レギュレータ

三端子レギュレータは図4.97のブロック図に示すシリーズレギュレータが、下の写真のような3本足のパッケージに納められています。図4.97の三端子レギュレータは正電圧が入出力される正電圧タイプですが、負電圧が入出力される負電圧タイプもあります。

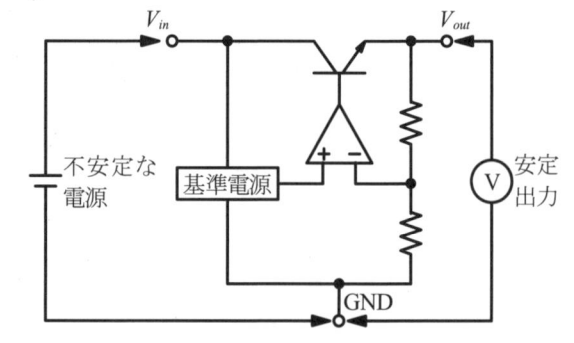

図4.97 三端子レギュレータの説明

定格出力電圧は、5〔V〕,6〔V〕,7〔V〕,8〔V〕,9〔V〕,10〔V〕,12〔V〕,15〔V〕,18〔V〕,20〔V〕,24〔V〕のものが正電圧、負電圧ともに用意されています。素子の呼び方、性能は各メーカともほとんど共通していますから、互換性はあります。

三端子レギュレータ

三端子レギュレータの呼び方例

μPC78M12

- メーカ名とプロセスを表すμPCは、NECのアナログ素子
- 78は正電圧タイプ
- 79は負電圧タイプ
- 定格出力12〔V〕
- Mは0.5〔A〕型、Lは0.15〔A〕型
  1〔A〕型はここの記号なし、または0

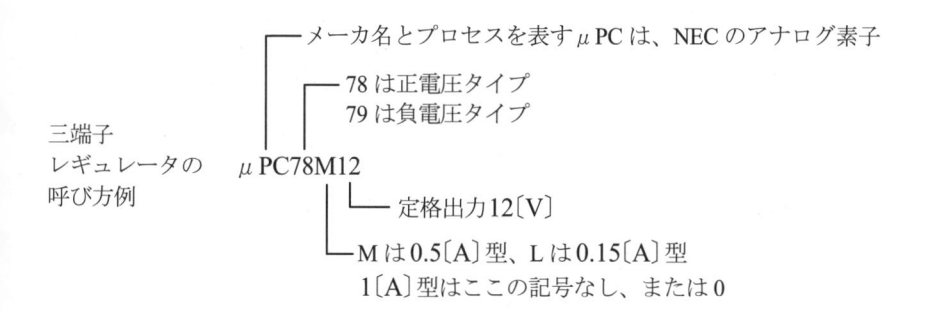

・三端子レギュレータの使い方(基本回路)

図4.98に三端子レギュレータの使い方例を示します。入力電圧と出力電圧の差は2〔V〕以上必要ですが、あまり大きいと発熱要因となりますから注意して下さい。

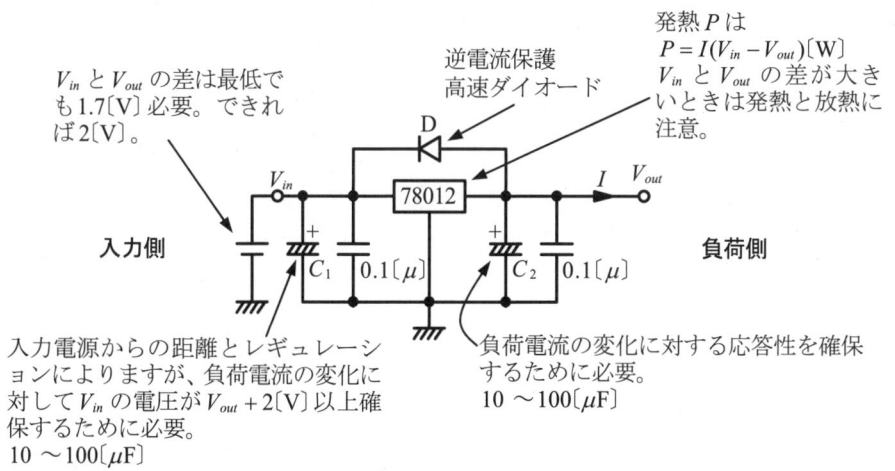

V_{in}とV_{out}の差は最低でも1.7〔V〕必要。できれば2〔V〕。

逆電流保護
高速ダイオード

発熱Pは
$P = I(V_{in} - V_{out})$〔W〕
V_{in}とV_{out}の差が大きいときは発熱と放熱に注意。

入力電源からの距離とレギュレーションによりますが、負荷電流の変化に対してV_{in}の電圧が$V_{out}+2$〔V〕以上確保するために必要。
10～100〔μF〕

負荷電流の変化に対する応答性を確保するために必要。
10～100〔μF〕

図4.98 三端子レギュレータの使い方(1)

・三端子レギュレータの使い方(正負両電源)

図4.99に正負両電源の三端子レギュレータ回路を示します。使い方は基本回路と同じですが、負荷1から負荷2へ電流が流れる可能性がありますから、ダイオードD1,D2を入れて下さい。

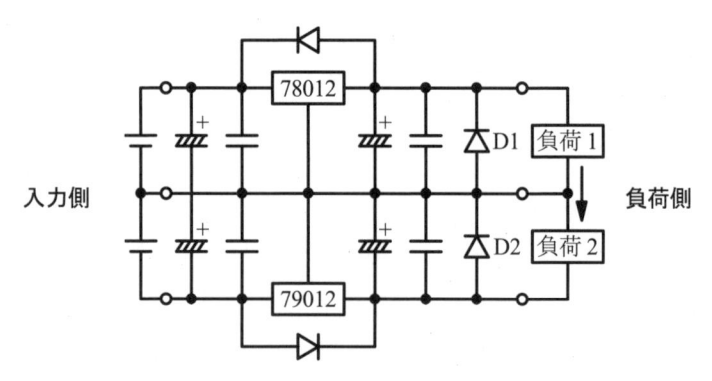

図 4.99　三端子レギュレータの使い方（2）

🔔 まとめの時間です。

・電気仕掛けのスイッチ→リレーのA接点とB接点の方向は覚えて下さい。
　また、動作速度が遅いこととチャタリングを理解して下さい。

・$L\dfrac{di}{dt}$ のエネルギーをスナバに消費させないとノイズになる。
　　　　　　　　　　　　　　消費させると磁界が尾を引く。

　　さてどうしよう？　　難しい問題ですね。

・三端子レギュレータの内部電圧降下は1.7〔V〕ありますから、入出力の電圧差2〔V〕程度は必要です。
　発熱と放熱に注意しましょう。
　発熱 $P = I(V_{in} - V_{out})$ 〔W〕

🔔 おさらい問題です。

問 4.10)　□□□に適切な語句を入れて下さい。
・リレー接点の電磁石側を 問4.10.1 、スプリング側を 問4.10.2 と呼びます。
・リレー接点が'ON'または'OFF'にする瞬間の不安定な状態を 問4.10.3 といいます。

問4.11) 図4.Lの三端子レギュレータを使った定電圧回路に60〔Ω〕の負荷を接続した三端子レギュレータの発熱量Pを算出して下さい。

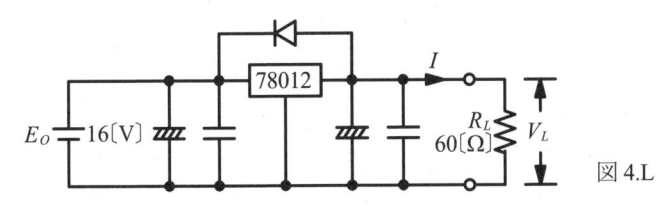

図4.L

ここまでの勉強の成果を試してみましょう。

　図4.Mに電子ルーレットの回路図を示します。スタートスイッチを押すと16個のLEDが順番（LED1→LED16）に点灯し、ストップスイッチを押すと最後に点灯していたLEDが連続点灯となります。
　次に各パートごとの回路の説明をします。

この回路を製作キットとして用意しています。詳しくは巻末の案内を見て下さい。

・電源

　この回路はDC5〔V〕で作動します。消費電流は16個のLEDが全部点灯したとしても200〔mA〕程度です。回路図には市販のAC/DC電源モジュールを書いています。

・クロック発振回路

　74HC14のシュミット入力による入力ヒス幅を使った簡易発振回路です。発振周波数 f は素子のヒス幅によって変わりますが $f ≒ \dfrac{2.5}{C_1(VR+R_1)}$〔Hz〕です。200〔kΩ〕の VR を調整することで、ルーレット回転が可変できます。74HC14の入力抵抗 R2 は、ロジックICの入力にコンデンサを付けたときの素子保護用です。

・フリップフロップ

　74HC00のNANDゲートを使ったR-Sフリップフロップです。スタートスイ

ッチまたはストップスイッチからワンショット信号が入ると、フリップフロップはその信号側へ反転しホールドします。スイッチのところの▽はプルアップ抵抗といい、このラインをロジック '1' (V_{CC} レベル) にするために、CMOS の場合 V_{CC} へ $1 \sim 100$ [kΩ] の抵抗を接続します。

・カウンタ

74HC393 にはバイナリカウンタが 2 組入っています。1 組目のクロック入力端子 1CLK に入力されるクロックを 1,2,4,8 のバイナリでカウントし、1A～1D へ出します。

74HC393 の使用していない入力端子 1CLR,2CLK,2CLR はゼロ [V] レベルに固定しています。CMOS ロジックの余り入力端子は、素子保護と消費電力低減のために GND レベルまたは V_{CC} レベルに固定して使います。

・4to16 デコーダ

74HC4514 は A～D 端子に入力されるバイナリを S0～S15 の 10 進数に変換します。例えば A,B,C,D 入力端子がロジックレベル 1011 の場合、

$$\begin{cases} A & B & C & D \\ 1 & 0 & 1 & 1 \\ 1+0+4+8=13 \end{cases}$$ となり、S13 出力がロジック '1' となります。
STRB (ストローブ) 端子は '1' のとき A～D 入力に対応した出力を行い、'1' から '0' にするとそのときの状態をホールドし出力します。

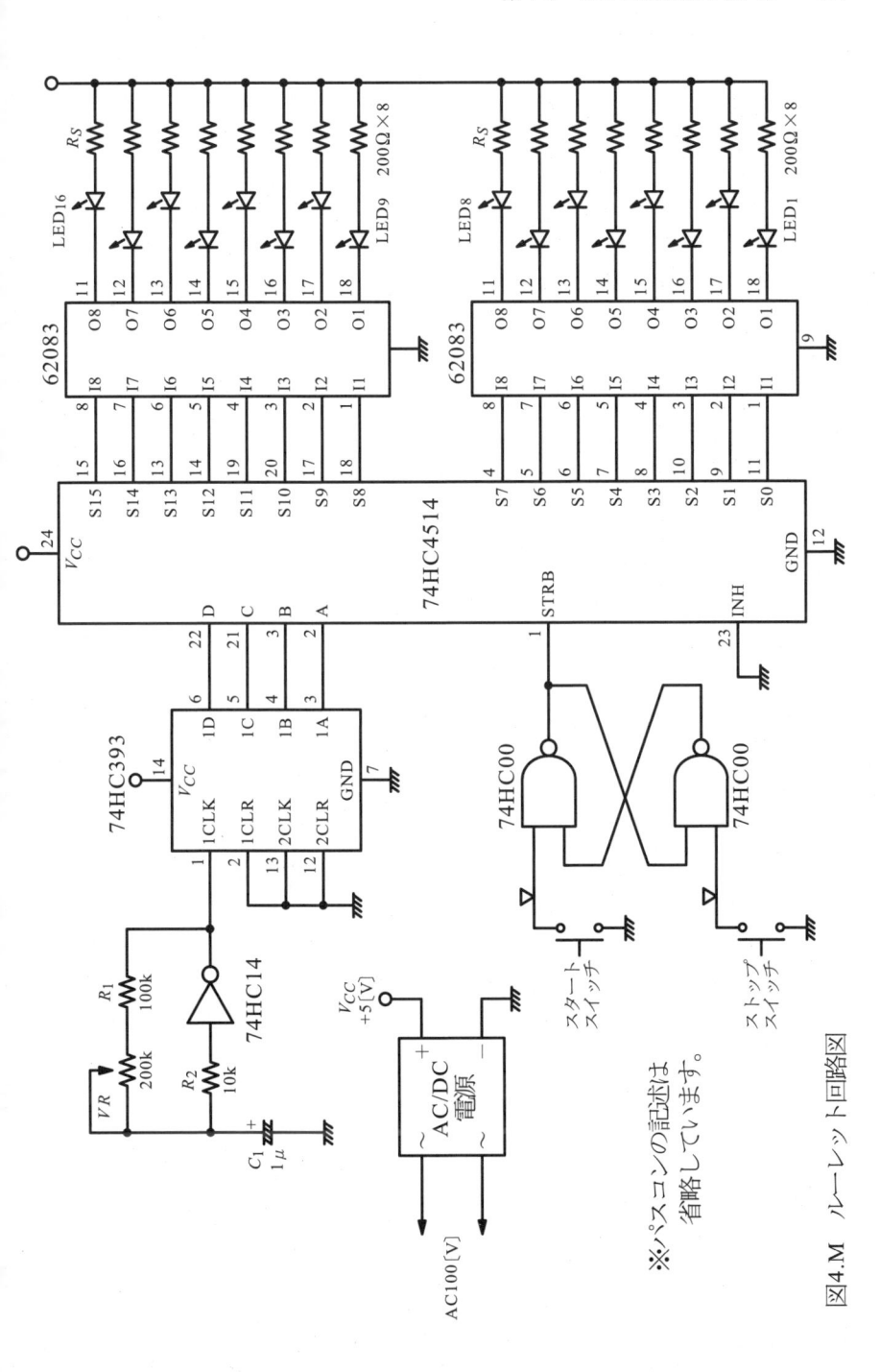

第 4 章　電子回路部品の使い方　197

図4.M　ルーレット回路図

・ドライバ

　74HC4514の出力では直接LEDを光らせるだけの約10〔mA〕の電流は制御できません。そこでトランジスタを追加して制御できる電流を多くします。62083は図4.Nのようなダーリントン接続されたトランジスタが8回路入ったトランジスタアレーです。

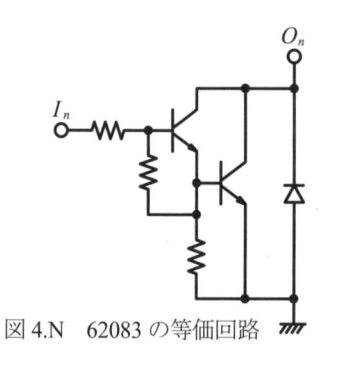

図4.N　62083の等価回路

・LED

　LEDに流れる電流は次の条件で算出します。LEDのV_Fが約2〔V〕、ダーリントン接続されたトランジスタアレーの内部電圧降下V_{sat}が約1〔V〕ありますから、電流制限抵抗R_Sは

$$R_S = \frac{V_{CC} - V_F - V_{sat}}{10〔mA〕} = \frac{5-2-1}{10 \times 10^{-3}} = 200〔\Omega〕$$

となります。

これで第4章を終了します。この章で紹介した部品は、よく使うものばかりです。できるだけ多くの部品キャラを実際に使って覚えて下さい。第5章以降、トランジスタ、FET、Opアンプの順に勉強します。少しずつ電子回路らしくなってきましたね。

第4章 卒業証書

第5章 トランジスタ、FETの使い方

前章までは受動部品が説明の中心でしたが、本章からは動作が実感できる能動部品へ話を進めます。まずディスクリート能動部品の代表であるトランジスタとFETを使う立場での解説を行います。

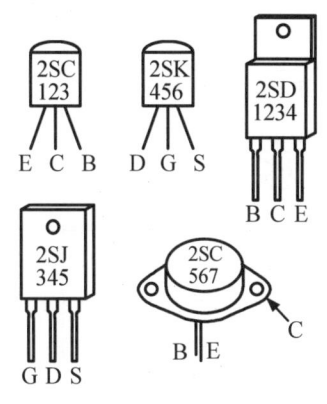

5.1 トランジスタとFET

トランジスタとFETは図5.1に示すご存知の3本足ディスクリート素子です。PNP型またはNPN型のバイポーラトランジスタを単にトランジスタと呼び、バイポーラでないFETはユニポーラトランジスタと呼ばないでFET（Field Effect Transistor）と呼びます。どちらもトランジスタです。トランジスタとFETは図5.1からも分かるように、外形だけでは両者の区別はできません。

図5.1　いろいろなトランジスタとFET

5.1.1 トランジスタの名前と回路記号

トランジスタ、FETの名前の付け方は図5.2のように3本足半導体の2Sから始まり、トランジスタがABCDの4種類、FETがJKの2種類に分類されます。回路記号はJIS,IEC,ANSIのもの以外、各メーカ並びに出版社などでも若干違いはありますが、おおむね表5.1のものが使われています。表5.1の記号には、図5.3のように記号を囲む○が付いていますが、これはなくても構いません。

2SA1234A
　　└ モディファイNo.
　　　└ 各メーカからの届出順
　　　　└ 構造、用途の分類
　　　　　A：PNP型高周波用トランジスタ
　　　　　B：PNP型低周波用トランジスタ
　　　　　C：NPN型高周波用トランジスタ
　　　　　D：NPN型低周波用トランジスタ
　　　　　J：Pチャンネル型FET
　　　　　K：Nチャンネル型FET
　　　└ シリコン
　　└ 3本足は2、2本足は1

図5.2　トランジスタの名前の付け方

また、トランジスタ、FET の端子名は図 5.4 のように表します。

図 5.3　トランジスタ記号の説明

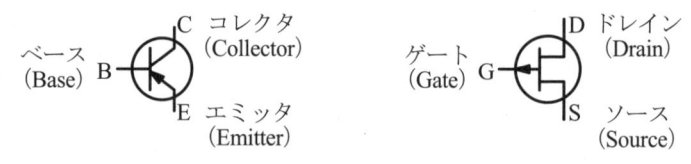

本書の回路図は○なしを採用しています。

○なしも可

図 5.4　トランジスタ、FET の端子名

ベース (Base)　コレクタ (Collector)　エミッタ (Emitter)
ゲート (Gate)　ドレイン (Drain)　ソース (Source)

表 5.1　トランジスタ、FET の回路記号

PNP トランジスタ	NPN トランジスタ	
2SAXXX / 2SBXXX	2SCXXX / 2SDXXX	
P チャンネル JFET	P チャンネル MOSFET デプレッション型	P チャンネル MOSFET エンハンスメント型
2SJXXXX	2SJXXXX	2SJXXXX
N チャンネル JFET	N チャンネル MOSFET デプレッション型	N チャンネル MOSFET エンハンスメント型
2SKXXX	2SKXXX	2SKXXX

5.1.2　信号増幅

・増幅の概念

　電気回路で使う増幅は、小さな電気信号の振幅を大きな電気信号振幅に変

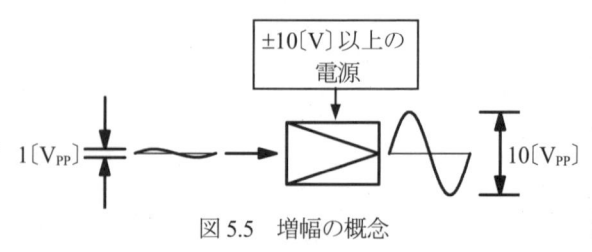

±10 [V] 以上の電源

1 [V_{PP}]　　　10 [V_{PP}]

図 5.5　増幅の概念

えることです。図 5.5 のように1〔V_{PP}〕の振幅の信号を、10〔V_{PP}〕の振幅の信号に変換する場合、±10〔V〕以上の電源を用意して、電源電圧の範囲内で信号の振幅を大きくします。これが電圧増幅率 10 倍の増幅になります。

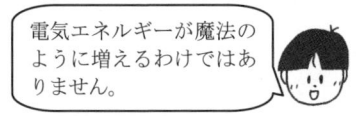

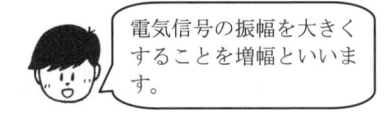

> 電気エネルギーが魔法のように増えるわけではありません。

> 電気信号の振幅を大きくすることを増幅といいます。

・トランジスタを使った増幅回路

　トランジスタは基本的に電流増幅器です。図 5.6 に示す増幅回路のベース電流 I_B の少しの変化に対して、コレクタ電流 I_C が大きく変化します。この関係を式で表すと、

　　　　小信号の場合　$\Delta I_C = h_{fe} \cdot \Delta I_B$　　(5.1)

となり、電流増幅率 h_{fe} 倍の増幅となります。また、トランジスタをスイッチングで使う場合など、変化値でなく直流値で表し、

　　　　直流値の場合　$I_C = h_{FE} \cdot I_B$　　(5.2)

となり、これはベース電流 I_B に対して h_{FE} 倍のコレクタ電流 I_C を制御できることを表します。このように電流増幅率の h_{fe} の添字に小文字と大文字を使い、信号分と直流分を区別します。

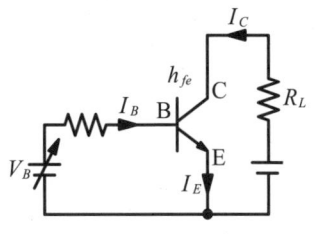

図 5.6　NPN トランジスタのエミッタ接地増幅回路

　電流増幅率 h_{fe} は図 5.7 のような説明もできます。1個のパチンコ玉（I_B）が入ることで、13個の玉（I_C）が出ました。h_{fe} は 13 です。

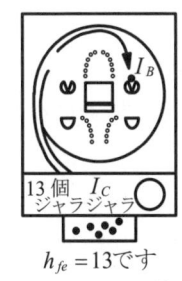

$h_{fe} = 13$ です

図 5.7　h_{fe} の説明

・FET を使った増幅回路

　図 5.8 は FET を使った増幅回路です。FET はゲート電流 I_G を流しませんから、基本的に電圧増幅器です。FET は図 5.9 の $I_D - V_{GS}$ 特性が示すように、ゲート・ソース間電圧 V_{GS} が変化することでドレイン電

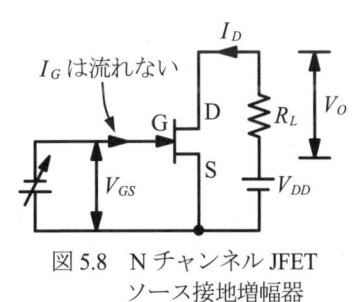

図 5.8　N チャンネル JFET ソース接地増幅器

流 I_D が変化します。そのため FET の増幅能力の表し方は伝達特性といい、

$$伝達特性 = \frac{ドレイン電流の変化分 \Delta I_D}{ゲート・ソース間電圧の変化分 \Delta V_{GS}}$$

となります。
これは電流を電圧で割ったディメンションですから、

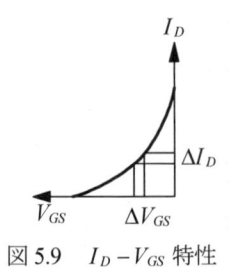

図 5.9 $I_D - V_{GS}$ 特性

相互コンダクタンス g_m または順方向伝達アドミタンス $|Y_{fs}|$ といい、

$$\frac{\Delta I_D}{\Delta V_{GS}} = g_m \text{ または } |Y_{fs}| \quad 〔℧〕\text{ または }〔S〕 \tag{5.3}$$

で表されます。
電圧増幅率 A_V は、

$$A_V = \frac{\Delta 出力電圧}{\Delta 入力電圧} = \frac{\Delta V_O}{\Delta V_{GS}} = \frac{\Delta I_D \cdot R_L}{\Delta V_{GS}}$$

$$= -g_m \cdot R_L \text{ または } -|Y_{fs}| \cdot R_L \tag{5.4}$$

となり、コンダクタンスまたはアドミタンスを使った式で表します。

5.1.3 アナログ増幅とスイッチング

トランジスタや FET を使って信号を増幅する目的は次の 2 種類です。1 つは音声などを増幅するアナログ増幅、もう 1 つはソレノイドリレーやステッピングモータを駆動するスイッチングと呼ばれる増幅です。

・アナログ増幅

音声などのアナログ信号を増幅します。図 5.10 に示す N チャンネル JFET の増幅回路を使い、アナログ増幅の考え方を説明します。N チャンネル JFET は図 5.11 の $I_D - V_{GS}$ 特性が示すようにゲート・ソース間電圧 V_{GS} が 0〔V〕で I_D は最大となり、V_{GS} をマイナス値にするとドレイ

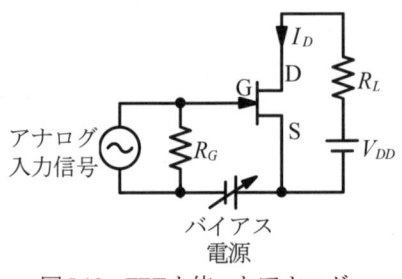

図 5.10 FET を使ったアナログ増幅回路

ン電流 I_D は少なくなり、V_{GS} をカットオフ電圧まで下げると I_D は流れなくなります。ゲート・ソース間電圧 V_{GS} を図 5.10 のバイアス電圧で調整し、0〔V〕とカットオフ電圧の中間にします。ここを中心に図 5.11 のようなアナログ入力信号が変化すると、ドレイン電流 I_D もアナログ的に変化します。アナログ増幅はこのようにバイアスを

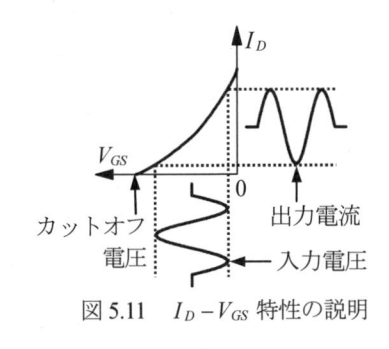

図 5.11　I_D – V_{GS} 特性の説明

使い、動作領域（活性領域）の中心付近で増幅します。このとき FET からは、ドレイン・ソース間電圧 V_{DS} にドレイン電流 I_D を掛けた値の発熱があり、バイアスの中心付近では $V_{DS} = V_{DD}/2$ ですから、発熱量 P_D は

$$P_D = I_D \cdot V_{DS} = I_D \cdot \frac{1}{2} V_{DD} \,\text{〔W〕} \tag{5.5}$$

となり、消費電力全体の 1/2 は FET のドレインで消費されますから、アナログ増幅はエネルギー損失の大きい増幅といえます。

・スイッチング

　スイッチング動作について、今度はトランジスタを使い説明します。スイッチングはその名の通りスイッチですからトランジスタを完全に 'ON' または 'OFF' 状態で使用します。図 5.12 のスイッチング回路でトランジスタが 'ON' したときの最大コレクタ電流 I_{Cmax} は

図 5.12　スイッチング回路

$$I_{Cmax} = \frac{V_{CC}}{R_L} \;\; \text{です。}$$

トランジスタのコレクタ電流 I_C は
$$I_C = h_{FE} \cdot I_B \;\; \text{ですから、}$$

$$h_{FE} \cdot I_B \gg \frac{V_{CC}}{R_L} \tag{5.6}$$

とすると、トランジスタは完全に 'ON' 状態になります。

トランジスタを'OFF'にするときは、ベース電流をゼロにすることでコレクタ電流 I_C も流れなくなります。スイッチング動作時のトランジスタの発熱 P_C は、アナログ増幅のときと同じようにコレクタ・エミッタ間電圧 V_{CE} にコレクタ電流 I_C を掛けた値です。しかしスイッチング動作でトランジスタは飽和状態ですから、コレクタ・エミッタ間電圧 V_{CE} は 0.2〔V〕ぐらいですから、発熱はほとんどありません。スイッチ'OFF'時はコレクタ電流 $I_C=0$〔A〕ですから発熱はありません。

このようにトランジスタをスイッチング動作させることで、トランジスタの発熱が軽減されますから、比較的小型のトランジスタでも大電力スイッチングが可能になります。

> この業界の人はアナログ的な使い方を「半殺しで使う」、スイッチングを「完全に殺す」「死んだ状態」などと言います。

> 物騒な業界だな。

まとめの時間です。

- 図 5.4 の端子名と表 5.1 の記号を覚えて下さい。FET は JFET と MOSFET の区別だけで可。PNP トランジスタと P チャンネル FET および NPN トランジスタと N チャンネル FET は、電圧・電流の方向が少し似ています。

- トランジスタは、図 5.A のようにベース電流 I_B に電流増幅率 h_{fe} を掛けた値のコレクタ電流 I_C が流れます。

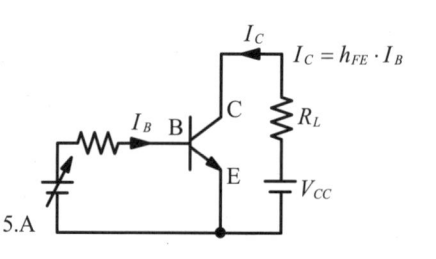

$$I_C = h_{FE} \cdot I_B$$

図 5.A

- FET は図 5.B のようにゲート電圧 V_{GS} の変化が、ドレイン電流 I_D の変化になります。

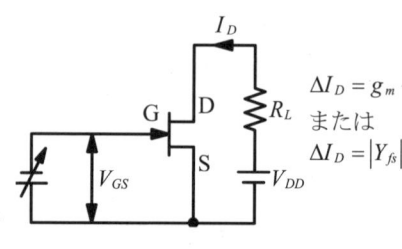

$$\Delta I_D = g_m \cdot \Delta V_{GS}$$
または
$$\Delta I_D = |Y_{fs}| \cdot \Delta V_{GS}$$

図 5.B

5.2 トランジスタ回路

ここでは h パラメータで始まるトランジスタ設計の基本から、具体的な回路設計まで順を追って説明します。

5.2.1 PNP トランジスタと NPN トランジスタ

トランジスタには半導体の並べ方により、図5.13 の PNP 型と図5.14 の NPN 型の2種類があります。PNP 型と NPN 型では電圧のかけ方、電流の流れる方向がまったく反対になります。

図 5.13　PNP トランジスタ

図 5.14　NPN トランジスタ

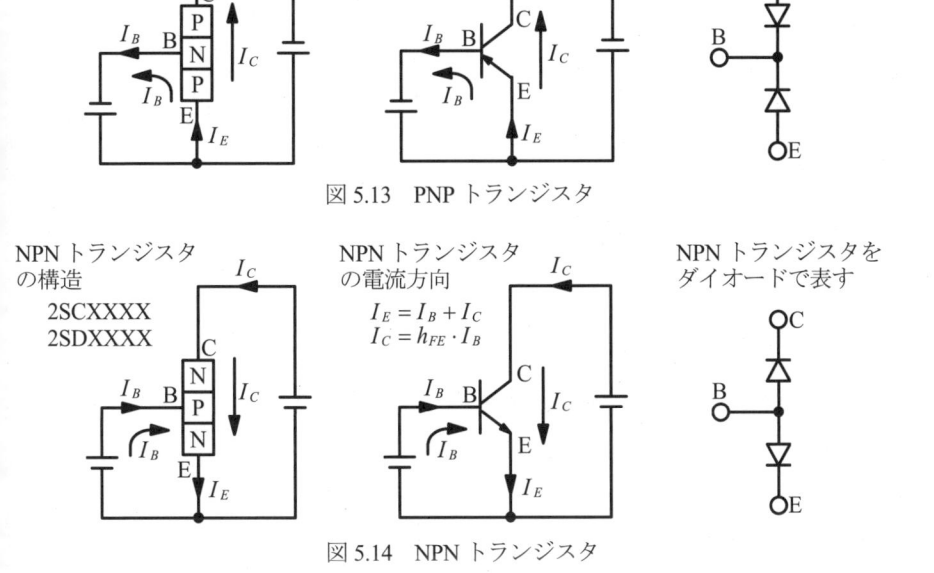

どちらの型もエミッタが共通端子となり、ベース電流 I_B とコレクタ電流 I_C の和がエミッタへ流れ I_E となります。また、ベース電流 I_B の h_{FE} 倍のコレクタ電流 I_C が流れ、これが増幅作用となります。トランジスタは構造上ベースからエミッタ、ベースからコレクタがダイオードとなっています。これは

後述のトランジスタ簡易チェックなどに使えますから覚えておくと便利です。

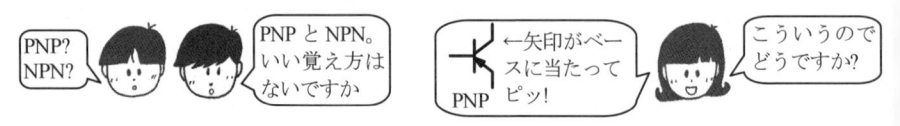

PNP?
NPN?

PNPとNPN。
いい覚え方は
ないですか

←矢印がベー
スに当たって
ピッ！
PNP

こういうので
どうですか？

――― コラム　トランジスタの簡易チェック ―――

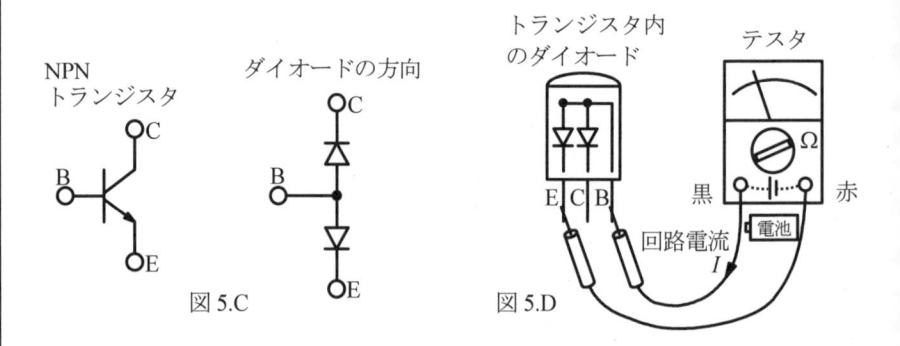

NPN
トランジスタ

ダイオードの方向

トランジスタ内
のダイオード

テスタ

図 5.C

図 5.D

　トランジスタを単体で見ると、ダイオード2本と等価です。NPNトランジスタでは図5.Cのようにベースを中心に2本のダイオードが背中合わせになっています（PNPの場合はダイオードの方向が逆になります）。アナログテスタでこのダイオード状態を見ることでトランジスタの良否が判断できます。図5.Dのようにアナログテスタを抵抗測定レンジにすると、テスタの内蔵電池の⊕が黒のリード線へ、⊖が赤のリード線へ接続されます。内蔵電池の極性が分かればトランジスタ内のダイオードの極性も容易に測れます。NPNトランジスタとPNPトランジスタでは計測する極性が逆になります。計測値が次表のような値になれば正常なトランジスタです。

NPNトランジスタの場合

測る場所	抵抗値	測り方
B → E 間	約30〔Ω〕	Bに黒リード、Eに赤リード
B → C 間	約30〔Ω〕	Bに黒リード、Cに赤リード
この2か所以外のE→C間、C→E間、E→B間、C→B間などは全部∞〔Ω〕となります。		

PNPトランジスタの場合

測る場所	抵抗値	測り方
E → B 間	約30[Ω]	Eに黒リード、Bに赤リード
C → B 間	約30[Ω]	Cに黒リード、Bに赤リード
この2ヶ所以外のE→C間、C→E間、B→E間、B→C間などは全部∞[Ω]となります。		

5.2.2 トランジスタの等価回路とhパラメータ

h パラメータは四端子回路網の発想で、トランジスタ回路を解析する手法です。図 5.15 のエミッタ接地増幅回路と等価回路を使い、h パラメータを説明します。h パラメータの h はハイブリッド (hybrid)、添字は i (input)、r (reverse)、f (forward)、o (output) で、末尾の e はエミッタ接地を表します。

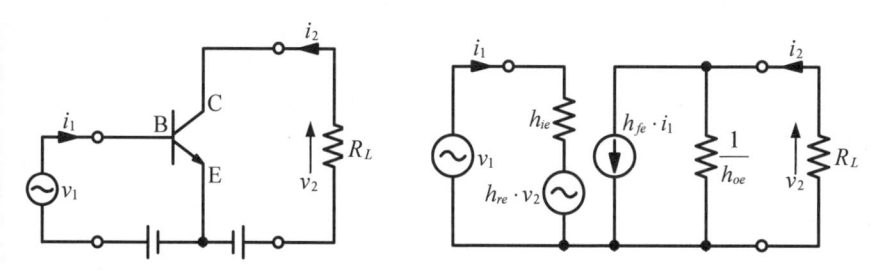

図 5.15 エミッタ接地増幅回路と等価回路

h_{ie}：入力インピーダンス（$v_2 = 0$ の条件で）

$$h_{ie} = \frac{v_1}{i_1} [\Omega] \tag{5.7}$$

h_{re}：逆方向電圧伝達率（$i_1 = 0$ の条件で）

$$h_{re} = \frac{v_1}{v_2} \tag{5.8}$$

h_{fe}：順方向電流増幅率（$v_2 = 0$ の条件で）

$$h_{fe} = \frac{i_2}{i_1} \tag{5.9}$$

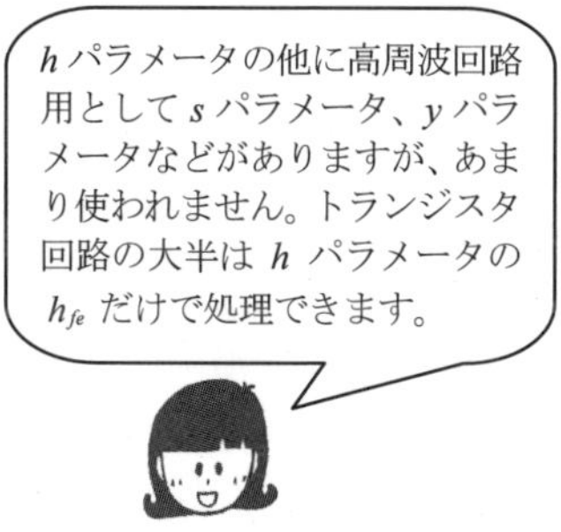

> h パラメータの他に高周波回路用として s パラメータ、y パラメータなどがありますが、あまり使われません。トランジスタ回路の大半は h パラメータの h_{fe} だけで処理できます。

h_{oe} : 出力アドミタンス（$i_1 = 0$ の条件で）

$$h_{oe} = \frac{i_2}{v_2} 〔℧〕 \text{または} 〔S〕 \quad (5.10)$$

この4つのhパラメータの中のh_{re}とh_{oe}は一般的なトランジスタ回路ではあり得ない計測条件ですから、通常この2つのパラメータは使用しません。次にhパラメータを使い、エミッタ接地増幅回路の電圧増幅率を導きます。

入力電圧　　　$v_1 = h_{ie} \cdot i_1$ 　　　　　　　　　　　　　　　(5.11)

出力電圧　　　$v_2 = h_{fe} \cdot i_1 \cdot R_L$ 　　　　　　　　　　　　(5.12)

電圧増幅率　　$A_v = \dfrac{v_2}{v_1} = \dfrac{h_{fe} \cdot R_L}{h_{ie}}$ 　　　　　　　　　　(5.13)

となります。しかしh_{fe}以外のhパラメータは、トランジスタのデータブックにあまり記載されていませんから、一般的には後述（5.2.3項）の方法で回路設計します。

5.2.3　接地位置による増幅回路の分類

トランジスタはベース、エミッタ、コレクタの3本足、FETはゲート、ソース、ドレインの3本足、昔の真空管もグリッド、カソード、プレートの3端子（多極管もある）ですから、どこかを入力と出力の共通端子にする必要があります。この共通端子を接地と呼び、トランジスタの場合エミッタ接地増幅、ベース接地増幅、コレクタ接地増幅の3種類の増幅方法があります。NPNトランジスタを使い、3種類の増幅回路を説明します。

・エミッタ接地増幅

図5.16のエミッタ接地増幅回路が最も一般的なトランジスタ増幅回路です。アナログ増幅を行う場合、5.1.3項のFETではバイアス電圧を用意しましたが、トランジスタではバイアス電流が必要となります。トランジスタのベース・エミッタ間には図

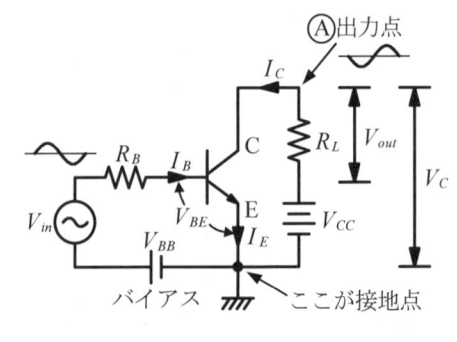

図5.16　エミッタ接地増幅回路

5.17 のようにダイオードが存在し、ベース電流を流すためにはこの順電圧以上のベース電圧が必要です。図 5.16 のベース電流 I_B は

$$I_B = \frac{\overbrace{V_{BB}}^{\text{バイアス電圧}} + V_{in} - \overbrace{V_{BE}}^{\text{ダイオード順電圧}}}{R_B} [\text{A}] \qquad (5.14)$$

ですから、このときのコレクタ電流 I_C と出力電圧 V_{out} は

$$I_C = h_{fe} \cdot I_B = h_{fe} \left(\frac{V_{BB} + V_{in} - V_{BE}}{R_B} \right) \qquad (5.15)$$

$$V_{out} = R_L \cdot I_C = R_L \cdot h_{fe} \left(\frac{V_{BB} + V_{in} - V_{BE}}{R_B} \right) \qquad (5.16)$$

となります。しかし、実際に出力を取り出すところは図 5.16 の接地点とⒶ点間ですから、これは電源電圧 V_{CC} から出力電圧 V_{out} を差し引いたコレクタ電圧 V_C です。

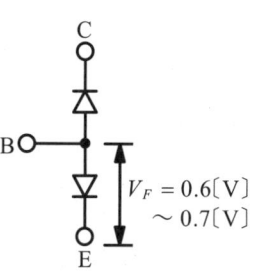

トランジスタはダイオード 2 本で図のように表せます。ベースからエミッタへ I_B を流すためには順電圧 V_F （V_{BE}）以上のベース電圧が必要です。

図 5.17　バイアス電流の説明

コレクタ電圧 $V_C = V_{CC} - R_L \cdot I_C = V_{CC} - R_L \cdot h_{fe} \left(\frac{V_{BB} + V_{in} - V_{BE}}{R_B} \right) \qquad (5.17)$

となり、V_{in} が増加し、I_C が増加すると、コレクタ電圧 V_C は下がりますから、エミッタ接地増幅は入力電圧位相と出力電圧位相が反転する増幅器です。

・ベース接地増幅

　ベース接地増幅は高周波回路でよく使われる増幅回路です。図 5.18 にベース接地増幅回路を示します。エミッタ電流 $I_E ≒$ コレクタ電流 I_C ですから電流利得はありませんが、電源電圧 V_{CC} と負荷抵抗 R_L を大きくとることで電圧利得は得られます。インピーダンスの低い信号源を増幅するのには

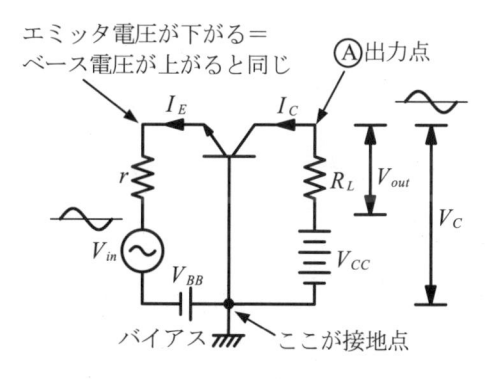

図 5.18　ベース接地増幅の基本回路

有利です。図5.18の回路でバイアス電圧 V_{BB} はエミッタ電圧を下げる方向になっています。これはエミッタ電圧を下げ、相対的にベース電圧を上げるバイアスです。

バイアス調整が十分行われ、$V_{CC}/2 = R_L \cdot I_C$ の状態から入力電圧が ΔV_{in} 上昇したとします。するとエミッタ電流 $\Delta I_E = \dfrac{\Delta V_{in}}{r}$ だけ変化します。ベース接地増幅では $I_E \fallingdotseq I_C$ ですから、コレクタ電流も同じだけ変化します。このときの電圧増幅率 A_V は

$$A_V = \frac{\Delta V_{out}}{\Delta V_{in}} = \frac{\Delta I_C \cdot R_L}{\Delta I_E \cdot r} = \frac{R_L}{r} \tag{5.18}$$

となります。これは入力抵抗 r を小さく、電源電圧 V_{CC} と負荷抵抗 R_L を大きくすることで、大きな増幅率が得られることになります。

次に位相について考えてみます。接地点を基準に V_{in} の電位が上がったとします。V_{in} が上がる→ベース電位が下がったと同じ→ $I_E \fallingdotseq I_C$ が下がる→ R_L の両端電圧が下がる→Ⓐ出力点 V_C の電位は上がる、となり、入力位相と出力位相は同相です。

図5.19に実用に近いベース接地増幅回路を示します。入力はインピーダンスを下げるために、図のようにコイルカップリングまたはエミッタフォロワ（後述）となります。またバイアスは接地点を基準にベース電位を調整します。コイルの二次側の内部抵抗を r とすると、電圧増幅率は式（5.18）から求められます。

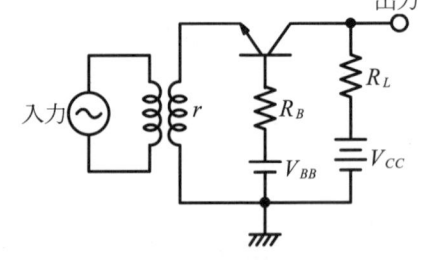

図5.19　ベース接地増幅の実用回路

> ベース接地増幅は本当に増幅できたのかよく分からない増幅回路ですね。でもトランジスタができた当初はもっぱらベース接地増幅を使っていたそうです。

・コレクタ接地増幅

　図5.20のコレクタ接地増幅はエミッタフォロワと呼ばれ、増幅よりもインピーダンス変換の意味合いの強い増幅回路です。図5.20の V_{out} 対 V_{in} を直流的に見ると、ベース・エミッタ間の電位差分 V_{BE} だけ V_{out} が V_{in} より低くなっています。

しかしバイアス電圧を差し引き、交流的に見ると $V_{in} = V_{out}$ ですから、電圧増幅率 A_V は約 1 です。電流増幅率 A_i は、入力電流対出力電流の比ですから、

$$A_i = \frac{I_{out}}{I_B} = \frac{I_B + I_C}{I_B}$$

$$= \frac{I_B + h_{fe} \cdot I_B}{I_B}$$

$$= 1 + h_{fe} \quad (5.19)$$

となります。このときの入力インピーダンス Z_{in} は

$$Z_{in} = \frac{V_{in}}{I_B}$$

$$= \frac{V_{out}}{\frac{I_{out}}{A_i}} = \frac{V_{out}}{I_{out}} \cdot A_i$$

$$= R_L \cdot A_i \quad (5.20)$$

電圧増幅率　$A_V = 1$
電流増幅率　$A_i = 1 + h_{fe}$
入力インピーダンス　$Z_{in} = R_L \cdot A_i$

図 5.20　コレクタ接地増幅回路

となり、入力インピーダンスは負荷抵抗 R_L の電流増幅率倍となります。I_B と I_E は基準点も同じ同位相電流ですから、入力位相と出力位相は同相になります。

5.2.4　トランジスタ回路のバイアス

トランジスタ、FET の項になってすでに何回かバイアスという言葉が出てきましたが、改めてアナログ増幅を行うためのバイアスの必要性と具体的な設計方法を説明します。

・バイアスって何?

図 5.21 のエミッタ接地増幅回路を使い、「バイアスとは何か?」を考えます。

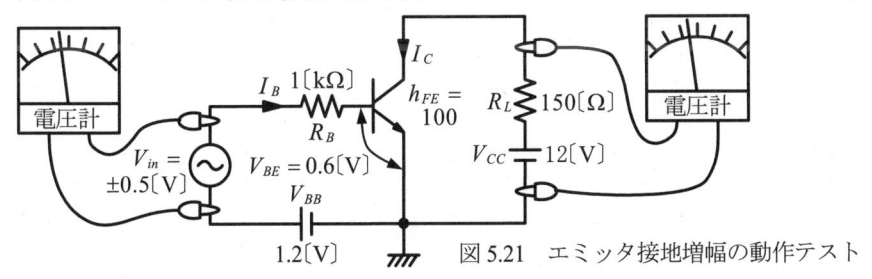

図 5.21　エミッタ接地増幅の動作テスト

入力電圧 V_{in} を ±0.5〔V〕変化させ、それに対応する出力電圧 V_C を計測すると、表 5.2 の結果になりました。これをグラフにすると図 5.22 の実線で示すように、入力電圧が +0.2〔V〕辺りから出力電圧が変化しなくなりました。この状態を飽和と呼びます。

表 5.2　計測結果

V_{in}	-0.5	-0.4	-0.3	-0.2	-0.1	0	+0.1	+0.2	+0.3	+0.4	+0.5
V_C	10.5	9.0	7.5	6.0	4.5	3.0	1.5	0.5	0.5	0.5	0.5

本当は図 5.22 のグラフの点線のように ±0.5〔V〕が 1 〜 11〔V〕になればよかったのですが…。これはベースに流れるバイアス電流と負荷との関係が不適切だったからです。グラフの点線のような出力を得るためには、前もって入力電圧が 0〔V〕のときに出力電圧 V_C が電源電圧の半分になるようにベース電流の調整が必要です。

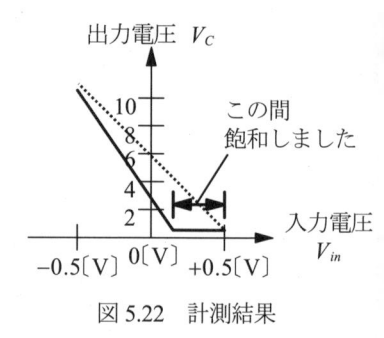

図 5.22　計測結果

$$\frac{V_{CC}}{2} = V_C \quad \text{at} \quad V_{in} = 0〔V〕 \tag{5.21}$$

この調整をバイアス調整といいます。なお、この回路の V_{in} 対 V_C の関係は、

$$V_C = V_{CC} - R_L I_C = V_{CC} - R_L \cdot h_{fe}\left(\frac{V_{BB} + V_{in} - V_{BE}}{R_B}\right) \tag{5.17}$$

から求められます。

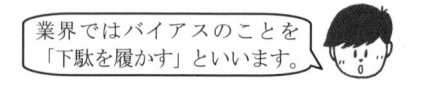

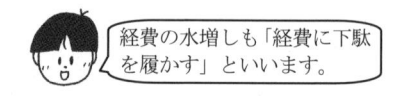

業界ではバイアスのことを「下駄を履かす」といいます。

経費の水増しも「経費に下駄を履かす」といいます。

・負荷線を使った固定バイアスの求め方

トランジスタの適切なバイアスは、トランジスタ規格表に載っている $I_C - V_{CE}$ 特性に負荷線を引いて求めます。$I_C - V_{CE}$ 特性は図 5.24 のように一定のベース電流に対するコレクタ・エミッタ間の電圧 V_{CE} 対コレクタ電流 I_C の特性をベース電流ごとにとったものです。負荷線はまず図 5.23 のように $I_C - V_{CE}$ 特性図に設計条件の最大コレクタ・エミッタ間電圧（電源電圧 V_{CC}）と最大コレク

タ電流 I_{Cmax} を引きます。次にその中心付近を動作点とし、そこで交わったベース電流 I_B の値をバイアスとします。

では、先ほどのバイアスが不適切だった図 5.21 の例題を使い、負荷線の正しい引き方を順を追って説明します。図 5.24 の $I_C - V_{CE}$ 特性図は、先ほどのトランジスタ 2SC○×△のものとします。

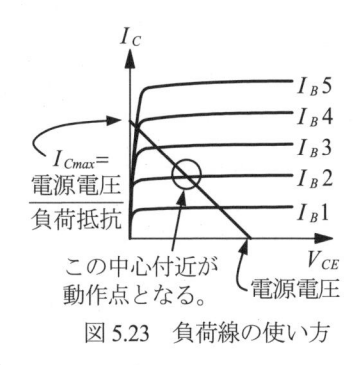

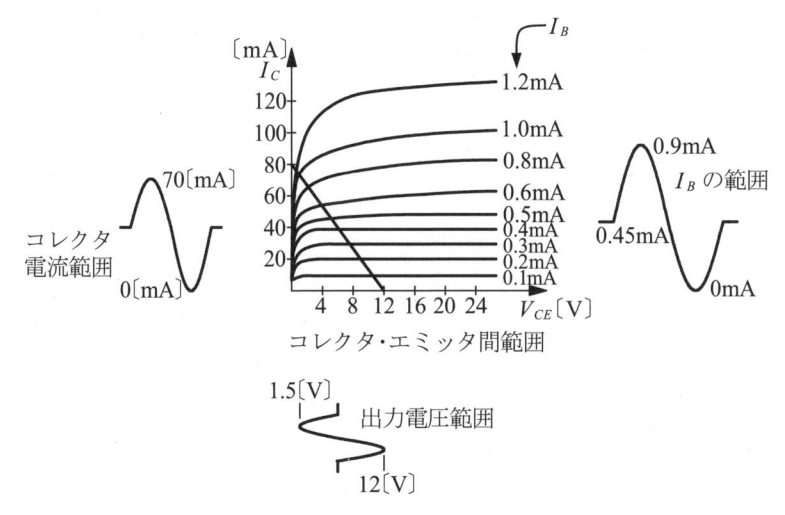

図 5.23　負荷線の使い方

図 5.24　2SC○×△の $I_C - V_{CE}$ 特性図を使った負荷線の引き方

① 最大電流を求めます。

$$I_{Cmax} = \frac{電源電圧\ V_{CC}}{負荷抵抗\ R_L} = \frac{12 [V]}{150 [\Omega]} = 80 [mA]$$

② I_{Cmax} 80 [mA] と電源電圧 12 [V] を結ぶ線を引きます。
③ その負荷線の中心付近、例の場合は $I_B = 0.45 [mA]$ の辺りを動作点とします。図 5.21 の入力電圧 V_{in} が 0 [V] のときに I_B を 0.45 [mA] とするためのベース抵抗 R_B は、

$$R_B = \frac{V_{BB}-V_{BE}}{I_B} = \frac{1.2-0.6}{0.45\times 10^{-3}}$$
$$= 1.33\times 10^3$$
$$= 1.33〔kΩ〕$$

となります。ベース抵抗 R_B を1.3〔kΩ〕とすれば、大方の目標範囲の増幅ができます。ここで大方というラフな表現を使いましたが、実はトランジスタの h_{FE} と V_{BE} は、素子個別の不揃いと温度並びに使用電流などに大きく依存しますので、負荷線による固定バイアスではあまり安定した動作は期待できません。

5.2.5 負帰還を使った増幅回路

固定バイアスは、図5.25のように電流増幅率が h_{FE} 倍のトランジスタを使うと入力電流 I_{in} に対して出力電流 I_{out} は、$I_{out} = h_{FE} \cdot I_{in}$ に「なるだろう」の発想でした。これを増幅器の持っている増幅度をそのまま使う「オープンループ増幅」

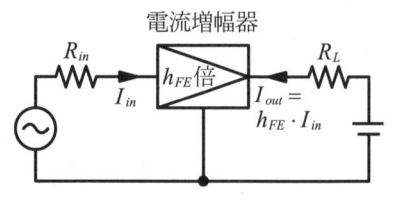

図5.25 オープンループ増幅回路

といいます。トランジスタの h_{FE} は少なくとも±50%はバラツキがありますから、オープンループでの設計には限界があります。そこで最大能力は多少低下しても、トランジスタの h_{FE} に依存しない設計が次に紹介する負帰還(NFB:Negative Feed Back)を使った方法です。

・負帰還(ネガディブフィードバック)とは

負帰還増幅は逆位相の出力の一部を入力に返し、増幅度をオープンループゲインに依存するのでなく、帰還量(フィードバック量)で決めます。出力をフィードバックしますから、当然オープンループゲインよりも増幅度は低下します。図5.26のクローズループ回路で増幅器単体のゲインが無限大であれ

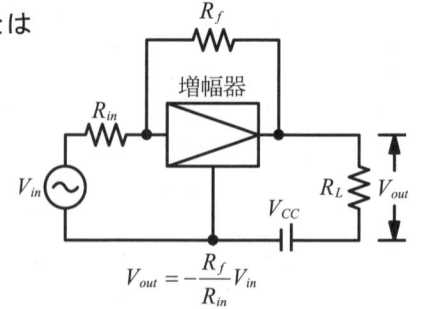

$$V_{out} = -\frac{R_f}{R_{in}}V_{in}$$

図5.26 負帰還を使ったクローズループ増幅回路

ば、この回路の増幅度 A は $-R_f/R_{in}$ となり、h_{fe} や素子のバラツキに左右されることなく増幅器の能力をフィードバック量でコントロールできます。第 6 章で説明する OP アンプがこの方式の増幅器です。

・負帰還を使いバイアスを安定させる工夫

トランジスタ増幅回路の固定バイアスには h_{fe} のバラツキなど不安定要素が多いことはすでに説明しました。この対策としてコレクタ電流またはエミッタ電流を検出し、それをベースへフィードバックすることでバイアスを安定させる方法がよく使われます。ここではその代表例を紹介します。

(自己バイアス回路)

自己バイアス回路は、図 5.27 のようにコレクタ電圧 V_C からベースのバイアス電流を供給します。ベースとコレクタは逆相ですから、不帰還がかかると同時にバイアスも安定します。自己バイアス回路はあまり精度を要求しない交流増幅に使用しますから、図 5.27 のように入力に直流カットコンデンサ C を付けることで、回路もシンプルになりバイアス計算も容易になります。バイアスは入力信号のない状態で、コレクタ電圧 V_C が電源電圧 V_{CC} の約半分になるようにフィードバック抵抗 R_f を調整します。

図 5.27　自己バイアス回路

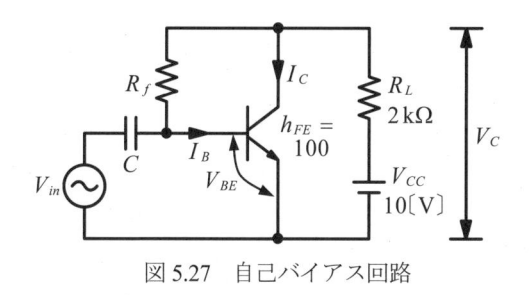

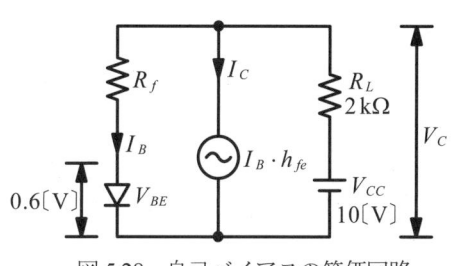

図 5.28　自己バイアスの等価回路

図 5.27 の等価回路である図 5.28 を使い、バイアス計算を説明します。このときのトランジスタの h_{fe} は 100 とします。バイアス条件は $I_C \cdot R_L = V_{CC}/2 = V_C$ ですから、このときの I_B は

$$I_B = \frac{I_C}{h_{fe}} = \frac{V_{CC}}{h_{fe} \cdot 2R_L} = \frac{10}{100 \cdot 2 \cdot 2 \cdot 10^3} = 25 \text{[}\mu\text{A]} \qquad (5.22)$$

となります。ベース電流 I_B の供給源は V_C ですから、フィードバック抵抗 R_f は

$$R_f = \frac{V_C - V_{BE}}{I_B} = \frac{5 - 0.6}{25 \times 10^{-6}} = 176 \, [\mathrm{k\Omega}] \tag{5.23}$$

となり、R_f は E24 の数値表から 180 [kΩ] を選択します。

> コレクタ電圧 V_C が電源電圧 V_{CC} の 50% がベストバイアスです。

> ぼくの偏差値は 50。ベストバイアスです。

（電流帰還型バイアス回路）

図 5.29 の電流帰還型のバイアス回路は、最も一般的なトランジスタのバイアス回路です。用途は自己バイアス同様に交流増幅ですから、入力に直流カットコンデンサ C を付けます。

ベースのバイアス電流は、電源 V_{CC} から R_{B1} と R_{B2} の分圧で供給します。

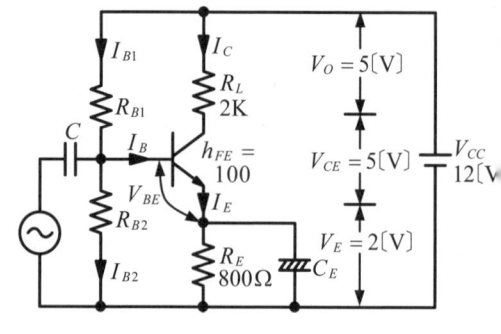

図 5.29 電流帰還型バイアス回路

エミッタに抵抗 R_E を置き、エミッタ電流 $I_E \times R_E$ の電位 V_E を作ります。

エミッタ電流 I_E が増加し、エミッタ電位 V_E が上がるとベースの電位が下がることに等しいので、フィードバックがかかりバイアスが安定します。

エミッタのコンデンサ C_E を付けると交流分をバイパスし、直流のバイアス電流だけがベースへフィードバックされます。これにより交流分の増幅度を低下させることなく、バイアスが安定します。このコンデンサは交流をバイパスするので、バイパスコンデンサと呼びます。

図 5.29 の条件でベース抵抗 R_{B1}, R_{B2} は次のように算出します。
1) $V_O = V_{CE}$ とするための I_C と I_B を求めます。

$$I_C = \frac{V_O}{R_L} = \frac{5}{2 \times 10^3} \, 2.5 \, [\mathrm{mA}] \tag{5.24}$$

$$I_B = \frac{I_C}{h_{fe}} = \frac{2.5 \times 10^3}{100} = 25 \, [\mu A] \tag{5.25}$$

2) この回路では通常 I_{B2} を I_B の 20 倍程度流しますから、

$$R_{B2} = \frac{V_{BE} + V_E}{20 \times I_{B2}} = \frac{0.6 + 2}{20 \times 25 \times 10^{-6}} = 5.2 \, [k\Omega] \tag{5.26}$$

$$R_{B1} = \frac{V_{CC} - V_{BE} - V_E}{I_{B2} + I_B} = \frac{12 - 0.6 - 2}{(20 \times 25 + 25) \times 10^{-6}} = 17.9 \, [k\Omega] \tag{5.27}$$

・実用トランジスタ増幅回路

ここまでの勉強のまとめに、トランジスタを使った音声増幅回路を設計します。図 5.30 は定番の電流帰還型バイアスを使った 2 石交流増幅回路です。

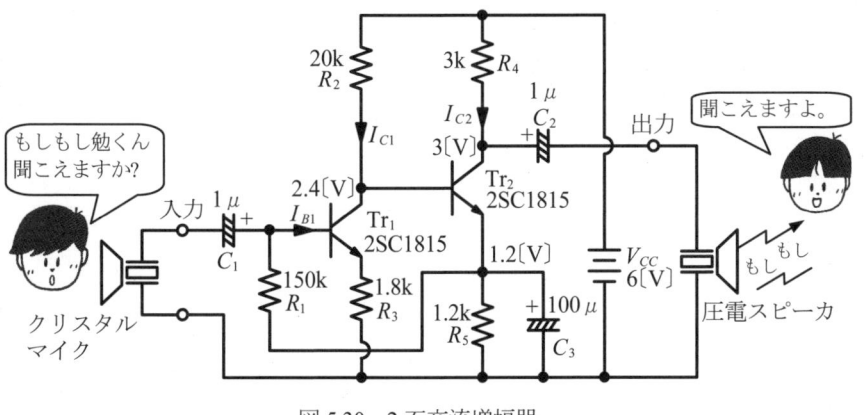

図 5.30 2 石交流増幅器

回路定数の算出方法を説明します。

1) 電圧スピーカを駆動するために出力段のコレクタ電流 I_{C2} を 1 [mA] とします。バイアス時の Tr_2 のコレクタ電位を電源の半分の 3 [V] にするため、R_4 は 3 [kΩ] となります。

2) バイアス用の電源として Tr_2 のエミッタ電圧 $V_{E2} = I_{C2} \times R_5$ を 1.2 [V] とするため、R_5 は 1.2 [kΩ] となります。C_3 は交流分をバイパスするコンデンサです。

3) Tr_1 のコレクタ電圧で Tr_2 をドライブしますから、Tr_1 のコレクタ電圧は Tr_2 のコレクタ電圧よりも 0.6 [V] 低い 2.4 [V] 必要です。そのため Tr_1 のコレク

タ電流 I_{C1} は

$$I_{C1} = (V_{CC} - 2.4)/R_2 = 3.6/20 \times 10^3 = 0.18 \text{[mA]} \tag{5.28}$$

4) Tr_1 と Tr_2 の h_{fe} を 100 とすると、Tr_1 のベース電流 I_{B1} は

$$I_{B1} = I_{C1}/h_{fe} = 0.18 \times 10^{-3}/100 = 1.8 \text{[}\mu A\text{]} \tag{5.29}$$

5) Tr_1 のベース電位 V_{B1} は

$$\begin{aligned}V_{B1} &= 0.6\text{[V]} + I_{C1} \cdot R_3 = 0.6 + 0.18 \times 10^{-3} \times 1.8 \times 10^3 \\ &= 0.924\text{[V]}\end{aligned} \tag{5.30}$$

6) 電流帰還抵抗 R_1 の値は

$$R_1 = (V_{E2} - V_{B1})/I_{B1} = (1.2 - 0.924)/1.8 \times 10^{-6} = 153 \text{[k}\Omega\text{]} \tag{5.31}$$

実際はこのように回路定数を決めて試作を行い、通電後もう一度各部の電圧を確認し調整します。

── 少し余談でしょうか? ──

- 交流増幅といっても AC100[V] を増幅するのではありません。0[V] を通過し、極性が変わる信号のことです。
- 交流増幅器と直流増幅器の違いは、直流カットコンデンサがあるかないかの差です。図 5.30 の C_1, C_2 が直流カットコンデンサです。直流をカットして増幅しますから、図 5.30 は交流増幅器です。
- 回路内のトランジスタの数を 1 石、2 石(せき)と数えます。加賀百万石の石高ではありません。真空管の場合は電球の感覚で 1 球、2 球(きゅう)と数えます。そのためか、トランジスタを別名「石」(いし)と呼び、真空管を「球」(たま)と呼びます。
- クリスタルマイクも圧電スピーカも圧電素子です。

5.2.6 差動増幅

図5.31に差動増幅回路を示します。差動増幅は2個のトランジスタをペアで使い、弱点を補い合う形の画期的な増幅回路です。差動増幅は＋電源と－電源の両電源で駆動することが一般的です。

・差動増幅の動作説明

図5.31に示す差動増幅はベース電圧 IN_1 と IN_2 の差を増幅します。差動の秘密は2個のトランジスタのエミッタに共通で付いている1本のエミッタ抵抗です。Tr_2 のベース電位を基準に Tr_1 へ信号が入った状態の動作説明をします。Tr_2 のベースは0〔V〕レベル（GND またはアースと呼ぶ）に接続していますから、共通エミッタ部分は $-V_{BE}≒0.6$〔V〕になり、Tr_1 側の V_{BE} 相当のバイアスは確保され、IN_1 は0〔V〕基準になります。

Tr_1 側からこの回路を見ると、Tr_1 はエミッタフォロワ増幅器、Tr_2 はベース接地増幅器となります。当然 Tr_2 側から見ると、Tr_2 がエミッタフォロワで Tr_1 がベース接地増幅器です。ベース接地増幅回路の電圧増幅率は $A_V = R_L/r$ でしたから、Tr_1 と Tr_2 のエミッタは直接続されているベース接地増幅部分での電圧増幅率 $A_V = R_L/r_e$ となります。エミッタの内部抵抗 r_e は小さな値ですから、ここでの増幅度はかなり高くなります。

次に位相を確認します。Tr_1 のベース電位 IN_1 が上がったとします。

Tr_1 のコレクタ電流 I_1 が増加し、共通エミッタの電位が上がります。

Tr_2 側はエミッタ電位が上がる→ベース電位が下がることですから、コレクタ電流 I_2 は減少します。

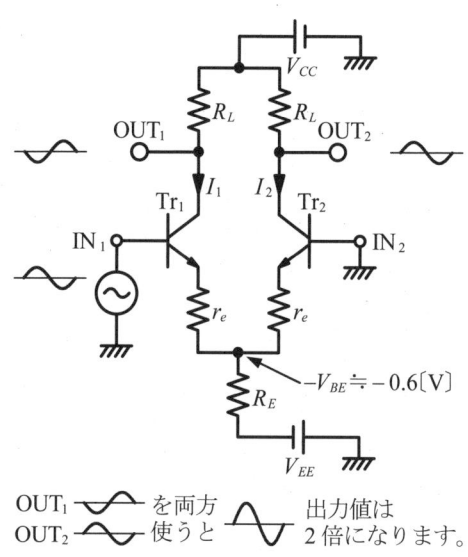

図5.31 差動増幅の説明

OUT_1 〜 OUT_2 〜 を両方使うと 〜 出力値は2倍になります。

差動増幅は片方が上がれば片方が下がるシーソーです。

すなわち Tr_1 と Tr_2 は逆位相動作となります。差動増幅の出力は、OUT_1 または OUT_2 のどちらを使っても構いません。差動増幅は非常に高い増幅度がありますから、通常オープンループで使うことはなく、フィードバックの抵抗で増幅度を固定して使います。

・差動増幅をもっと高性能に

前述の差動増幅は画期的な増幅回路ですが、ここではトランジスタの組み合わせのテクニックを使った、さらに高性能な差動増幅を紹介します。図 5.32 の差動増幅回路は、図 5.31 の基本回路にカレントミラーと低電流回路を追加したものです。

1) 定電流回路

図 5.31 の回路で差動増幅率 A_{VD} は $A_{VD} = R_L / r_e$ ですが、同相増幅の場合は IN_1 と IN_2 へ同じ信号が入力されますから、差動増幅の効果はなくなり同相増幅率 A_{VC} は $A_{VC} = R_L / 2R_E + r_e$ となります。差

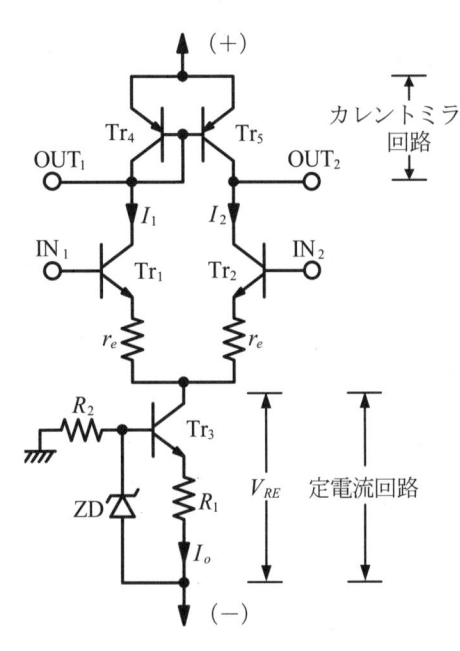

図 5.32 高性能な差動増幅回路

動増幅回路の性能を表すパラメータの 1 つに同相信号除去比 CMRR (Common Mode Rejection Ratio) があり、次式で表されます。

$$CMRR = 差動増幅率\ A_{VD}\ /\ 同相増幅率\ A_{VC}$$

$$= \frac{R_L / r_e}{R_L / 2R_E + r_e} = \frac{2R_E + r_e}{r_e} \tag{5.32}$$

この値が大きいほど電源ノイズやコモンモードノイズが除去できますから、性能の良い増幅器となります。図 5.32 内の定電流回路の両端電圧を V_{RE} とし、またこの回路は図 5.31 の R_E を置き換えたものですから、$R_E = V_{RE} / I_o$ となります。しかし、定電流回路ですから、電圧 V_{RE} が変化しても電流 I_o は変化しま

せん。すなわち等価的に R_E は非常に大きな値の抵抗といえますから、式 (5.32) の CMRR が改善されたことになります。

2) カレントミラー回路

図 5.32 の Tr_4 と Tr_5 で構成される左右対称の回路をカレントミラーといいます。Tr_4, Tr_5 は同じ特性を持ったトランジスタのベースを接続し、Tr_4 のコレクタからベース電流を供給しています。同じ特性のトランジスタに同じ電位レベルから同じベース電流を流しますから、Tr_5 のコレクタ電流 I_2 は必ず Tr_4 のコレクタ電流 I_1 と同じ値になります。負荷抵抗 R_L をカレントミラー回路にすることで、Tr_4 と Tr_1 の組または Tr_5 と Tr_2 の組がプッシュプル増幅回路となり増幅度が向上し、ひずみ率が改善されます。

カレントミラー??

$$CMRR = \frac{2R_E - r_e}{r_e}$$
!?

少し複雑な説明でしたね。ここでは回路の理解も大切ですが、トランジスタや FET を単体で使うことより、組み合わせて使うことのおもしろさ、組み合わせの妙を理解して下さい。

・差動増幅のメリット

差動増幅回路は図 5.33 のように対称な回路構成ですから、互いの弱点を相殺し、次のようなメリットがあります。

その 1) 同相信号を取り除く

図 5.33 のように信号線を長距離引き回すと、電線にノイズが乗ってしまいます。しかしノイズは 2 本電線に同じ波形のものが大地 (地球) を基準に乗ってきます。これをコモン

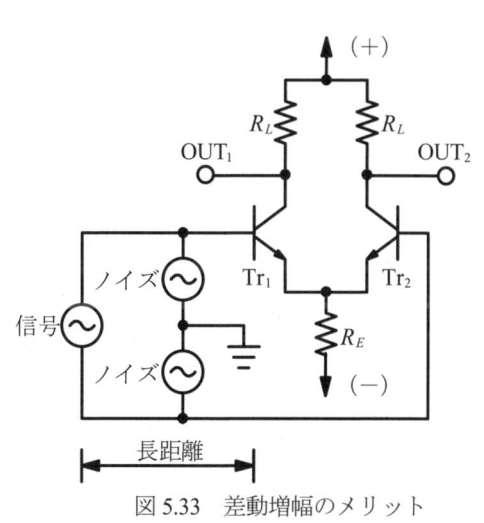

図 5.33 差動増幅のメリット

モードノイズといいます。本物の信号は線間電圧ですから、これを差動増幅すると信号だけが増幅され、ノイズは相殺され出力されません。

その2) 温度ドリフトに強い

2個の同じ増幅回路を平衡に配置するので、V_F や h_{FE} の温度による変化が相殺できます。

その3) 直流増幅も得意

±の両電源を使い全段直結の回路が構成できるので、カップリングコンデンサの影響がなく、また0[V]からの入力信号にも対応できます。

5.2.7 電力増幅

・A級シングル増幅器

図5.34のように1個のトランジスタで信号増幅を行うために、バイアスを信号の振幅の中心に置く増幅器を、A級シングル増幅器といいます。A級シングル増幅器の回路構成は大変シンプルですが、

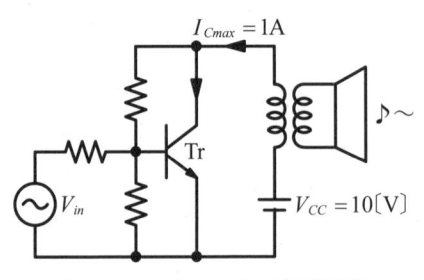

図5.34 A級シングル増幅回路

電力増幅に使うと図5.35のように入力信号の全周期にわたりコレクタ電流 I_C が流れ続けますから、あまり電力効率が良くありません。次に図5.34のA級シングル増幅の出力電力 P_{out}[W]とコレクタ損失 P_C[W]の関係を示します。出力電力は正弦波の電力計算です。

$$P_{out} = V[\text{Vrms}] \cdot I[\text{Arms}] \text{ [W]} \quad (5.33)$$

$$= \frac{5}{\sqrt{2}} \cdot \frac{0.5}{\sqrt{2}}$$

$$= 1.25 \text{ [W]}$$

出力が出ていないときも発熱している。少しもったいない気がする。

図5.35 A級増幅のコレクタ電流

となります。このときのトランジスタの発熱 P_C[W]は

$$P_C = V_{CC}/2 \times I_{Cmax}/2 = 2.5 \text{[W]} \tag{5.34}$$

となります。このトランジスタの発熱 P_C〔W〕をコレクタ損失と呼びます。この増幅器は最大で1.25〔W〕の出力が出ますが、図5.35の電流波形をよく見ると、出力がないときもバイアス電流が0.5〔A〕流れ続けていますから、少しもったいない気がします。

そこで図5.36のように正弦波の上半分と下半分を別々に増幅し、後でつなぎ合わせる方法を使うと出力があるときだけ電気を使う増幅器となりますから、効率が良くなります。それが後述するプッシュプル増幅です。

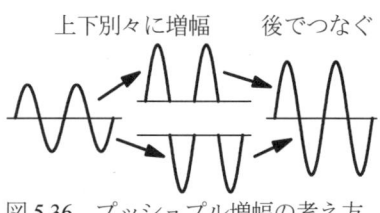

図5.36 プッシュプル増幅の考え方

・A級、B級、C級の増幅動作

電力増幅を行うとき、出力段に使うトランジスタ、FET、真空管などのバイアス条件により A 級、B 級、C 級の増幅動作クラスがあります。トランジスタの $I_C - I_B$ 特性と $I_C - V_{CE}$ 特性（負荷線）を使い、各クラスの増幅動作を説明します。

（A級増幅）

A 級増幅動作を図 5.37 に示します。バイアス位置を負荷線の中心へ置き、そこを振り分けに飽和しない範囲で増幅します。入力信号の全周期をカバーしますから、いつもバイアス電流が流れ電力効率が良くありませんが、波形ひずみの少ない増幅です。特にA級プッシュプル増幅のオーディオアンプなどは、マニアックな高級品です。

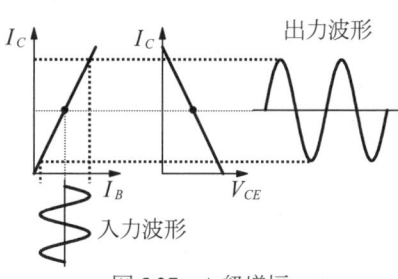

図5.37 A級増幅

（B級増幅）

B 級増幅動作を図 5.38 に示します。バイアスをカットオフ位置に置き、信号の半サイクル分だけ増幅します。残りの半サイクルは同じような増幅器をもう

1組用意し、半分ずつ分担して増幅後、つなぎ合わせます。この方式がプッシュプル増幅と呼ばれるものです。B級増幅は信号のあるときだけコレクタ電流I_Cを流しますから、電力効率の良い方式です。しかしバイアスをカットオフぎりぎりで使うため、上半分と下半分をつなぐところで少しクロスオーバ歪みが発生します。

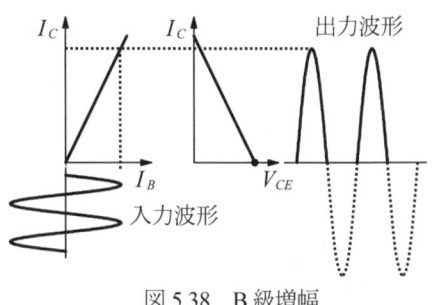

図 5.38　B級増幅

(AB級増幅)

AB級増幅動作を図 5.39 に示します。上下の半サイクルに分割しプッシュプル増幅するB級増幅とよく似ています。B級増幅ではバイアスをカットオフ位置に置いたので、上下をつなぎ合わせるときにクロスオーバ歪みが発生しました。AB級増幅

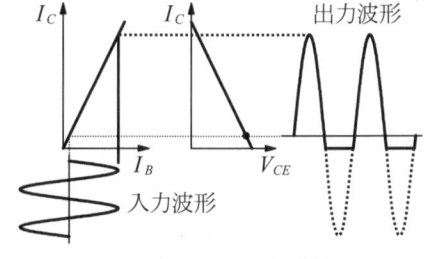

図 5.39　AB級増幅

ではバイアス位置をカットオフより少し上に置き、バイアス電流を少しだけ流します。これにより上半分と下半分をつなぐ「のりしろ」ができた形となり、クロスオーバ歪みはなくなります。AB級増幅はほとんどのオーディオアンプに使用されています。

(C級増幅)

C級増幅動作を図 5.40 に示します。スイッチングに近い増幅ですが、高周波増幅に使うと出力タンク回路の共振とミラー効果で立派に電波になって飛んでいきます。

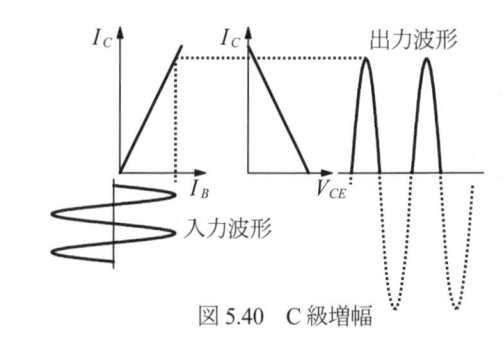

図 5.40　C級増幅

・プッシュプル増幅

図 5.41 は B 級 OTL プッシュプルコンプリメンタリアンプです。NPN と PNP のペアトランジスタを使い、信号の上半分と下半分を別々に増幅するアンプをコンプリメンタリアンプといいます。図 5.41 では 2SC4029 と 2SA1533 並びに 2SC1815 と 2SA1015 が特性のよく合っているコンプリメンタリのトランジスタです。トランジスタ Tr_2 と Tr_3 は $I_{E1} \cdot R_5$ の値が Tr_2 の V_{BE} 以上になると、I_{B1} を短絡する方式の過電流保護ですから、直接増幅とは関係ありません。

このアンプの上半分を使い、動作説明します。トランジスタ Tr_1 と Tr_5 はダーリントン接続されていますから、ベース電圧 V_{B1} はダイオード 2 本分の V_F となります。入力信号 V_i が 0〔V〕のとき、電源の +15〔V〕から R_1 を通る電流 I_{R1} は D_1, D_2, R_2 側へ流れ、Tr_1 のベースへは流れません。これがカットオフ位置にバイアスがある状態です。次に入力 V_i が少し上がると今まで D_1, D_2, R_2 へバイパスされていた電流が少なくなり、その分だけ Tr_1 のベース電流 I_{B1} が流れ、出力電圧 V_{out} が上昇します。出力はダーリントン接続のエミッタフォロワですから、$V_{out} = V_{B1} - 2V_{BE}$ で平衡します。

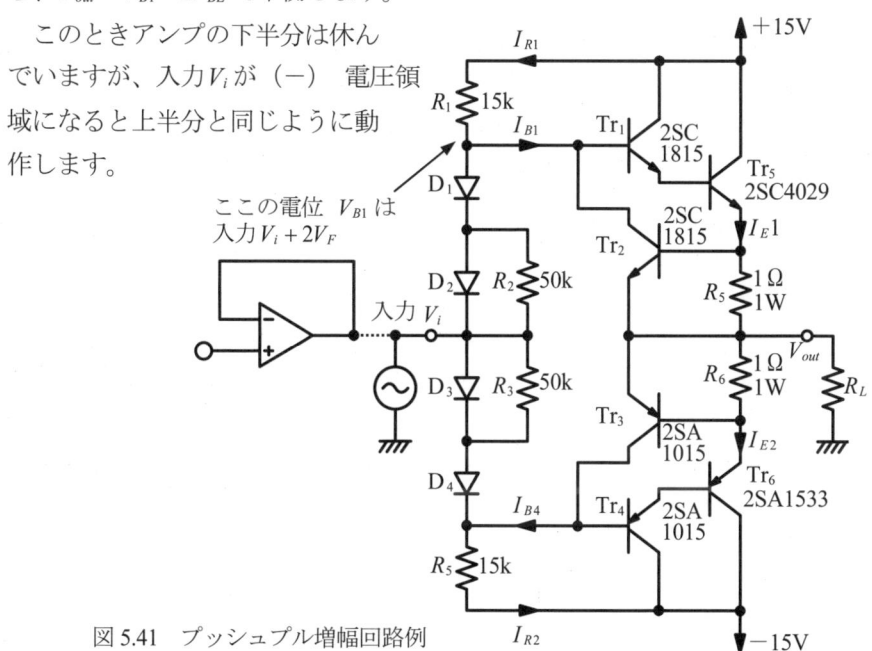

このときアンプの下半分は休んでいますが、入力 V_i が（−）電圧領域になると上半分と同じように動作します。

図 5.41　プッシュプル増幅回路例

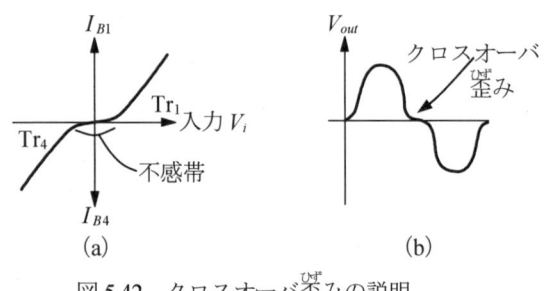

図 5.42 クロスオーバ歪みの説明

　図 5.41 の回路では R_2 と R_3 でバイパスするベース電流を調整して、Tr_1 と Tr_4 のバイアスをカットオフぎりぎりの位置にしています。そのため図 5.42 (a) のように Tr_1 が 'OFF' して Tr_4 が 'ON' するまで、またはその逆のときに非線形の不感帯が発生します。これが図 5.42 (b) のクロスオーバ歪みの原因となります。

5.2.8　いろいろなトランジスタの組み合わせ方

　トランジスタや FET は 1 石単体で使うよりも、組み合わせて使うことで大きな相乗効果が期待できます。すでに紹介した差動増幅、カレントミラー、プッシュプル増幅、コンプリメンタリ接続などもトランジスタの使い方の代表例です。ここではまだ取り上げていないトランジスタの定番回路を数点まとめて紹介します。

・ダーリントン接続

　複数のトランジスタの接続方法として、図 5.43、図 5.44 のような前段の電流出力を次段のベースへ直結するダーリントン接続があります。ダーリントン接続されたトランジスタの電流増幅率 h_{FE} は、1 段目の h_{FE} と 2 段目の h_{FE} の掛け合わせた値となり、見かけ上非常に高い電流増幅率 h_{FE} を持った 1 個のトランジスタとして扱えます。ダーリントン接続することで容易に高い h_{FE} が確保でき、大変便利ですが、次のような制限が発生します。

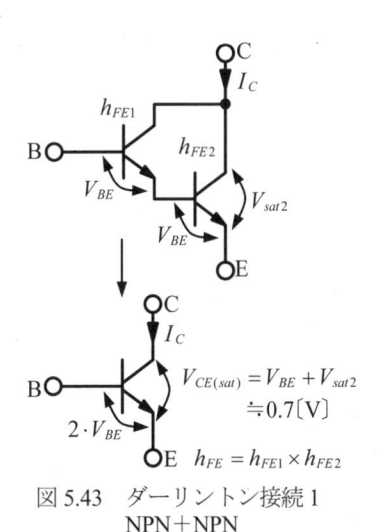

図 5.43　ダーリントン接続 1
　　　　NPN＋NPN

図 5.44　ダーリントン接続 2
　　　　PNP＋NPN

> ダーリントン接続にすると h_{FE} は上がりますが、コレクタ・エミッタ間の電圧降下 $V_{CE(sat)}$ と動作速度が犠牲になります。

> テレビを見るとゲームの時間がなくなる。なにかが犠牲になりますね。

> 関係あるの?!

その 1) コレクタ・エミッタ間飽和電圧 $V_{CE(sat)}$ が大きくなります。

　ダーリントン接続された 2 段目のトランジスタのベース電源は、同じトランジスタのコレクタ電位から供給されるのでエミッタの電位はコレクタ電位より V_{BE} だけ必ず低くなります。これに本来 $V_{CE(sat)}$ 約 0.1〔V〕が加算されますから、トータルのコレクタ・エミッタ間の電圧降下 $V_{CE(sat)}$ は、図 5.43 の NPN＋NPN 接続で約 0.7〔V〕、図 5.44 の PNP＋NPN 接続で約 0.1〔V〕となります。このときのコレクタ損失 P_C は

$$P_C = V_{CE(sat)} \cdot I_C \ \text{〔W〕} \tag{5.35}$$

　　　　└── 0.1〔V〕または 0.7〔V〕

ですから、電力制御でダーリントン接続を使う場合、トランジスタの発熱に注意が必要です。

注意) $V_{CE(sat)}$ は $I_C \cdot V_{BE}$ の条件並びにトランジスタの特性により異なります。

その 2) スイッチング速度が遅くなります。

　スイッチング時間について、図 5.45 (a) の 1 段のスイッチング回路（ダーリ

ントン接続でない）を使い説明します。図5.45
(a)のスイッチSを'ON'にすると、図5.45
(b)のようにI_Bが流れ、ベースの電位が上昇
し、トランジスタTrが'ON'します。この時
間をt_{ON}といいます。

次にスイッチSを'OFF'にするとベースに
蓄積された電荷が、ベース電流が流
れることで放電され、ベース電位が
下がってきます。ベース電位が下が
ると放電電流も少なくなりますから、
トランジスタTrが完全に'OFF'に
するには少し長い時間が必要です。
この時間をt_{OFF}といいます。

トランジスタをダーリントン接続すると、トラ
ンジスタが2段になりますから、t_{ON}, t_{OFF}ともに
長くなります。特にt_{OFF}はダーリントン接続で放
電しにくいこと、h_{FE}が高いこともあり、この傾
向は顕著に現れ、わずかに残ったベース電流でコ
レクタ電流の切れが悪くなります。

この'OFF'時間の遅れに対して、図5.46のよ
うに各トランジスタのベースへ蓄積された電荷を
消費させる抵抗を追加することで改善されます。
出力トランジスタが1〔A〕クラスであれば、図5.46
のRは数〔kΩ〕、R_2は数百〔Ω〕程度です。

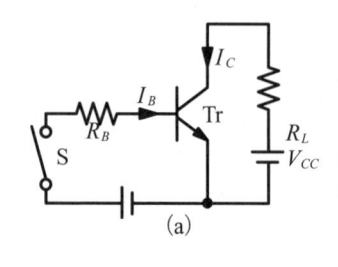

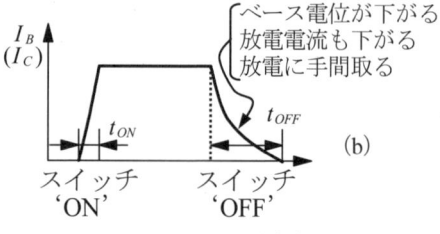

図5.45 スイッチング速度の説明

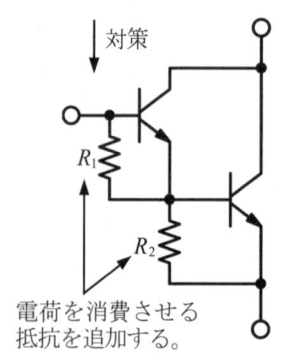

図5.46 ダーリントン接続の速度を上げる

・カスケード接続

　カスケード（Cascode）は「縦に重ねる」という意味があり、カスケード接続はその言葉どおりトランジスタを縦に2個接続します。カスケード接続は数～数百〔MHz〕の広帯域を増幅するときに使用されます。

　図5.47に示す共振回路を使わない通常のエミッタ接地増幅であれば、ある程度周波数が高くなるとトランジスタのコレクタ・ベース間に寄生するコンデンサ C_{BC} を通り、コレクタからベースへ負帰還がかかり増幅ができなくなります。これをミラー効果といいます。

　この対策として図5.48のようなカスケード接続を行います。図5.48の Tr_1 はエミッタ接地増幅、Tr_2 はベース接地増幅になっていますから、Tr_1 は電流増幅器、Tr_2 は電圧増幅器です。電流増幅器である Tr_1 のコレクタとベースには、交流的に電位差はありませんから、寄生コンデンサ C_{BC} の影響を受けることもなく、広帯域の増幅ができます。出力電圧は次のようになります。

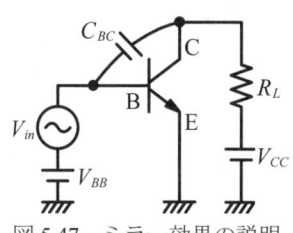

図5.47　ミラー効果の説明

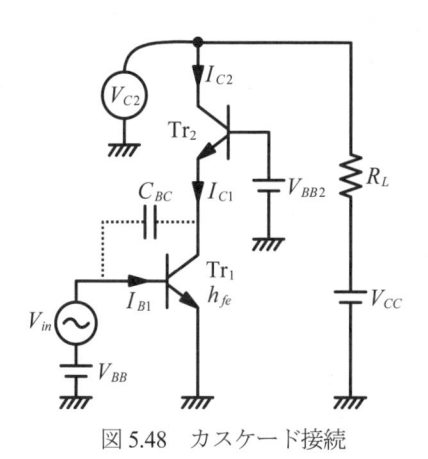

図5.48　カスケード接続

$$I_{C1} = h_{fe} \cdot I_{B1} \tag{5.36}$$

$I_{C1} = I_{C2}$ だから Tr_2 のコレクタ電圧 V_{C2} は

$$V_{C2} = V_{CC} - R_L \cdot I_{C2} = V_{CC} - R_L \cdot h_{fe} \cdot I_{B1} \tag{5.37}$$

となり、これは通常のエミッタ接地増幅と同じです。

　トランジスタを組み合わせることのおもしろさを少し理解していただけたでしょうか？しかし、本書で紹介したトランジスタの組み合わせ回路は、すべて真空管の時代からあるものばかりです。先人の知恵に感銘ですね。

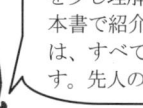

5.2.9 トランジスタのスイッチング動作

図5.49の負荷線を使い、アナログ増幅とスイッチングの違いを説明します。A級動作のアナログ増幅では、図5.49のサイン波形のようにトランジスタの活性領域の中間にバイアスを置きますから、そのときの発熱量（コレクタ損失）P_C〔W〕は

$$P_C = \frac{V_{CC}}{2} \cdot \frac{V_{CC}}{2R_L} = \frac{V_{CC}^2}{4R_L} \text{〔W〕} \quad (5.38)$$

となり、これはアナログ信号出力の2倍以上を示す大きな値です。

スイッチング動作は、図5.50のようにトランジスタをアナログ動作でなく、デジタル的に'ON'⟷'OFF'するスイッチ素子として使います。スイッチSが'OFF'の時は$I_B = 0$ですから、トランジスタのしゃ断領域となります。

スイッチSが'ON'の時はV_{CC}/R_Lで求められるコレクタ電流I_Cの値より$I_B \cdot h_{FE}$の値を十分大きくし、トランジスタの飽和領域を使います。完全にトランジスタが'ON'状態となった飽和領域でのコレクタ・エミッタ間電圧$V_{CE(sat)}$は小さな値です。この（sat）は（saturation）で飽和の意味です。

スイッチング動作のスイッチ'ON'時のコレクタ損失P_C〔W〕は、

$$P_C = I_C \cdot V_{CE(sat)} = \frac{V_{CC}}{R_L} \cdot V_{CE(sat)} \text{〔W〕} \quad (5.39)$$

となり、$V_{CE(sat)}$は0.05～1〔V〕程度ですから、アナログ増幅のコレクタ損失と比較すると大変小さな値です。

ただし、スイッチの'ON'⟷'OFF'切り替え時には負荷線の活性領域を通過しますから、この通過時間（スイッ

スイッチングはトランジスタのしゃ断領域と飽和領域を使用し、活性領域は短時間で通過します。

アナログ増幅は負荷線の中間域（活性領域）を使用します。

図 5.49 負荷線で見るスイッチングとアナログ増幅

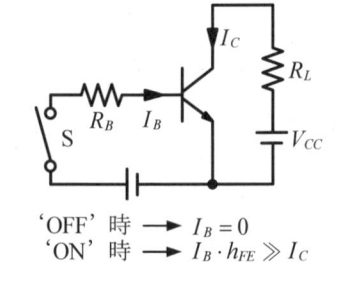

'OFF'時 → $I_B = 0$
'ON'時 → $I_B \cdot h_{FE} \gg I_C$

図 5.50 スイッチングの使い方

実線は理想スイッチング特性
点線は現実のスイッチング特性

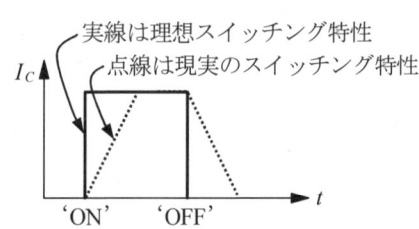

図 5.51 スイッチング時のコレクタ電流

チング速度)が遅いと発熱量は多くなります。特にスイッチング電源など高速スイッチングを行う場合のスイッチング速度は大切な要素です。図5.51に示すスイッチング特性のコレクタ電流が点線のように、活性領域をゆっくり通過するとこの間はアナログ増幅と同じ発熱量となります。

> スイッチを入れても電気はすぐに流れません。

> スイッチを切っても電気はすぐに止まりません。どうしてですか?

> 難しい質問です。
> ・素子内への電荷の蓄積
> ・回路内に寄生するコイルとコンデンサの影響
> ・素子自身の動作速度
> ・配線距離
> など、いろいろな要素が絡みます。

・スイッチングの具体例
その1) リレーの駆動回路を設計する

図5.52は5[V]ロジックから12[V]動作の基板用リレー Ryを駆動する回路です。リレー Ryのコイル定格は12[V] 30[mA]とします。トランジスタ 2SC1815 の h_{fe} 最低保証は70ですから、ベース電流 I_B は30[mA]/70 = 0.43[mA]以上必要です。また74HC04の出力が'1'の出力電流(ハイレベル出力電流)は5[mA]程度は無理なく流せますから、ベース電流 I_B は0.43 ～5[mA]の間で多少余裕を持った値にします。「まぁ 1～2mA ぐらいかな」と長年の経験(どんぶり)で決めます。

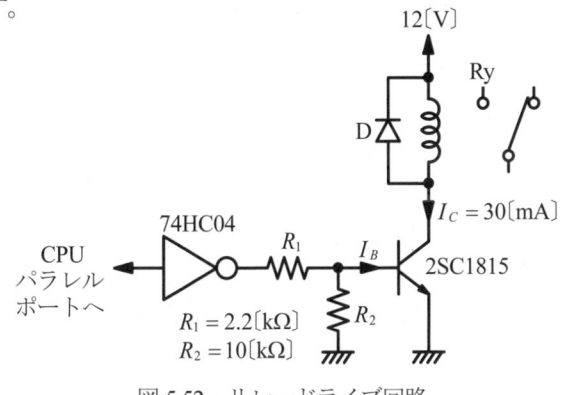

図 5.52　リレードライブ回路

ベースの電流制限抵抗 R_1 は

$$R_1 = \frac{V_{in} - V_{BE}}{I_B} = \frac{4.9 - 0.6}{2 \times 10^{-3}} = 2.15 \times 10^3 \,[\Omega]$$ ですから

R_1 は抵抗表から 2.2〔kΩ〕とします。R_2 はリレードライブの場合、スイッチング速度を要求しませんので、あまり重要性はありませんが、「まぁ 10kΩ ぐらい入れておこう」と長年の経験で決めます。リレーのコイルに並列に接続するサージ防止ダイオードは、フライホイールダイオードといい、トランジスタ保護とノイズ止めに必要です。

その 2) スイッチング電源を設計する

図 5.53 に簡単な降圧型のスイッチング電源回路を示します。スイッチング周波数は 50〔kHz〕ぐらいを使いますから、今度はリレードライブのように簡単ではありません。スイッチング時間を意識した設計が必要です。

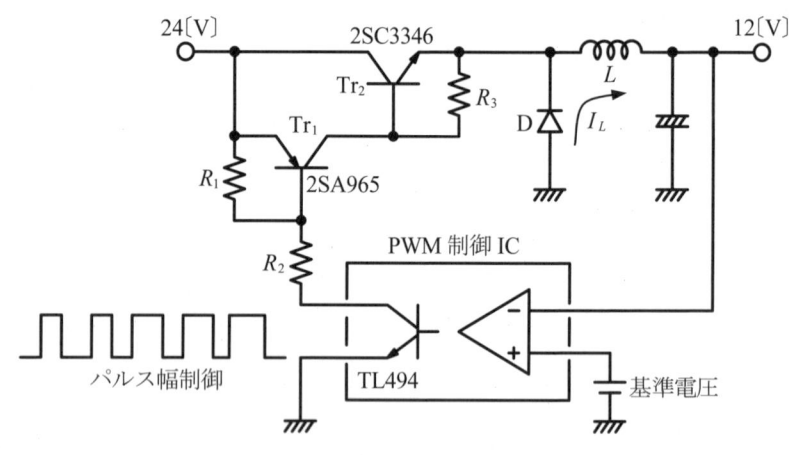

図 5.53　降圧型スイッチング電源

図 5.53 に示す電源回路の概要を説明します。PWM 制御 IC は電源の出力電圧と基準電圧を比較し、出力電圧が高ければパルス幅を狭く、出力電圧が低ければパルス幅を広げる制御を行います。PWM 制御 IC からオープンコレクタで出力されるパルス信号を、ダーリントン接続したトランジスタで増幅しコイル L へ供給します。コイル L へ蓄えられたエネルギーは、ダイオード D を通して放出されます。スイッチング電源のスイッチングロスは効率低下の直接原因とな

りますから、次に示す事項に注意し、設計して下さい。

① Tr_1 のベース電圧をあまり深く引き落とさないように、R_1 と R_2 の値を設定します。Tr_1 のベース電位は 23.4 [V] まで下げると Tr_1 は 'ON' します。必要以上にこの電位を下げると、Tr_1 を 'OFF' にするときベース電位の回復が遅れます。

② Tr_1 のベース電流はできるだけ多く流します。Tr_1 が 'ON' するとき R_2 が小さくベース電流が多いと速くベース電位が下がり、Tr_1 のコレクタ電流も増えますから、Tr_2 の 'ON' 速度が速くなります。

③ R_1 を小さくして Tr_1 が 'OFF' する時、ベースに蓄積された電荷を速く消費させ、Tr_1 のベース電位を速く上昇させます。

④ R_3 を小さくして Tr_2 が 'OFF' する時、ベースに蓄積された電荷を速く消費させ、Tr_2 のベース電位を速く降下させます。

⑤ Tr_1 と Tr_2 はできるだけ高速のものを選定します。

これらのことを考慮し、抵抗値を算出します。R_1 と R_2 はワッテージも注意して下さい。

次は部品配置と配線を考えます。部品配置が悪いと配線距離が長くなり、配線のコンデンサ容量が増加することと、信号伝達距離が延びることで、わずかですがパルスエッジが鈍ってきます。電気は1 [ns] に 30 [cm] 進みますから、30 [cm] 電線が長くなると 1 [ns] の時間遅れとなります。またアースの電位差による傷害を発生させないように、大電流が流れる主回路のアースと信号回路のアースを別々に配線し、それらをまとめてアースする1点アースを行います。

> ベースの電流を多くすることが最も簡単なスピードアップ対策です。

5.2.10 トランジスタ規格表の見方

トランジスタ回路を設計するときによく使う規格表内の項目と、少しコメントが必要な項目をピックアップして説明します。

・**最大定格**

絶対に超えてはいけない値の一覧ですが、この最大定格内で使用すれば絶対安全というわけではありません。特にパワートランジスタの場合は、図5.54 に

示す安全領域の考え方で設計します。
安全領域の特性は、両対数グラフに直
流動作とパルス動作のものが描かれて
います。コレクタ電流 I_C とコレクタ・
エミッタ間電圧 V_{CE} をこの枠内に収
めると安全です。ただし、この値は無
限大サイズの放熱板にトランジスタが
付いている仮定ですから、実際はもう
少しディレーティング（逓減）が必要です。

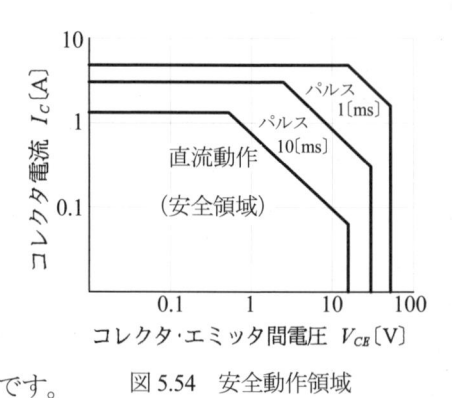

図 5.54　安全動作領域

勉強も少しディレーティング。

・しゃ断電流 $I_{CES}, I_{CBO}, I_{EBO}$

　I_{CES} はベース・エミッタ間を短絡したときのコレクタ・エミッタ間の漏れ電流。

　I_{CBO} はエミッタを開放し、コレクタ・ベース間に逆電圧をかけたときの漏れ電流。

　I_{EBO} はコレクタを開放し、エミッタ・ベース間に逆電圧をかけたときの漏れ電流。

　いずれも流れないはずの漏れ電流ですから、〔μA〕の桁の電流です。

・コレクタ・エミッタ間飽和電圧 $V_{CE(sat)}$

　スイッチングで使用するトランジスタが完
全に'ON'状態のときのコレクタ・エミッタ
間の電圧降下（図 5.55）。(sat) は saturation
（飽和）です。

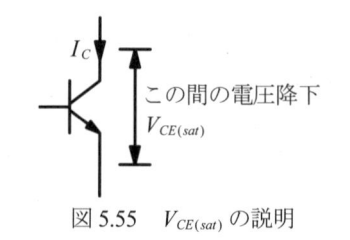

図 5.55　$V_{CE(sat)}$ の説明

・トランジション周波数 f_T

　トランジション周波数 f_T は、トランジスタ動作速度を表す値です。f_T は使
用周波数に電流増幅率 h_{fe} を掛け合わせた値です。$f_T = 100$〔MHz〕は
「100〔MHz〕まで使用できる」ではなく、「100〔MHz〕で電流増幅率 h_{fe} が 1 にな
る」ことを表します。

・スイッチング時間

スイッチング時間もトランジション周波数と同じように、トランジスタの動作速度を表します。スイッチング時間の計測は図 5.56 の回路を使い、パルス状のベース電流に対するコレクタ電流のレスポンスを計測します。計測は図 5.57 のスイッチング波形の立ち上がり、立ち下がりの10〔%〕と90〔%〕の位置で行い、次の項目を計測します。

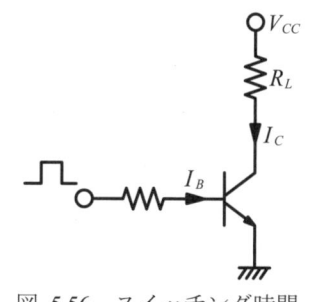

- t_d : 遅延時間（delay time）
  ベース電流の流れ始めからコレクタ電流の流れ始めまでの時間。

- t_r : 上昇時間（rise time）
  コレクタ電流が10〔%〕から90〔%〕まで上がる時間。

- t_{on} : 'ON' 時間（on time）
  ベース電流の流れ始めからコレクタ電流が90〔%〕まで上がる時間。

- t_{stg} : 蓄積時間（storage time）
  ベース電流の下がり始めからコレクタ電流の下がり始めまでの時間。

- t_f : 下降時間（fall time）
  コレクタ電流が90〔%〕から10〔%〕まで下がる時間。

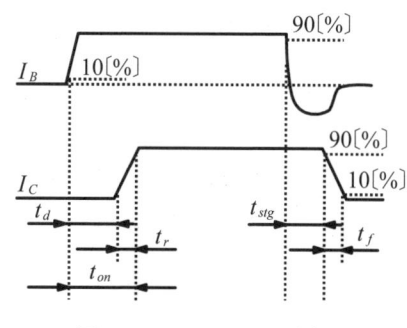

図 5.56 スイッチング時間の計測回路

図 5.57 スイッチング波形

🔦 まとめの時間です。

・PNP トランジスタ、NPN トランジスタは、エミッタの矢印の方向に電流が流れます。

$$I_E = I_B + I_C$$

$$I_C = h_{FE} \cdot I_B$$

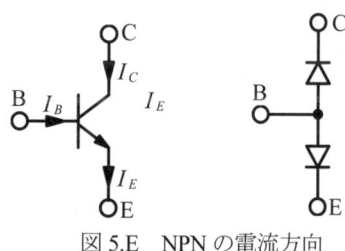

図 5.E　NPN の電流方向

NPN トランジスタの電流方向と等価ダイオードは図 5.E のようになります。

- **エミッタ接地増幅**は、最も一般的なトランジスタの増幅回路です。出力のコレクタ電圧 V_C は

    $$V_C = V_{CC} - R_L \cdot h_{fe} \cdot I_B$$

    入力電圧位相と出力電圧位相は逆相になります。

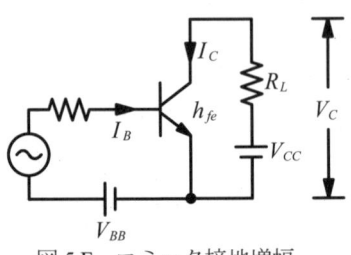

    図 5.F　エミッタ接地増幅

- **ベース接地増幅**は、インピーダンスの低い入力信号の増幅に有利です。

    電圧増幅率　$A_V = \dfrac{R_L}{r}$

    入力位相と出力位相は同相です。

    図 5.G　ベース接地増幅

- **コレクタ接地増幅**（エミッタフォロワ）は、インピーダンス変換の目的に使用されます。

    電圧増幅率　$A_V = 1$
    電流増幅率　$A_i = 1 + h_{fe}$
    入力インピーダンス　$Z_{in} = R_L \cdot A_i$

    入力位相と出力位相は同相です。

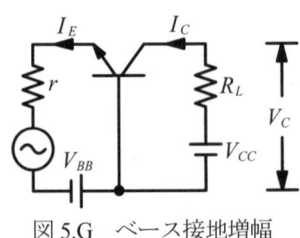

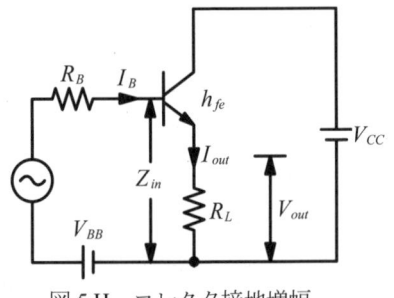

    図 5.H　コレクタ接地増幅

- **バイアス**とは、増幅器の入力信号がないときでも、ある程度ベース電流を流すことです。バイアス位置により A 級、B 級、C 級、AB 級などの増幅クラスがあります。

- **差動増幅**にみる、トランジスタを組み合わせることのメリットを理解して下さい。

- **スイッチング**とスイッチング速度の意味合いを理解して下さい。
    スイッチング速度が遅いとアナログ増幅と同じ熱損失が発生します。

おさらい問題です。

問 5.1) エミッタ接地増幅の等価回路を示し、h パラメータを使った電圧増幅率を導いて下さい。

問 5.2) 図5.Iに示す自己バイアス回路のフィードバック抵抗 R_f の値を算出して下さい。

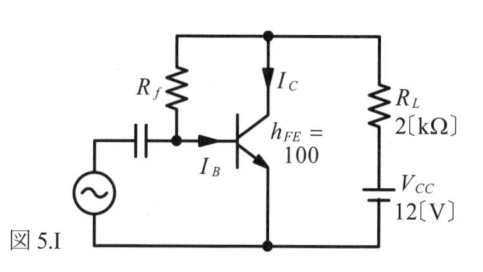

図 5.I

問 5.3) 図 5.J に示すスイッチング回路のスイッチ 'ON' 時のコレクタ電流 I_C と、コレクタ損失 P_C を算出して下さい。

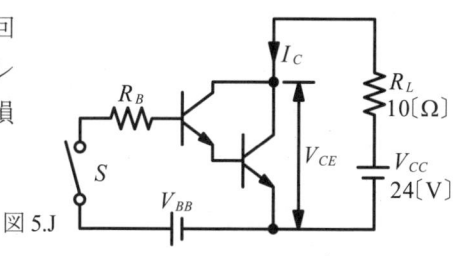

図 5.J

問 5.4) 図 5.K に示すエミッタ接地増幅回路について、次の問に答えて下さい。

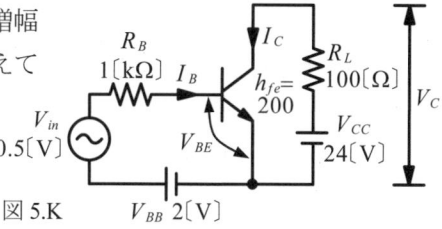

図 5.K

問 5.4.1) ベース電流 I_B の値はいくらでしょうか?

問 5.4.2) コレクタ電流 I_C はいくらでしょうか?

問 5.4.3) このときのコレクタ電圧 V_C はいくらでしょうか?

問 5.5) 図 5.L に示す差動増幅回路について次の問に答えて下さい。

問 5.5.1) 信号入力 V_{in} が 0[V] のとき、回路図Ⓐ点の電位はいくらでしょうか?

問 5.5.2) ☐ に適切な語句を入れて下さい。
Tr_1 側から見ると Tr_1 は ⓐ☐ 増幅、Tr_2 は ⓑ☐ 増幅になります。この電圧増幅率 A_V は ⓒ☐ となります。

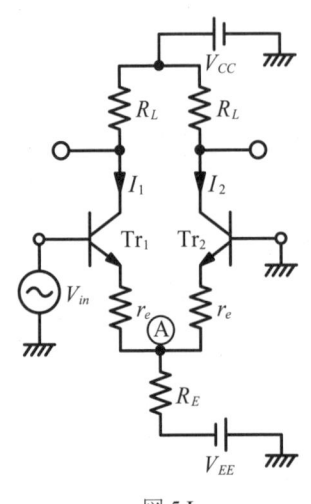

問 5.6) B 級プッシュプル増幅の特徴について、2 項目以上説明して下さい。

図 5.L

問 5.7) ☐ に適切な語句を入れて下さい。
・トランジスタのバイアスの求め方に I_C – V_{CE} 特性に 問5.7.1☐ を引く方法があります。
・トランジスタをダーリントン接続すると 問5.7.2☐ は容易に上がりますが、問5.7.3☐ と 問5.7.4☐ が犠牲になります。
・問5.7.5☐ f_t は使用する周波数に 問5.7.6☐ h_{fe} を掛けた値です。

5.3 FET

FET とトランジスタの構造はまったく異なりますが、どちらも三端子の増幅素子ですから、若干の回路設計変更を行うことで両者は置き換え可能です。ここではトランジスタとの対比を行いながら、具体的な FET の使い方を説明します。

5.3.1 FET の分類と特性

トランジスタの NPN と PNP の分類と同じように FET にも N チャンネル FET と P チャンネル FET があります。図 5.58 にトランジスタと FET の基本的な接

続例を示します。FETもトランジスタと同じように電圧のかけ方、電流の流れ方がNチャンネルとPチャンネルではまったく反対になります。

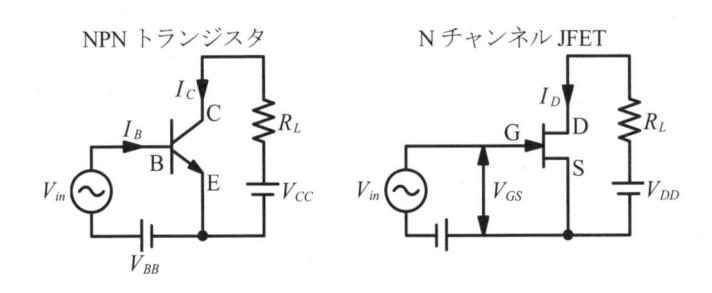

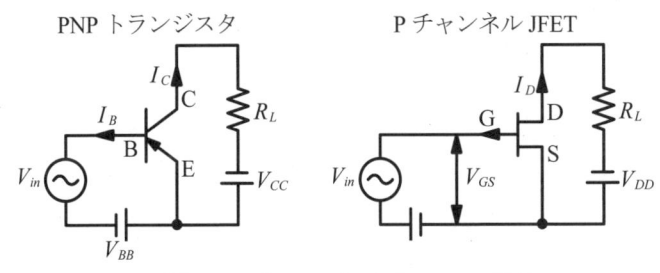

図5.58　トランジスタとJFETの接続

　FETは構造の違いで接合型FET（JFET）とMOS型FETに分類され、またバイアス位置によりデプレッション型とエンハンスメント型に分けられます。表5.3にトランジスタと対比したFETの分類と特性の一覧を示します。

　デプレッション型はアナログ増幅用のI_D-V_{GS}特性のものが多く、また小信号の品種が多く揃っています。

　エンハンスメント＋デプレッション型もアナログ増幅向けですが、ゼロバイアスで使用できることもあり、高周波用の素子が多いようです。

　エンハンスメント型の大半が表5.3の点線で示すような、スイッチング用の特性のものが多く、また大型素子が豊富です。

表 5.3　FET の分類と特性の一覧

2SCXXX / 2SDXXX	2SKXXX		
NPN トランジスタ	N チャンネル JFET 接合型 デプレッション型	N チャンネル MOSFET エンハンスメント＋デプレッション型	N チャンネル MOSFET エンハンスメント型
(記号: B, C, E)	(記号: G, D, S)	(記号: G, D, S)	(記号: G, D, S)
I_C vs V_{BE} 特性	I_D vs V_{GS} 特性	I_D vs V_{GS} 特性	I_D vs V_{GS} 特性

2SAXXX / 2SBXXX	2SJXXX		
PNP トランジスタ	P チャンネル JFET 接合型 デプレッション型	P チャンネル MOSFET エンハンスメント＋デプレッション型	P チャンネル MOSFET エンハンスメント型
(記号: B, C, E)	(記号: G, D, S)	(記号: G, D, S)	(記号: G, D, S)
V_{BE} vs I_C 特性	V_{GS} vs I_D 特性	V_{GS} vs I_D 特性	V_{GS} vs I_D 特性

※ 接合型 FET（JEFT）は G_{VS} が 0〔V〕で I_D が最大となり、それ以上の逆バイアスはゲート電流が流れますから好ましくありません。

> FET は特性や動作位置がまちまちですから、トランジスタと比べると少し扱いづらい素子です。また接合型 FET と MOSFET は同じように FET と呼ばれますが、構造も製造プロセスもまったく異なる別のデバイスです。

5.3.2 増幅基本回路

すでに勉強しましたトランジスタの増幅は、図 5.59 のように h_{fe} 倍の電流増幅です。図 5.60 (a) に示す FET を使った増幅では、トランジスタのようにゲート電流（ベース電流）は流れませんから、増幅を示す度合いは図 5.60 (b) の I_D–V_{GS} 特性のように、ゲート電圧 G_{GS} 対ドレイン電流 I_D となります（この説明は 5.1.2 項でも行っています）。

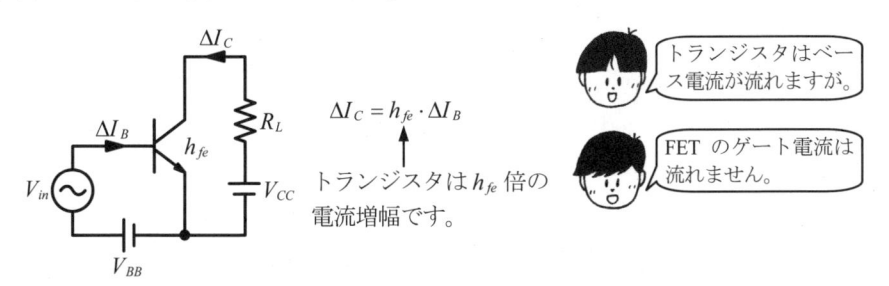

図 5.59　トランジスタ増幅回路のおさらい

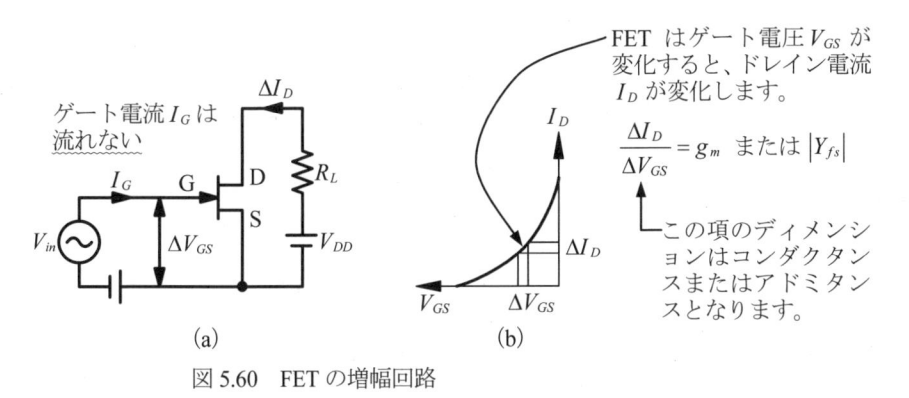

$$\Delta I_C = h_{fe} \cdot \Delta I_B$$

トランジスタは h_{fe} 倍の電流増幅です。

トランジスタはベース電流が流れますが。

FET のゲート電流は流れません。

図 5.60　FET の増幅回路

FET はゲート電圧 V_{GS} が変化すると、ドレイン電流 I_D が変化します。

$$\frac{\Delta I_D}{\Delta V_{GS}} = g_m \text{ または } |Y_{fs}|$$

この項のディメンションはコンダクタンスまたはアドミタンスとなります。

次に FET の接地位置による増幅回路の分類を表 5.4 の一覧を使い、トランジスタと対比して説明します。FET の増幅回路でもトランジスタと同様にソース接地、ドレイン接地、ゲート接地の増幅回路があり、それぞれエミッタ接地、コレクタ接地、ベース接地の増幅回路と同じような特性を持っています。

表 5.4 接地位置による増幅回路の分類一覧

ソース接地増幅	ドレイン接地増幅	ゲート接地増幅
エミッタ接地と同等です。FET はゲート電流が流れないので、電圧増幅となります。 電圧増幅率 $A_V = \dfrac{-\Delta I_D \cdot R_L}{\Delta V_i} = -g_m \cdot R_L$ または $-|Y_{fs}| \cdot R_L$	コレクタ接地と同等です。FET の場合、ドレイン接地とは呼ばないでソースフォロワと呼びます。電圧増幅度は 1 ですが、インピーダンス変換に使います。 $Z_o \fallingdotseq \dfrac{\Delta V_o}{\Delta I_D} = \dfrac{1}{g_m}$ または $\dfrac{1}{|Y_{fs}|}$	ベース接地と同等です。高周波回路用です。 入力インピーダンス $Z_i = \dfrac{\Delta V_i}{\Delta I_D} = \dfrac{1}{g_m}$ または $\dfrac{1}{|Y_{fs}|}$ 電圧増幅率 $A_V = \dfrac{\Delta I_D \cdot R_L}{\Delta V_i} = g_m \cdot R_L$ または $|Y_{fs}| \cdot R_L$

5.3.3 FET のバイアス調整

　トランジスタのバイアス調整は、ベース・エミッタ間の順電圧 V_{BE} 約 0.6 〜 0.7〔V〕と h_{FE} のバラツキに注意して行いました。FET は品種により $I_D - V_{GS}$ 特性が異なり、また素子によってのバラツキも多いので、設計はきちんとした素子の特性図をもとに行います。特にゼロバイアス時のドレイン電流 I_{DSS} に大きく影響されます。次に代表的な JFET のバイアス回路を説明します。

・固定バイアス

　JFET 増幅回路の固定バイアスは、図 5.61 のようにバイアス電源 V_{GG} を用意し、R_G を通してゲートへ接続します。入力信号 V_{in} がないときにドレイン電流 I_D が動作範囲になるようにバイアス電圧 V_{GG} を調整し

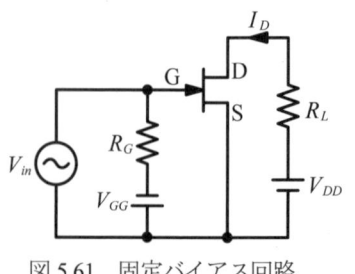

図 5.61　固定バイアス回路

ます。

　図 5.62 は代表的な小信号 JFET である 2SK117GR の $I_D - V_{GS}$ 特性です。2SK117 の I_{DSS} は 1.2 ～ 14 [mA] までのものがあり、3 ランクに分類されています。分類ランク GR は I_{DSS} が 2.6 ～ 6.5 [mA] の中程度ランクに属します。図 5.62 に示す $I_D - V_{GS}$ 特性の最大 I_{DSS} と最小 I_{DSS} の範囲をカバーできるバイアス位置 V_{GS} を V_Q とします。このときのドレイン電流 I_D は I_{Q2} ～ I_{Q1} の範囲となります。固定バイアスは任意にバイアス位置の設定ができますが、素子のバラツキには適合できません。

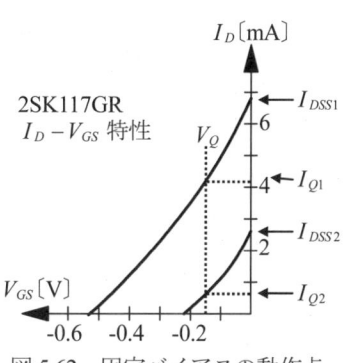

図 5.62　固定バイアスの動作点

> ディスクリート部品でアナログ回路を設計すると、バイアスなどの問題があり、工期、リスク、コストなど、不利なことばかりです。できるだけ OP アンプや専用 IC に置き換えましょう。

・自己バイアス（その 1）

　JFET 増幅回路の最も一般的な自己バイアス回路を図 5.63 に示します。自己バイアスはソース・GND 間に抵抗を入れて、ソースの電位を $I_D \times R_S$ だけ上げることで相対的にゲートの電位を下げます。R_S と並列のコンデンサ C は、バイパスコンデンサです。

　R_S は計画しているドレイン電流の最大 $I_{D\max}$ の半分程度の値を V_{GS}/I_D 特性から求めます。この例では $I_{D\max}$ を I_{DSS} （6.5mA）としていますから、R_S の傾斜は最大です。実回路では R_S の値を大きくして、図 5.64 の実線 R_S のように傾斜をできるだけ低くした方がバイアスは安定します。R_S の値を

図 5.63　自己バイアス回路 (1)

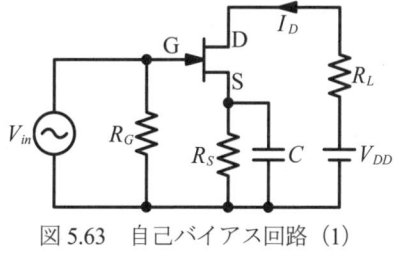

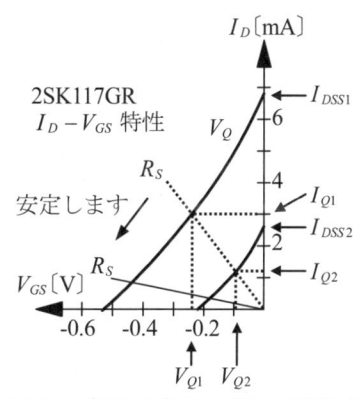

図 5.64　自己バイアス (1) の動作点

82〔Ω〕とすると、図 5.64 の点線で示す R_S のようなバイアスとなり、このときのドレイン電流は $I_{Q2} \sim I_{Q1}$ の範囲となり、固定バイアスより少し安定しています。このバイアス回路の V_Q と I_Q の関係は、

$$V_Q = -I_Q R_S \tag{5.40}$$

となります。

・自己バイアス（その2）

前例の自己バイアス回路を若干変更し、R_S の傾斜を調整します。図 5.65 のように電源 V_{DD} を R_1 と R_2 で分圧しゲートへ入れることで、ドレイン電流 I_D に比例する $I_D \times R_S$ の自己バイアス線全体を引き上げ、R_S で示されるバイアス線の傾斜をなだらかにします。

図 5.65　自己バイアス回路（2）

$R_S = 200〔Ω〕$　$R_1 = 1〔\mathrm{M}Ω〕$ $R_2 = 10〔\mathrm{k}Ω〕$　$R_3 = 1〔\mathrm{M}Ω〕$ とすると、図 5.66 の点線で示す R_S のようになり、ドレイン電流 $I_{Q2} \sim I_{Q1}$ の範囲はより安定します。しかし R_S の両端電圧が高くなるため電源の使用効率が悪くなり、電源電圧 V_{DD} が低い増幅器には不向きです。このバイアス回路 V_Q と I_Q の関係は、

$$V_Q = V_{DD} \frac{R_2}{R_1 + R_2} - I_Q R_S \tag{5.41}$$

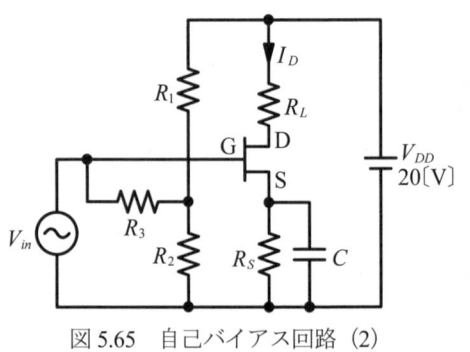

図 5.66　自己バイアス（2）の動作点

となります。

5.3.4　FET の特性

FET とトランジスタのどちらを使っても、同じ動作をする回路は製作できます。また、性能云々という優劣の判断もできませんが、互いの特質は異なりますので、ここで少し整理してみます。

・FET は電圧入力

　FET はゲート電流が流れない電圧入力アンプですから、ハイインピーダンス入力アンプが容易にできます。小信号用 FET のゲート漏れ電流は〔nA〕〜〔pA〕の桁です。トランジスタでは差動増幅にしてもこの値は容易に出せませんから、ハイインピーダンス入力アンプには FET が断然有利です。

・スイッチング速度が速い

　同等クラスのトランジスタと比較して、100 倍くらいのスイッチング速度です。しかし、速度が速すぎて図5.67のようにリンギングの発生源になることがあります。出力波形を確認して、ビーズやダンピング抵抗を使うなどの対策を考えて下さい。

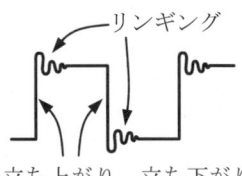

図5.67　スイッチング時のリンギング

・MOSFET の場合、「大」は「小」を兼ねます。

　トランジスタはコレクタ電流 I_C の大きい大型のものになると h_{fe} が低くなりますが、FET の場合、出力電流の大きいものはそれに比例して $|Y_{fs}|$ も大きくなっていますから、「大」は「小」を兼ねます。逆に大型のものの方が 'ON' 抵抗が低く、使いやすいことが多

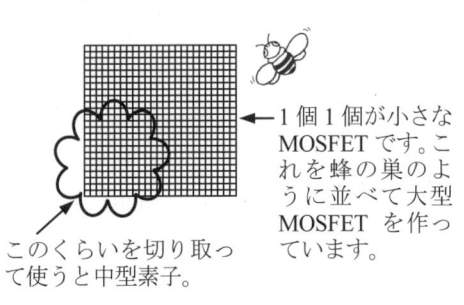

図 5.68　大型パワーMOSFET の構造

いようです。これは図 5.68 のように小さな MOSFET を多数並べて、大型のものにしている構造によるものです。ただし小信号と電力用とは使用目的が異なり、バイアス位置も違うのでこれは兼用できません。

・アナログ電力増幅は不得意

　小信号のアナログ用 FET の品揃えは充実していますが、パワーFET はスイッチング用のものばかりで、アナログのコンプリメンタリアンプ用のものは限定されています。また V_{GS} の不揃いもあり、バイアス設定がトランジスタより複

雑ですから、現時点ではアナログ電力増幅はトランジスタの方が有利です。ただし FET の高速スイッチングを活かして、アナログをアナログ的に増幅するのではなく、高速スイッチング制御を応用した新しい増幅方法 D 級増幅も実用になりつつあります。

・ゲート駆動パワーが少なく、省エネ

トランジスタを使って電流 10〔A〕をスイッチングすると図 5.69 (a) のようになり、ダーリントン接続されたトランジスタ 'ON' 時の $V_{CE(sat)}$ は約 1.3〔V〕ですから、コレクタ損失 P_C は約 13〔W〕になります。

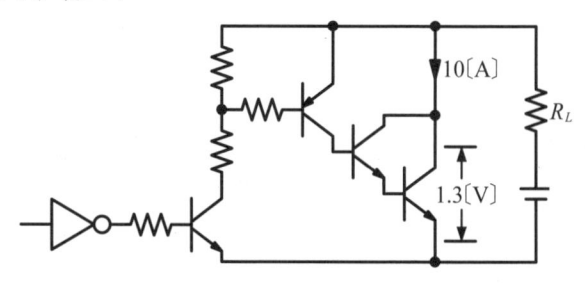

(a) トランジスタの 10〔A〕スイッチング回路

FET を使うと 5〔V〕系のロジックから直接駆動が可能ですから、図 5.69 (b) のように大変シンプルです。絶縁を必要とする場合、フォトボルなどで簡単にできます。また、パワーFET の 'ON' 抵抗は数〔mΩ〕と大変小さな値です。10〔A〕の

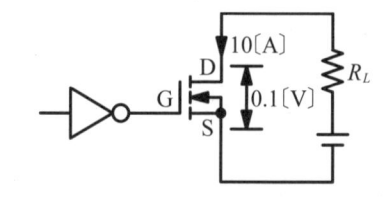

(b) FET の 10〔A〕スイッチング回路
図 5.69　10〔A〕のスイッチング回路

電流が流れる時、ドレイン・ソース間電圧 V_{DS} は 0.1〔V〕以下となり、ドレイン損失 P_D は 1〔W〕以下です。このようにパワーMOSFET は大電力スイッチングに大変好都合なデバイスです。

5.3.5　FET の使い方いろいろ

FET はハイインピーダンス入力のアドミタンス制御素子です。この FET ならではの特質を活用する使い方を数点紹介します。

・電圧制御ボリューム（電子ボリューム）

FET のドレイン・ソース間の抵抗 R_{DS} を、ゲート・ソース間電圧 V_{GS} でコン

トロールし、図5.70のような電子ボリュームが製作できます。

図5.70の出力電圧 V_{out} は

$$V_{out} = \frac{V_{in}}{R+R_{DS}} \cdot R_{DS} \qquad (5.42)$$

となります。この回路に使うFETは、小信号アナログ用JFETのデプレッション型ですから、ゲート電圧 V_{GS} はマイナス電圧を用意します。

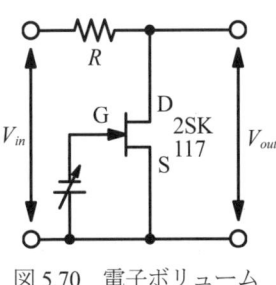

図5.70 電子ボリューム

・絶縁型大電流スイッチ

図5.71はフォトボルとパワーMOSFETを組み合わせた大電流スイッチです。FETはスイッチング用の特性を持ったエンハンスメント型を使います。この簡単な回路で50〔V〕、50〔A〕ぐらいの'ON'⇔'OFF'ができます。しかも絶縁付きです。これはパワートランジスタでは考えられないことです。この回路では絶縁にフォトボルを使いましたので、スイッチ速度が〔ms〕の桁であまり速くありませんから、用途に合わせたフォトカプラを選択して下さい。

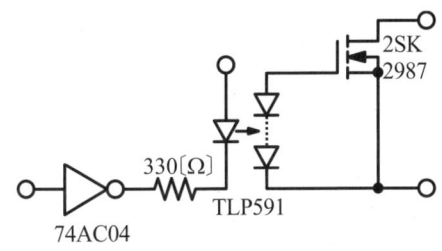

図5.71 絶縁型大電流スイッチ

スイッチングはFETが絶対有利です。

・定電流回路

図5.72の静特性図はJFET 2SKXXX の代表的な特性です。この図の左側の I_D-V_{GS} 特性は2乗特性を示し、ドレイン電流 I_D

$$I_D = I_{DSS}\left(1-\frac{V_{GS}}{V_{GS}\,(off)}\right)^2 \qquad (5.43)$$

└カットオフ電圧
└最大ドレイン電流

で求められます。図5.72の右側の

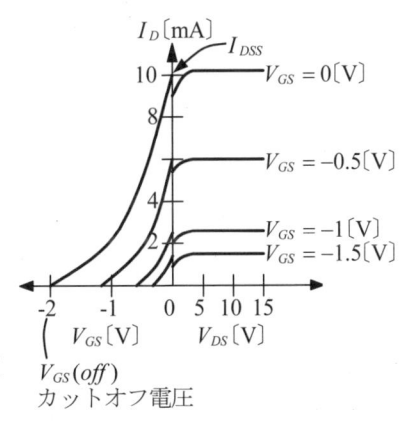

図5.72 接合型FETの静特性

I_D–V_{DS}特性は、ゲート・ソース間電圧V_{GS}一定時のドレイン電流 I_D 対ドレイン・ソース間電圧 V_{DS} 特性です。この図からも分かるように、JFETのドレイン電流 I_D は I_{DSS} の値で定電流特性を持っています。

FETのこの特性を使い、図5.73のような定電流回路ができます。図5.73の回路にソース抵抗 R_S を追加することで、式(5.44)のような定電流値 $I_{D(const)}$ が設定できます。

$$I_{D(const)} = I_{DSS}\left(1 - \frac{I_D \cdot R_S}{V_{GS}(off)}\right)^2 \quad (5.44)$$

I_Dを最大値のI_{DSS}とするときはR_Sを付けません。

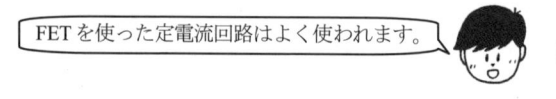

FETを使った定電流回路はよく使われます。

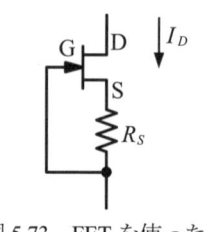

図5.73 FETを使った定電流回路

5.3.6 アバランシュ耐量について

図5.74はパワーMOSFETを使ったコイル L 負荷のスイッチング回路です。コイル L をスイッチングすると、スイッチを'OFF'する時にコイル L から逆起電力 V_R が発生し、MOSFETのドレイン・ソース間に電源電圧 V_{DD} +逆起電力 V_R の電圧が加わります。この値は

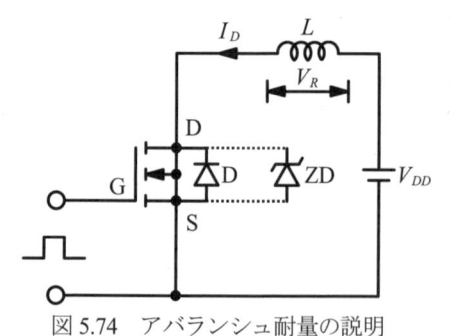

図5.74 アバランシュ耐量の説明

MOSFETのドレイン・ソース間降伏電圧 V_{DSS} を超えるものです。もしこれを吸収するスナバ回路がなければ、MOSFET内の寄生ツェナダイオード ZD（ツェナダイオードに似たもの）を通り消費されます。この値が一定量以上になるとアバランシュ破壊という素子の破壊に至ります。

最近のMOSFETメーカの動向として、この寄生ツェナダイオードの耐量を規定し、場合によっては外部スナバ回路を省略できるようにしています。FETの寄生ツェナダイオードで吸収するアバランシュエネルギー E_{AS} は式(5.45)で計算します。

$$E_{AS} = \frac{1}{2} L \cdot I_D{}^2 \cdot \left(\frac{V_{DSS}}{V_{DSS} - V_{DD}} \right) \text{[J]} \qquad (5.45)$$

インダクタンス ┘ │ │ └ 電源電圧
　　　　　　　　　│ └ ドレイン・ソース間最大定格電圧
　　　　　　　　　└ 'OFF' 直前のドレイン電流

このアバランシュエネルギーを規定耐量以内に設計します。

🔔 まとめの時間です。

・P チャンネルと N チャンネルの FET

P チャンネル FET と PNP トランジスタの特性、N チャンネル FET と NPN トランジスタの特性を比較して覚えましょう。

・FET のソース接地増幅回路

FET はゲート電流 I_G が流れません。ゲート電圧 V_{GS} でドレイン電流 I_D をコントロールします。

伝達特性 $= \dfrac{\Delta I_D}{\Delta V_{GS}} = g_m$ または $|Y_{fs}|$

電圧増幅率 $A_V = -g_m \cdot R_L$ または $-|Y_{fs}| \cdot R_L$

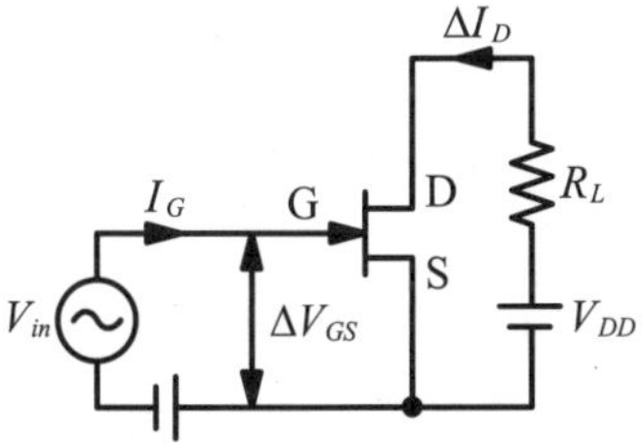

図 5.M　FET の増幅回路

・FET のバイアス精度は I_{DSS} のバラツキに依存します。

図 5.63 の自己バイアス回路がよく使われます。理解して下さい。

・FET はハイインピーダンス入力回路とスイッチングが得意です。

アナログ電力増幅はあまり得意ではありません。トランジスタと FET と適材適所、上手に使い分けましょう。

🔔 おさらい問題です。

問 5.8) FET の自己バイアス回路のソース抵抗 R_S について説明して下さい。

問 5.9) 図 5.74 の回路において、次の条件でアバランシュエネルギーを算出して下さい。

　　コイル L = 3 [mH]　　　最大ドレイン電流 I_D = 2 [A]
　　電源電圧 V_{DD} = 24 [V]
　　ドレイン・ソース間最大定格電圧 V_{DSS} = 50 [V]

問 5.10) ☐ に適切な語句を入れて下さい。

- FET は構造の違いで接合型 FET（JFET）と ☐問5.10.1 に分類され、またバイアス位置によりデプレッション型と ☐問5.10.2 に分けられます。
- FET のチャンネルの分類は、2SKXXX が ☐問5.10.3 FET、2SJXXX が ☐問5.10.4 FET です。
- JFET の $I_D - V_{DS}$ 特性からドレイン電流の ☐問5.10.5 、また $I_D - V_{GS}$ 特性からはゲート電圧に対するドレイン電流の ☐問5.10.6 が読みとれます。

☆トランジスタと FET の写真です。

CAN 型パワートランジスタ

外周の金属部分がコレクタになっているため、放熱板への実装に絶縁板と絶縁ブッシュが必要です。最近この型のパワートランジスタは少なくなっています。

キャラメル型パワートランジスタ

CAN 型のものより実装が簡単ですから、この型のものが現在パワートランジスタの主流です。

第 5 章　トランジスタ、FET の使い方　251

小信号トランジスタ

このクラスのトランジスタは、1 本 10 円ぐらいで安価です。実装工費を考慮すると、できるだけオペアンプまたはトランジスタアレーへ置き換えした方が割安です。

FET

左の 3 個がパワー MOSFET。右上が小信号用 FET。右下が高周波用 FET。4 本足ですから、3SKXXX です。

> これで第 5 章を終了します。トランジスタと FET は能動部品の代表選手で大変重要です。ここで初めて増幅の概念が出てきました。もう一度復習し、バイアスの考え方や増幅クラスなどをよく理解して下さい。しかし、小電力のアナログ増幅は、バイアス調整を行うトランジスタや FET を使うよりも、次章で紹介するオペアンプを使う方が賢明です。トランジスタや FET はその持ち味を活かすことができるところで使って下さい。

第 5 章 卒業証書

第 6 章 オペアンプ

アナログ回路の主役は何といってもオペアンプです。やっと真打ち登場となりました。本章ではオペアンプの基本的な演算回路と、オペアンプ回路でよく使われる基本モジュールの説明を行います。前章で説明したトランジスタ、FETと本章のオペアンプを組み合わせることで、すべてのアナログ回路となります。

6.1 オペアンプの基本動作

オペアンプの語源は、演算増幅器（Operational Amplifier）に始まります。1965年にフェアチャイルド社から μA709 が汎用オペアンプとして発売されて以来この呼び方が一般的なり、通常 OP アンプと書いてオペアンプと読んでいます。本書でも以後 OP アンプと記述します。

6.1.1 OP アンプの概要

OP アンプは写真のパッケージに、図 6.2 に示すような差動増幅回路が 1〜4 回路組み込まれています。OP アンプの回路記号を図 6.2 のように表すと複雑になりますから、図 6.1 のような三角形を使い 2 本の入力と 1 本の出力端子で表します。

（−）側入力は反転入力と呼ばれ、出力側と逆位相になります。

（＋）側入力は非反転入力と呼ばれ、出力側と同位相になります。

電源端子の記述は省略もできます。OP アンプは入力 A（−）と入力 B（＋）の電位差を差動増幅し、オープンループゲインで100〔dB〕、すなわち約 100000 倍増幅し出力し

OP アンプのパッケージ

左:1 パッケージに OP アンプが 4 回路入っている。
中:オフセット端子が付く精密型。
右:フラットパッケージ 4 回路入り。

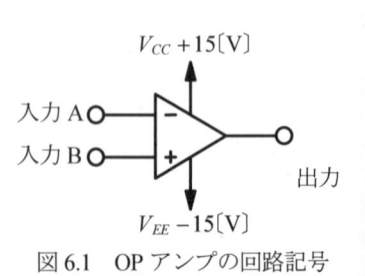

図 6.1 OP アンプの回路記号

ます。

> 増幅倍率を利得またはゲインといいます。

例えば（+）側入力が0〔V〕のとき、（-）側入力に+0.1〔V〕を入力すると出力は

$$出力 = 0.1〔V〕\times (-)100000倍 = (-)10000〔V〕 \quad (6.1)$$

- 入力電圧
- オープンループゲイン
- 出力

（-）側入力は逆位相ですから出力は-10000〔V〕になろうとしますが、OPアンプに供給している電源が±15〔V〕ですから、-13.5〔V〕あたりで飽和します。

次は（-）側入力0〔V〕、（+）側に0.1〔V〕を入力してみます。（+）側は同位相ですから出力は+10000〔V〕になろうとして+13.5〔V〕あたりで飽和します。この位相の関係を表6.1に整理してみます。

表6.1　OPアンプの入出力

(-) 入力〔V〕	-0.1	-0.1	-0.1	0	0	0	+0.1	+0.1	+0.1
(+) 入力〔V〕	-0.1	0	+0.1	-0.1	0	+0.1	-0.1	0	+0.1
出力〔V〕	0	+13.5	+13.5	-13.5	0	+13.5	-13.5	-13.5	0

> OPアンプの位相方向とオープンループゲインが大きいことが理解できましたか？

> (-) 入力に-電圧が入ると出力は+なんだ。

> 100000倍ってすごいっ。10円入れたら100万円だ。

・OPアンプの等価回路

図6.2はOPアンプ内部を少し簡略化した等価回路です。OPアンプはトランジスタを巧みに組み合わすことで、高性能を引き出しています。

構成は入力部分、バイアス部分、出力部分に分かれ、それらは全段直結になっていますから、直流増幅から行えます。

入力は低電流回路とカレントミラーの付いた差動増幅です。出力はコンプリメンタリのプッシュプル増幅になっています。電源は通常±15〔V〕の両電源を使い、出力電圧を±12〔V〕あたりまでリニア保証しています。実はOPアンプのユーザにとってOPアンプ内部の理解はこの程度で十分です。OPアンプは内部回路の理解よりも、使い方の理解の方が優先されるデバイスです。

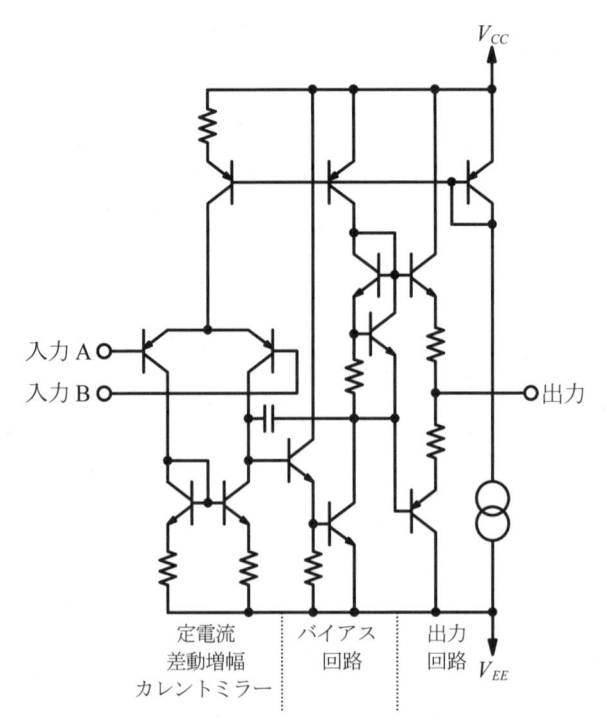

図6.2 OPアンプの等価回路

・OPアンプの使い方例

OPアンプの使い方を図6.3の接続例を使い説明します。ここで使用するOPアンプは、PMI社のOP-07(有名なOPアンプです)のディップパッケージです。OPアンプを使った差動増幅回路は、図6.3のように接続します。

電源は±15〔V〕のものを用意し、V_{CC}へ+15〔V〕を、V_{EE}へ−15〔V〕を接続します。この電源の中点が信号の中心(GND)になります。

オフセットの微調整を行う場合、TRIM端子に10〔kΩ〕程度の可変抵抗を取り付けますが、オフセット調整をしない場合、この回路は不要ですから取り外し、1番ピンと8番ピンはオープンとして下さい。オフセット端子の付いていないOPアンプも多くあります。

この差動増幅回路出力V_{out}は、$R_1 = R_3, R_2 = R_4$とすると式(6.2)となります。

$$V_{out} = \frac{R_2}{R_1}(V_{in2} - V_{in1}) \tag{6.2}$$

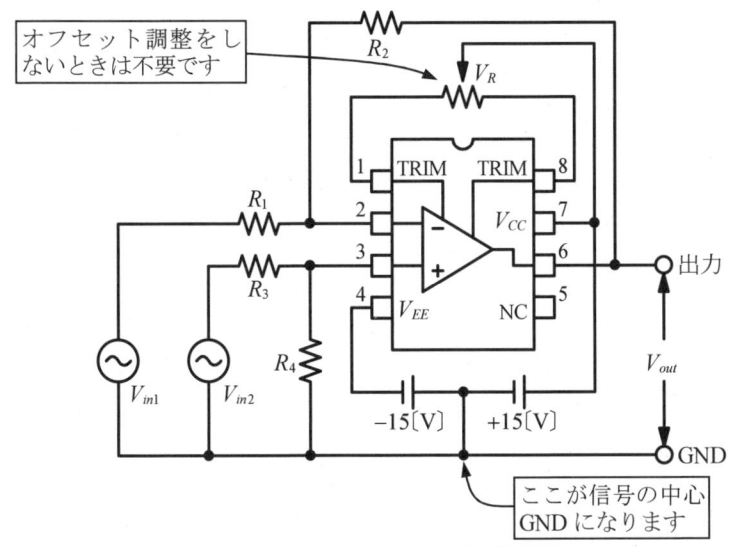

図6.3 OPアンプの接続例

6.1.2 データシートの見方

OPアンプのメーカが発行しているデータシートの表し方を説明します。各メーカのデータシートは表6.2、表6.3のような書式を使い、おおむね統一されています。ここではTEXAS INSTRUMENTS社のTL071同等品のデータシートを使います。

表6.2 ── 絶対に超えてはいけない項目一覧です

最大定格（Ta=25℃）

項目	記号	定格	単位
電源電圧	V_{CC}	18	V
	V_{EE}	-18	V
差動入力電圧	DV_{IN}	±30	V
同相入力電圧	CV_{IN}	±15	V
動作温度	T_{opr}	$-40\sim85$	℃
保存温度	T_{stg}	$-50\sim125$	℃
消費電力	P_D	500	mW

電源は通常±15〔V〕または±12〔V〕を使用します。

表現は異なりますがどちらも同じ意味合いです。いずれにしても電源電圧を超えてはいけません。
図6.4、図6.5参照

十分なマージンをとって下さい。

注意）DV_{IN}はー入力端子と＋入力端子の差電圧を表します。

GNDと入力端子間に±30Vの印加が許されるものではありません。

図 6.4 差動入力電圧　　　　　図 6.5 同相入力電圧

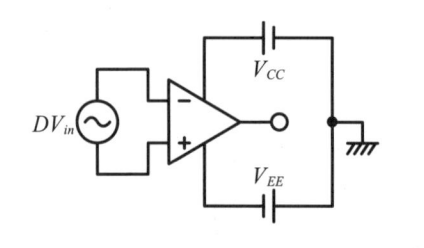

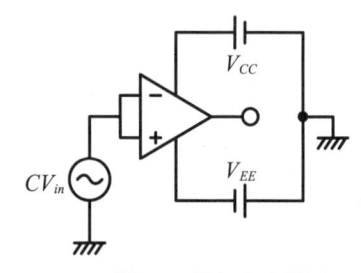

表 6.3 ──── 使用範囲内での代表的な計測値

電気的特性（$V_{CC} = 15V$, $V_{EE} = -15V$, $T_a = 25℃$）

	項目	記号	測定条件	最小	標準	最大	単位
①	入力オフセット電圧	V_{IO}	$R_S = 50Ω$	—	3	10	mV
②	V_{IO} 温度ドリフト	$\Delta V_{IO}/\Delta T$	$R_S = 50Ω$	—	10	—	$\mu V/℃$
③	入力オフセット電流	I_{IO}	$T_j = 25℃$	—	5	50	pA
④	入力バイアス電流	I_I	$T_j = 25℃$	—	30	200	pA
⑤	同相入力電圧範囲	CMV_{IN}		±11	±12	—	V
⑥	最大出力電圧	V_{OM}	$R_L = 10kΩ$	24	—	—	V_{P-P}
		V_{OMR}	$R_L = 2kΩ$	20	24	—	
⑦	電圧利得	G_V	$V_{OUT} = ±10V, R_L = 2kΩ$	25	200	—	V/mV
⑧	しゃ断周波数	f_T	$R_L = 10kΩ$	—	3	—	MHz
⑨	スルーレート	SR	$V_{IN} = 10V_{P-P}, R_L = 2kΩ$, $C_L = 100pF$	—	13	—	$V/\mu s$
⑩	入力抵抗	R_{IN}		—	10^{12}	—	Ω
⑪	同相入力信号除去比	CMRR	$R_S \leq 10kΩ$	70	76	—	dB
⑫	電源電圧除去比	PSRR	$R_S \leq 10kΩ$	70	76	—	dB
⑬	入力換算雑音電圧	V_n	$R_S = 100Ω$, $f = 1kHz$	—	18	—	$nV/\sqrt{Hz}$
			$f = 10Hz \sim 10kHz$	—	4	—	$\mu Vrms$
⑭	電源電流	I_{CC}	Non load	—	1.4	2.5	mA

① 入力オフセット電圧　V_{IO}

図 6.6 の計測回路を使い、出力を 0〔V〕とするための入力電圧 V_{io} を規定するものと、単純に OP アンプの入力を開放状態時に入力端子に現れる電位差を規定した

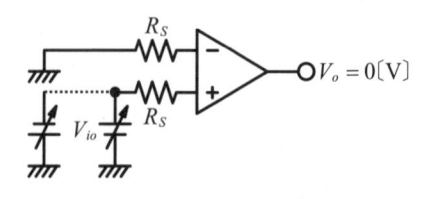

図 6.6 入力オフセット電圧の計測

ものがあります。いずれにしても、入力回路の不平衡な電圧です。

② **V_{IO} 温度ドリフト $\Delta V_{IO}/\Delta T$**
入力オフセット電圧 V_{IO} の温度による変化値です。

③ **入力オフセット電流 I_{IO}**
OP アンプの 2 入力端子に流れるバイアス電流の差です。

④ **入力バイアス電流 I_I**
OP アンプの 2 入力端子に流れるバイアス電流の平均です。
バイアス電流の影響を図 6.7 の差動増幅回路を使い説明します。
回路の Ⓐ 点にバイアス電流 I_{I1} が流れるときのバイアス電流による Ⓐ 点の電位変化 V_{I1} は

$$V_{I1} = I_{I1} \cdot \frac{R_1 \cdot R_2}{R_1 + R_2} \qquad (6.3)$$

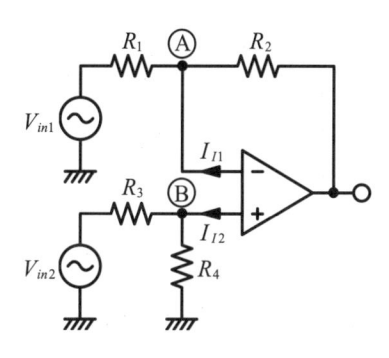

図 6.7　バイアス電流の説明

となり、Ⓑ点の電位も同じような式で求められます。バイアス電流の I_{I1} と I_{I2} が同じ値、抵抗値が $R_1 = R_3$, $R_2 = R_4$ の条件の差動増幅であれば、バイアスの影響は相殺されますが、このバランスが崩れるとオフセットとなり出力されます。特にトランジスタ入力 OP アンプのバイアス電流は、数百〔nA〕ありますから、抵抗 R_1, R_2 の値を 1〔MΩ〕にすると、Ⓐ点の電位は数百〔mV〕となります。
バイアス電流の影響を少なくするためには、$R_1 = R_3$, $R_2 = R_4$ とし、それぞれの抵抗値をできるだけ小さな値とします。

⑤ **同相入力電圧範囲 CMV_{IN}**
電源電圧が ±15〔V〕のときに、入力端子が性能を損なうことなくリニアに受け付けられる最大電圧です。

⑥ **最大出力電圧 V_{OM}**

図 6.8 のように電源電圧 ±15〔V〕のときに、規定負荷 R_L に対して保証できる最大出力電圧 V_{OM} です。汎用 OP アンプの場合 ±12〔V〕まで保証され、±13.5〔V〕前後で飽和します。

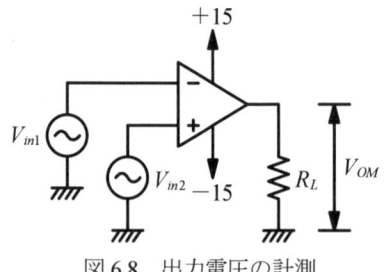

図 6.8 出力電圧の計測

⑦ **電圧利得 G_V**

図 6.8 の回路を使い、計測する直流でのオープンループゲインです。入力電圧変化に対する出力電圧変化の比率を、デシベル〔dB〕または〔V/mV〕で規定します。〔V/mV〕は入力 1〔mV〕変化に対する出力変化電圧〔V〕です。汎用 OP アンプの場合、この値はそれぞれ 100〔dB〕また 100〔V/mV〕程度です。

⑧ **しゃ断周波数 f_T**

図 6.8 の回路を使い、計測する交流増幅のオープンループゲインが 1 になる周波数です。OP アンプのオープンループゲインは、図 6.9 のように周波数上昇に伴い低下します。ゲインが 0〔dB〕を通過する周波数がしゃ断周波数 f_T です。

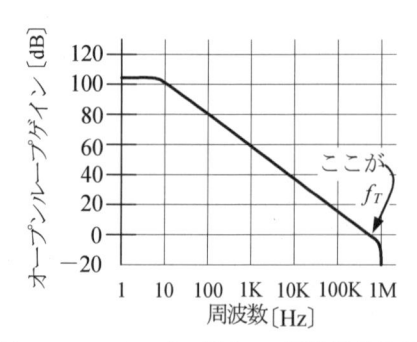

図 6.9 OP アンプのゲイン－周波数特性例

⑨ **スルーレート SR**

図 6.10 のように OP アンプの入力にステップ状の変化を与え、それに対して出力が一定時間（1〔μsec〕）内に追従する電圧です。単位は〔V/μs〕です。

図 6.10 スルーレートの説明

⑩ **入力抵抗　R_{IN}**

図 6.11 の測定回路を使い、入力電圧 V_i を変化させたときの、入力バイアス電流 I_I の変化値から算出します。

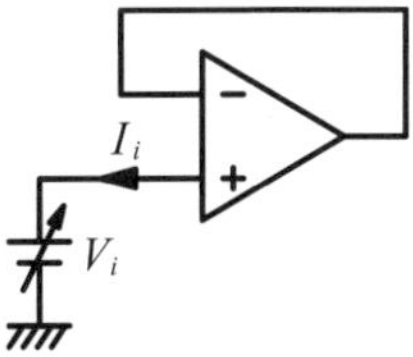

$$R_{IN} = \frac{\Delta V_i}{\Delta I_i} [\Omega] \tag{6.4}$$

図 6.11　入力抵抗の計測

この値は無限大〔Ω〕が理想ですが、現実は 10^5 〜 10^{15}〔Ω〕の値が実測されます。特にトランジスタ入力 OP アンプは、低い入力抵抗値となります。

⑪ **同相（入力）信号除去比　$CMRR$**

差動増幅器の項に必ず出る $CMRR$（Common Made Rejecton Ratio）です。差動利得と同相利得の比で表し、差動利得が高く同相利得が低い方が優秀です。（5.2.6 差動増幅の項参照）

$$CMRR = \frac{差動信号の電圧利得}{同相信号の電圧利得} [\text{dB}] \tag{6.5}$$

汎用 OP アンプの $CMRR$ は 100〔dB〕程度の値を示しますが、周波数が上がると共に $CMMR$ 値は低下します。

⑫ **電源電圧除去比　$PSRR$**

$PSRR$（Power Supply Rejecton Ratio）は、$CMRR$ とよく似た値になります。電源電圧の変動は差動増幅器にとって同相入力と同じ扱いになります。電源変動の影響をより多く除去できる方が優秀です。

⑬ **入力換算雑音電圧　V_n**

出力に現れる雑音電圧を入力側電圧に換算したものです。

⑭ **電源電流　I_{CC}**

OP アンプの出力を開放した状態での OP アンプ自身の消費電流です。

6.1.3 OPアンプの基本増幅回路

OPアンプは非常に高い増幅度を持っていますから、これをオープンループで使うことはあまりありません。OPアンプを使い増幅回路を構成するとき、出力端子から（−）端子へフィードバック（負帰還、ネガティブフィードバック）をかけて使用します。

・反転増幅回路

図6.12の最も基本的な反転増幅回路を使い、フィードバックについて説明します。OPアンプは入力の（−）端子と（＋）端子の差電圧を10万倍増幅しますから、図6.12のように（−）端子へフィードバックをかけた回路では、（−）端子と（＋）端子の電位が等しくなったところで回路が平衡します。図6.12をR_1とR_2の抵抗比率のシーソー図で表すと図6.13になり、（＋）端子は接地されて0[V]ですから、（−）端子も0[V]の接地状態になろうと図①→⑤の動作をします。

回路が平衡すると（−）端子と（＋）端子の電位が等しくなります。これを仮想接地または仮想短絡といいます。

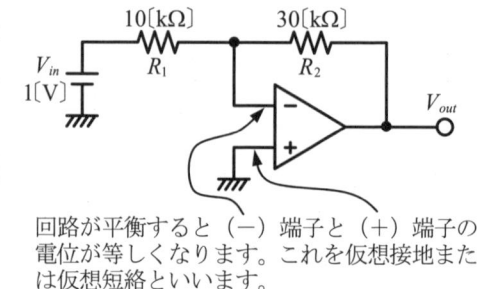

図6.12　反転増幅回路

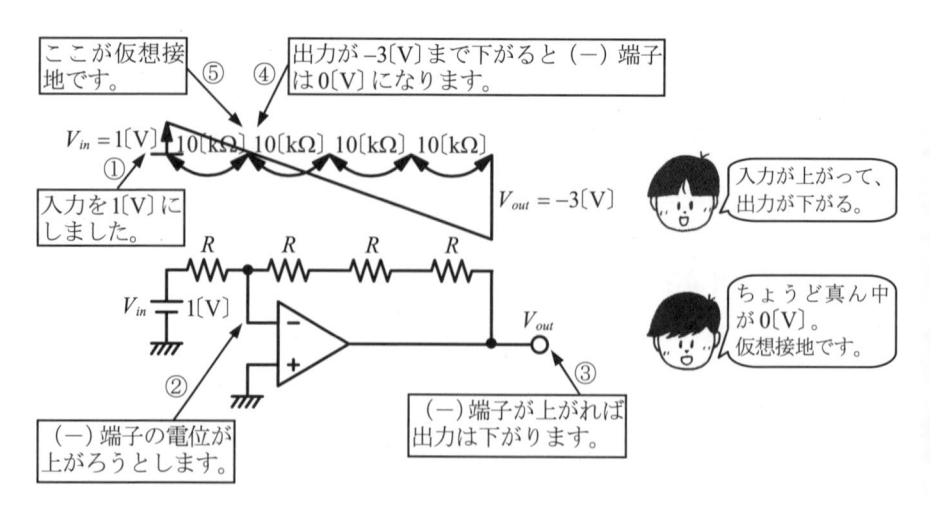

図6.13　仮想接地の説明

これを(−)端子が仮想接地(imaginary GND)される、または(−)端子と(+)端子の仮想短絡(imaginary short)といいます。(−)端子が仮想接地され、入力電圧 V_{in} が1[V]与えられると、図6.13のように入力対出力はR_1とR_2の抵抗比率でシーソーの関係となり、出力は−3[V]で平衡します。

このときの増幅度 A_V は

$$A_V = \frac{V_{out}}{V_{in}} = -\frac{R_2}{R_1} \tag{6.6}$$

のように、抵抗比率の式となり、出力電圧 V_{out} は式(6.7)となります。

$$V_{out} = A_v \cdot V_{in} = -V_{in}\frac{R_2}{R_1} \tag{6.7}$$

フィードバックをかけない増幅度がオープンループゲインに対して、このようにフィードバックをかけた増幅度をクローズループゲインといいます。

・非反転増幅回路

図6.14のようにOPアンプの(+)入力端子に信号 V_{in} を入力し、(−)入力端子にフィードバックをかけると、非反転増幅器となります。増幅度を決定する抵抗比率のシーソーの考え方は、前項の反転増幅と同じですが、今度は仮想短絡されている(−)入力端子(図のⒷ点)が入力信号 V_{in} の電位となります。

この状態を図6.15のシーソー図で説明します。Ⓐ点は接地されていますから0[V]です。Ⓑ点は(+)入力端子と仮想短絡されていますから1[V]です。

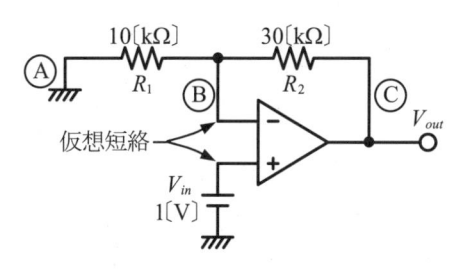

図6.14 非反転増幅回路

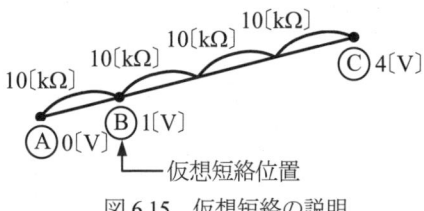

図6.15 仮想短絡の説明

この傾斜と抵抗比率でⒸ点は4[V]となります。この関係を式で表すと、出力電力 V_{out} は

$$V_{out} = V_{in} + V_{in}\frac{R_2}{R_1} \quad (6.8)$$

$\underbrace{\phantom{V_{in}}}_{(+)\text{端子の入力}}$ $\underbrace{\phantom{V_{in}\frac{R_2}{R_1}}}_{\text{シーソーの傾斜分}}$

となり、このときの電圧増幅度 A_V は

$$A_V = \frac{V_{out}}{V_{in}} = 1 + \frac{R_2}{R_1} \quad (6.9)$$

のように1+増幅率傾斜の型になります。

　非反転増幅器の特徴は、信号が入力される（+）端子とGND間になにも接続されていないため、入力インピーダンスが非常に高いことです。

> 負帰還を使ったOPアンプ回路の演算は、仮想短絡が条件です。そのためにはOPアンプ出力が動作範囲を超えてはいけません。±15電源で使用するOPアンプの出力は、±12〔V〕以上は保証されません。例えば図6.14の場合、V_{in} を3.3〔V〕にすると出力は13.2〔V〕になりますから、仮想短絡状態は少し崩れて（−）入力端子と（+）入力端子の間に少し電位差がでてきます。当然、演算結果に誤差が出ます。

・フォロワ回路

　フォロワ回路は非反転増幅回路の増幅度を'1'に固定したものです。図6.16のように出力 V_{out} と（−）入力端子を直結しますから、（−）入力端子の電位＝出力 V_{out} の電位です。（−）入力端子と（+）入力端子は仮想短絡されていますから、

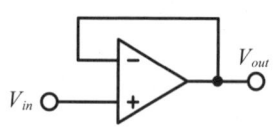

図6.16　フォロワ回路

$$V_{in} = V_{out} \quad (6.10)$$

となり、増幅率は'1'です。

　フォロワ回路はインピーダンス変換の目的に使用され、入力はハイインピーダンスですから、周囲の回路への影響を意識することなく、任意の場所で使用できます。これは非反転増幅回路も同じです。

・差動増幅回路

図6.17は入力信号 V_{in1} と V_{in2} の差を増幅する差動増幅回路です。差動増幅の条件は、$R_1 \sim R_4$ の値により変わります。$R_1 \sim R_4$ を任意の値とした場合の出力 V_{out} は

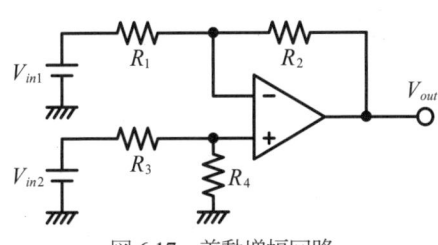

図6.17 差動増幅回路

$$V_{out} = V_{in2} \cdot \frac{R_4}{R_3+R_4} \cdot \frac{R_1+R_2}{R_1} - V_{in1} \cdot \frac{R_2}{R_1} \text{〔V〕} \tag{6.11}$$

- 反転増幅分
- 非反転増幅の増幅率
- V_{in2} の分圧比

となりますが、少し計算が複雑です。

そこで、$R_1 = R_3, R_2 = R_4$ とすると出力 V_{out} は

$$V_{out} = \frac{R_2}{R_1}(V_{in2} - V_{in1}) \tag{6.12}$$

- 差電圧
- 増幅率

となります。さらに $R_1 = R_2 = R_3 = R_4$ とすると出力 V_{out} は

$$V_{out} = V_{in2} - V_{in1} \tag{6.13}$$

とシンプルになります。通常、式（6.12）または式（6.13）の条件で使います。

・加減算回路

図6.18に示す加算回路の出力 V_{out} はⒶ点が仮想接地されていますから、

$$V_{out} = -R_f \cdot I_f = -R_f(I_1 + I_2 + I_3) \tag{6.14}$$

$$= -R_f\left(\frac{V_{in1}}{R_1} + \frac{V_{in2}}{R_2} + \frac{V_{in3}}{R_3}\right) \tag{6.15}$$

となり、$R_f = R_1 = R_2 = R_3$ の条件で

$$V_{out} = -(V_{in1} + V_{in2} + V_{in3}) \tag{6.16}$$

となり、これは各入力電圧の逆相の加算となります。

図6.18の加算回路は、Ⓐ点が仮想接地されていますから、例えば入力電流 I_1 は $I_1 = V_{in1}/R_1$ となり、各入力が干渉しませんので演算精度が保証されます。

　次は図6.19の加減算回路を説明します。この演算回路はOPアンプの教科書に必ず載っている差動増幅の変形版です。各抵抗が
$R_f = R_1 = R_2 = R_3 = R_4 = R_5$ の条件で、出力 V_{out} は式（6.17）となります。

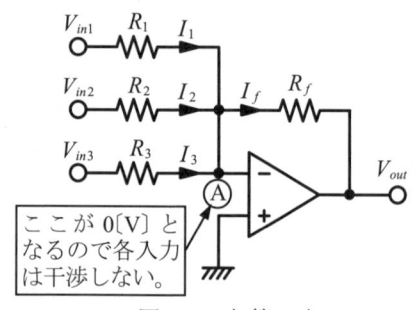

図6.18　加算回路

$$V_{out} = -(V_{in1} + V_{in2}) + (V_{in3} + V_{in4}) \tag{6.17}$$

逆相の加算　　同相の減算

　しかしこの回路は加減算ポイントとなるOPアンプの入力部分が仮想接地されていませんから、各入力電圧が変化すると、加減算ポイントの電位が変動し、各入力が互いに干渉します。加減算を行う場合は、図6.18のような仮想接地の加算回路に位相反転した減算値を入力すると、精度の良い演算ができます。

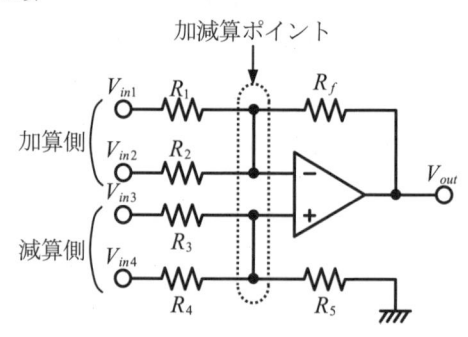

図6.19　加減算回路

OPアンプを演算に使う場合、図6.18のように仮想接地が基本です。

・コンパレータ回路

　図6.20のようにOPアンプをオープンループで使用すると、コンパレータ（比較器）になります。図6.20のコンパレータを使い、V_{in1} と V_{in2} を比較すると、

$V_{in1} > V_{in2} \longrightarrow V_{out} = -13.5$〔V〕
$V_{in1} = V_{in2} \longrightarrow V_{out} = 0$
$V_{in1} < V_{in2} \longrightarrow V_{out} = +13.5$〔V〕

となり、V_{in1} と V_{in2} の大小比較ができます。

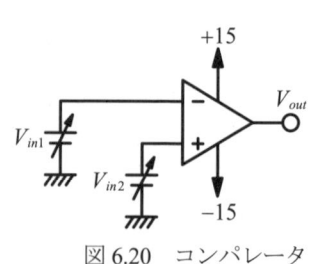

図6.20　コンパレータ

しかし実回路では$V_{in1} = V_{in2}$と両入力の値が等しいとき、または近いときにはわずかなノイズで両入力の大小関係が反転し、出力が不安定になります。これを「出力がチャタる」といいます。そこでOPアンプをコンパレータとする場合、図6.21のように少しの正帰還をかけて動作を安定させます。正帰還電圧 V_f は

$$V_f = (V_{out(max)} - V_{out(min)}) \frac{R_1}{R_f + R_1} [V] \quad (6.18)$$

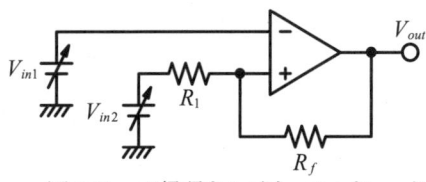

$V_{out(max)} = +13.5 [V]$
$V_{out(min)} = -13.5 [V]$

図6.21 正帰還をかけたコンパレータ

－入力端子に-10[V]、+端子に-9[V]。どっちが大きいのかな？

電位が高い方、電源 V_{CC} に近い方が大きいです。

となり、この値をV_{in2}の0.1〜1[%]ぐらいに調整します。

ここで説明したように、汎用OPアンプをコンパレータとして使用すると、出力の反転速度がスルーレートの値以下になりますから、速度が要求される場合は出力がオープンコレクタになっているコンパレータ専用素子を使います。

6.1.4 オフセット調整

OPアンプ入力の差動部分に若干の不平衡（オフセット）が発生します。オフセット量は小さな値ですから、必ずしもオフセット調整を行うものではありません。計測用などでオフセットを最小に抑

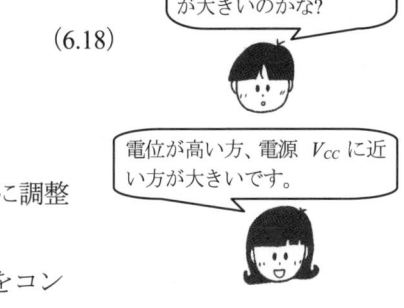

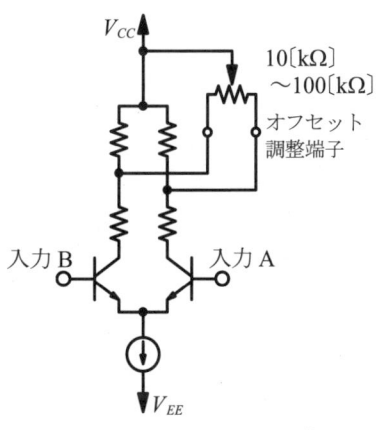

図6.22 オフセット調整

える必要があるときは、次の方法でオフセット調整を行います。

OPアンプには図6.22のように、差動増幅部分のオフセット調整端子が外部に出ているタイプがあります。このオフセット調整端子と電源 V_{CC}（V_{EE} のものもある）間に図6.22および図6.3のようなトリマを取り付けて、入力偏差が

ゼロ〔V〕のとき、OP アンプ出力 V_{out} がゼロ〔V〕になるようにトリマを調整します。

オフセット調整端子がない OP アンプの場合は、図 6.23 のように回路の一部にバイアス電圧を加える方法でオフセット調整を行います。

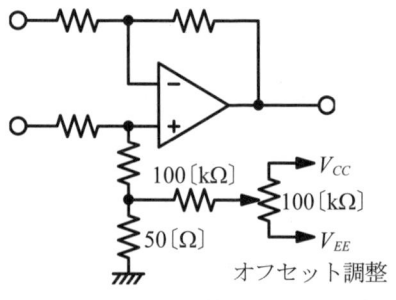

図 6.23　オフセット調整端子がない場合

6.1.5　2 電源動作と単電源動作

OP アンプは基本的に 2 電源動作のデバイスです。図 6.24 (a) のように（＋）電源と（－）電源を用意し、その中間点をグランド（GND）とし、信号の入力と出力の基準点とします。2 電源動作にすることで、

① 交流増幅が可能。
② 極性を持った信号の演算が可能。
③ 電源変動に影響されにくい。
④ コンプリメンタリアンプが構成できる。

など、いろいろなメリットがあります。しかし、その反面電源を 2 組用意するためコスト高となり、小型のシステムにはオーバーヘッドです。

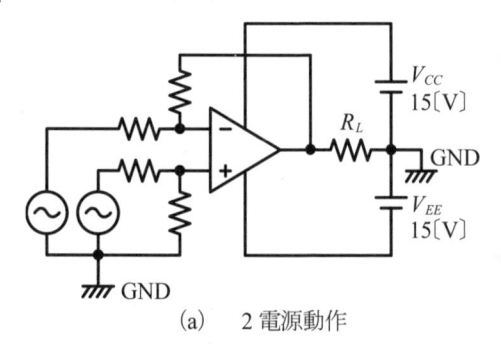

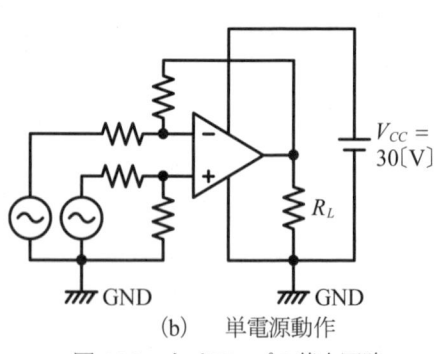

(a)　2 電源動作

(b)　単電源動作

図 6.24　オペアンプの基本回路

そこで OP アンプを図 6.24 のように、このまま 0〜30〔V〕の単電源で作動させると、図 6.25 のように 0〔V〕付近に作動不可領域ができて実用になりません。では OP アンプの単電源動作はどのようにするのでしょうか。

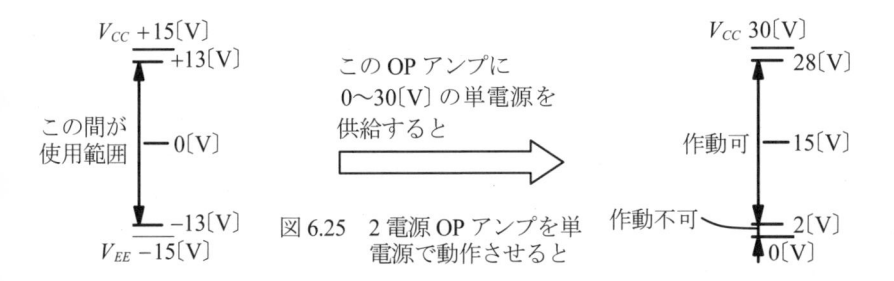

図 6.25 2電源 OP アンプを単電源で動作させると

その1) 仮想グランドを作る

図 6.26 のように 0[V] 付近の作動不可領域より上の電位レベルに仮想グランドを作り、信号の入出力は仮想グランドを基準に行います。しかし、この方法では仮想グランドへの電源供給能力に限界があります。

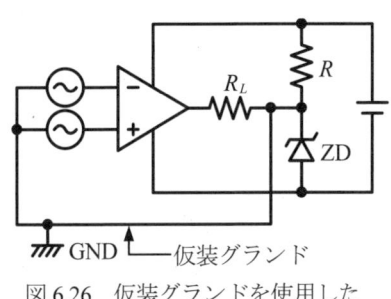

図 6.26 仮装グランドを使用した単電源動作

その2) 単電源動作可能な OP アンプを使う

OP アンプの仕様書に 0[V] 付近まで動作可能と明記されたもの、または単電源動作と 2 電源動作の仕様が別々に書かれたものがあります。いずれも単電源動作可能ですが、性能的には 2 電源動作より明らかに劣ります。最近のモバイル向け OP アンプは rail to rail 動作と呼ばれる低電圧動作で供給電源の端から端まで（これが rail to rail の意）を動作領域として使えるものが多くなりました。このモバイル向け OP アンプを使うことも選択肢の 1 つです。

6.1.6 OP アンプを扱う際の注意事項

・余り回路の処理

1 のパッケージに 2 回路または 4 回路の OP アンプが組み込まれたものがありますから、場合によっては余り回路が発生します。余り回路はそのままにしていても大きな問題にはなりませんが、図 6.27 のようにフォロワ接続し、（＋）入力端子を GND レベルへ固定すると、より安全です。

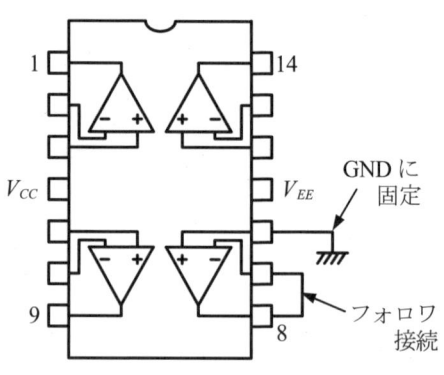

> 入力を固定すると出力も消費電力も一定になります。これはデジタルICの項で説明したことと同じです。

図6.27 OPアンプの余り回路処理

・発振止め

OPアンプを誘導負荷回路に使用すると、どうしても発振の危険をはらみます。発振対策として図6.28のように、フィードバック抵抗 R_f と並列に100〔pF〕〜0.01〔μF〕のコンデンサ C を接続することで、高い周波数域でのゲインを下げる方法がよく使われます。

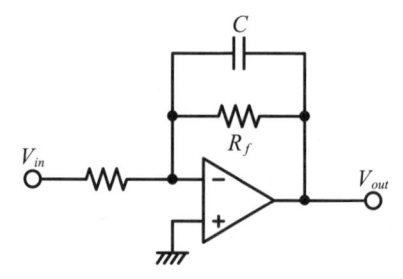

図6.28 OPアンプの発振止め対策

・演算回路の誤差要因

OPアンプを使った反転増幅、差動増幅、加減算回路などは、OPアンプの入力側の抵抗が信号源の出力抵抗と加算され誤差要因となります。図6.29の加算回路の場合、入力抵抗は R_1+r_1 または R_2+r_2 となります。この

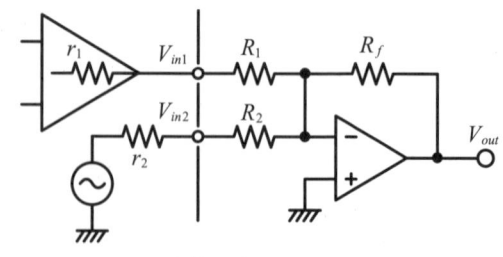

図6.29 演算回路の誤差要因の説明

対策として、図6.30のようにフォロワを追加することで r_2 の影響はなくなり改善されますが、フォロワのOPアンプにも出力抵抗が数十〔Ω〕あり、この種の誤差はゼロになりません。

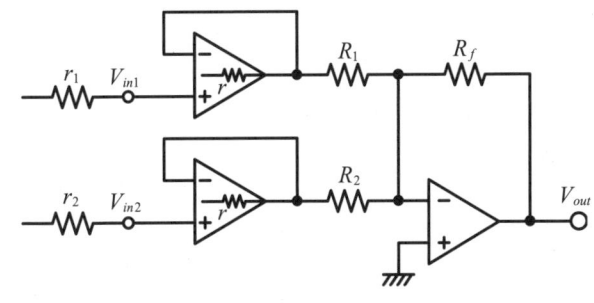

(rの影響をなくそうとしてもまたrがある。ロシアのマトリョーシカ人形みたいですね。)

図 6.30　フォロワを追加する対策

・入力保護回路

　外部機器からアナログ信号を入力する場合など、サージノイズや過電圧から OP アンプを保護しなければなりません。図 6.31 (a) のように抵抗 R とダイオード D を使い、電源電圧 V_{CC} 以上または V_{EE} 以下のノイズ電圧を電源回路へ逃がします。また、差動電圧に対しては図 6.31 (b) のように（−）入力と（+）入力端子間にダイオード D を接続し、V_F 以上の電圧を短絡します。仮想短絡状態であれば、（−）入力端子と（+）入力端子間は電位差 0〔V〕ですから、このダイオードによる弊害は発生しません。

　OP アンプの入力回路にこのような保護が必ず要求されるものではありません。ノイズなどの状況に応じて活用して下さい。

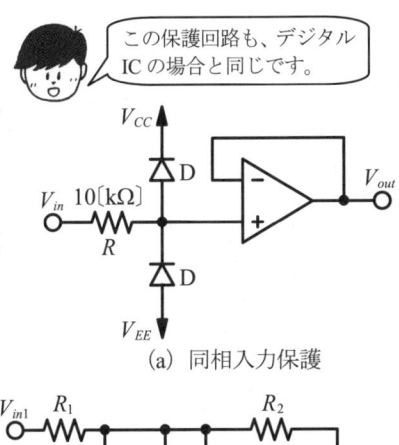

(この保護回路も、デジタル IC の場合と同じです。)

(a) 同相入力保護

(b) 差動入力保護

図 6.31　OP アンプの入力保護

・OP アンプ 1 段の増幅率

　「OP アンプ 1 個で何倍増幅までが適正か」という問題はよく議論されます。オープンループゲインは 10 万倍以上ありますから、1 個の OP アンプで 10 万倍増幅は不可能ではありませんが、普通そのようなことはしません。

図6.32の1000倍増幅回路を使い、この問題を考えてみましょう。1000倍増幅の場合、抵抗 R_1 対 R_2 の比が1000倍必要ですから、図6.32では1〔kΩ〕対1〔MΩ〕としています。入力抵抗が1〔kΩ〕で前段の出力抵抗 r が

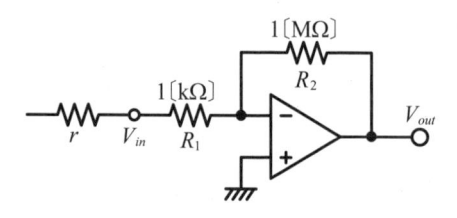

図6.32　1000倍増幅回路

100〔Ω〕とすると、ここでの誤差は10〔％〕となります。またオフセット電圧が例えば5〔mV〕あると、V_{out} は5〔mV〕×1000＝5〔V〕となります。

　少しさかのぼりますが、図6.9のゲイン－周波数特性から理解できるように、ゲインを1000倍＝+60〔dB〕にすると周波数特性も大きく低下します。

　以上のことからOPアンプ1個で1000倍増幅は無理です。一般的には1段で10〜数10倍程度です。それ以上のゲインが必要であれば、数段に分けて行います。

「1個のOPアンプで欲張ってはダメみたいですね。」

「10倍　10倍　10倍
3段で1000倍だ。」

―――― コラム　デシベル表記について ――――

　OPアンプの増幅率、フィルタの減衰率などデシベル〔dB〕で表します。デシベルとは相対数値を比較する常用対数スケールです。

　　　1/10を意味します　デシ ――dB―― グラハム・ベルさんの頭文字

　当初は対数表をそのまま使って、「電力ゲイン2倍を0.3〔B〕ベル」とかいっていたそうですが、小数点がいつも付くので〔B〕ベル値を1/10にして〔dB〕デシベルにしたそうです。デシベルは電力ゲイン G_P〔dB〕を

$$G_P〔\mathrm{dB}〕=10\log_{10}\frac{P_2}{P_1} \tag{6.A}$$

と表します。電圧ゲインと電流ゲインは負荷抵抗が一定とすると $P=\dfrac{V^2}{R}$ または $P=I^2R$ ですから、電圧または電流の2乗で表せます。

$$G_p〔\mathrm{dB}〕=10\log_{10}\frac{V_2^2}{V_1^2} \text{ または } G_p〔\mathrm{dB}〕=10\log_{10}\frac{I_2^2}{I_1^2}$$

となり、電圧ゲイン $G_V〔\mathrm{dB}〕$ は

$$G_V〔\mathrm{dB}〕=20\log_{10}\frac{V_2}{V_1} \tag{6.B}$$

また、電流ゲイン $G_I〔\mathrm{dB}〕$ は

$$G_I〔\mathrm{dB}〕=20\log_{10}\frac{I_2}{I_1} \tag{6.C}$$

となります。では次にデシベル表記の使い方を説明します。図 6.A のような構成のアンプの総合利得（ゲイン）を求めます。

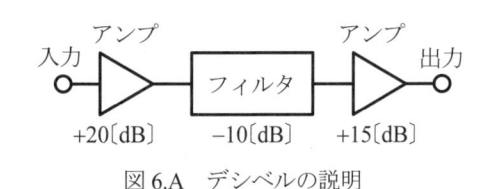

図 6.A　デシベルの説明

$$\text{ゲイン}\ G=20〔\mathrm{dB}〕-10〔\mathrm{dB}〕+15〔\mathrm{dB}〕=+25〔\mathrm{dB}〕 \tag{6.D}$$

となり、これは　20〔dB〕→ 10 倍

　　　　　　　　5〔dB〕→ 1.8 倍

　　　　　　　25〔dB〕→ 18 倍となり、かけ算が足し算でできます。

　この計算は対数表を使ってもできますが、表 6.A、表 6.B に示すデシベル倍率早見表が便利です。

表の使い方例（1）
電圧の 200 倍は 2 × 100 倍
　　　　　　　↓　　　↓
　　　　　　6〔dB〕+ 40〔dB〕= 46〔dB〕

　表の使い方例（2）
電圧利得　30〔dB〕は 10〔dB〕+ 20〔dB〕
　　　　　　　　　　　↓　　　　↓
　　　　　　　　　3.16 倍 × 10 倍 = 31.6 倍

増幅倍率は掛け算、デシベルは足し算。

電力は $10\log_{10} X$。
電圧は $20\log_{10} X$。
だから、
電力の 100 倍は 20〔dB〕。
電圧の 100 倍は 40〔dB〕。

表 6.A　デシベル・電力利得早見表

dB	倍率 P_2/P_1
−20	1/100
−10	1/10
−3	1/2
−1	1/1.26
0	1
1	1.26
2	1.56
3	2
5	3.16
6	4
9	8
10	10
20	100
30	1000
40	10000
50	100000

表 6.B　デシベル・電圧利得早見表
（電流利得もこの表を使います）

dB	倍率 V_2/V_1	
−40	1/100	
−20	1/10	
−6	1/2	
−1	1/1.12	
0	1	
1	1.12	
2	1.26	
3	1.41	$\sqrt{2}$
4	1.56	
5	1.78	
6	2	
10	3.16	$\sqrt{10} \fallingdotseq \pi$
12	4	
18	8	
20	10	
40	100	
60	1000	
80	10000	
100	100000	

🔔 まとめの時間です。

・OP アンプはオープンループで使うと、差動 100000 倍増幅器です。

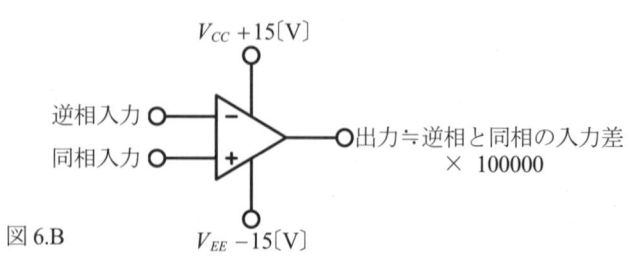

図 6.B

- 仮想接地と仮想短絡は重要です。必ず理解して下さい。

  OPアンプを閉ループで使うと、（−）入力端子と（＋）入力端子が同電位になります。

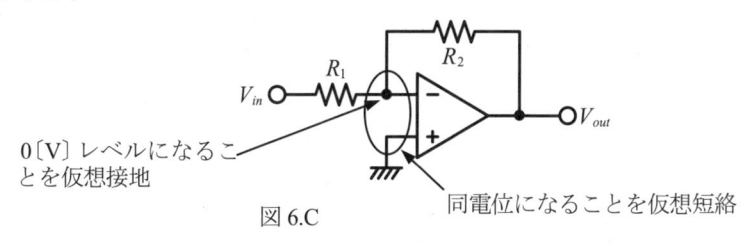

  0〔V〕レベルになることを仮想接地

  同電位になることを仮想短絡

  図 6.C

- OPアンプの使い方の標準回路はきちんと覚えましょう。

  反転増幅、非反転増幅、差動増幅、フォロワ接続、加減算回路、コンパレータ

- 増幅度などを表すデシベル〔dB〕の使い方を理解して下さい。

  電力利得　$G_P = 10\log_{10} X$ 倍

  電圧利得　$G_V = 20\log_{10} X$ 倍

おさらい問題。

問 6.1) 次の OP アンプ回路の出力電圧 V_{out} を算出して下さい。

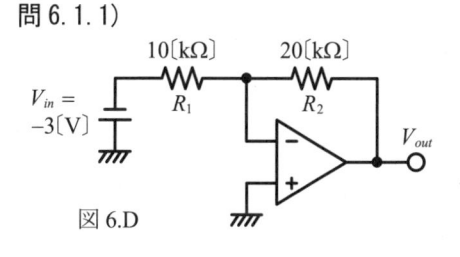

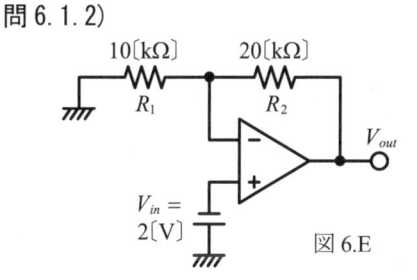

問 6.1.1)

$V_{in} = -3〔V〕$

図 6.D

問 6.1.2)

$V_{in} = 2〔V〕$

図 6.E

問 6.1.3)

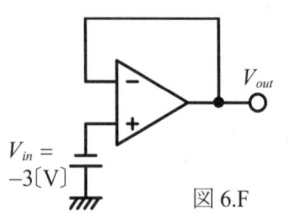

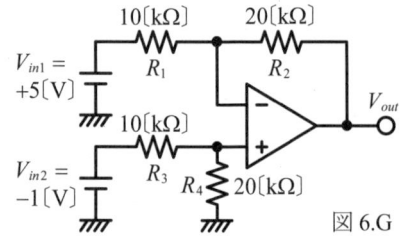

図 6.F

問 6.1.4)

図 6.G

問 6.1.5)

図 6.H

問 6.2) 電圧増幅率 35〔dB〕の増幅器に、100〔mV〕の信号を入力した。出力電圧は何〔V〕でしょうか?

問 6.3) ☐ に適切な語句を入れて下さい。

・OP アンプに負帰還をかけて使用すると、OP アンプの(＋)入力端子と(－)入力端子は必ず同電位になります。これを ☐6.3.1 または ☐6.3.2 といいます。
・OP アンプの入力がステップ状に変化したときの、出力側の追従能力を ☐6.3.3 で表し、単位は ☐6.3.4 です。
・OP アンプのオープンループゲインが 1 になる周波数を ☐6.3.5 といいます。

6.2 OP アンプの基本モジュール

OP アンプを使った回路には差動、非反転、フォロワなどの基本回路の他に、定番モジュールとして知っていて得する回路が多くあります。ここでは代表的なモジュールを実動回路で示し、動作を説明します。なお、回路内の抵抗値などに付ける単位の〔〕は省略します。

6.2.1 電流－電圧変換回路

電流を電圧に変換するのであれば、オームの法則の通り $V = IR$ ですが、これでは電流に比例した R の両端の電圧降下が生じます。図 6.33 の場合、R の両端電圧 IR がフォロワを通り V_{out} へ出力します。このときの入力端子 I_{in} の電位レベルは IR ですから、電流 I によって電位が変動します。図 6.34 の場合、電流 I は R を通って OP アンプの出力へ流れ込みます。このとき（－）端子は仮想接地されていますから、出力 V_{out} は $V_{out} = -IR$ となり、入力端子 I_{in} の電位レベルは 0 [V] のままです。

抵抗 R を 250 [Ω] とすると、電流ループは 4～20 [mA]／1～5 [V] 変換になります。

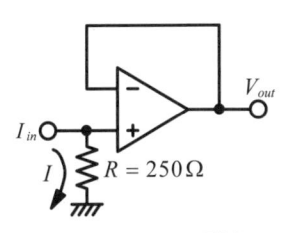

図 6.33　$V = IR$ の電流－電圧変換

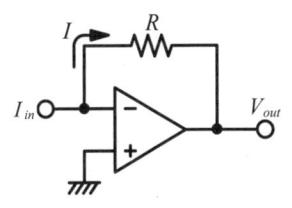

図 6.34　仮想接地の電流－電圧変換

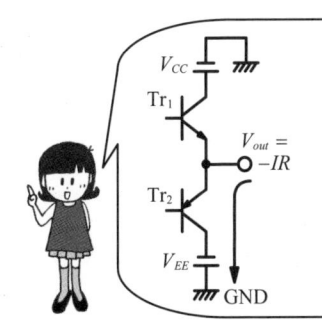

「OP アンプの出力へ電流が流れ込む」って少し変な感覚ですね。流れ込んだ電流はどこへ行くのでしょうか。図 6.34 の場合、OP アンプの出力 V_{out} は $-IR$ [V] になっています。このとき OP アンプの出力トランジスタ Tr_2 が少しだけ 'ON' になった状態です。V_{out} へ流れ込んだ電流は、Tr_2 と V_{EE} の電源を通って GND へ返ります。

6.2.2 半波整流回路

半波整流であれば、図 6.35 のように整流ダイオード1本で整流できますが、ダイオードの順電圧 V_F だけ出力は低くなります。これを解消するために、OP アンプを使った理想ダイオードと呼ばれる整流を行います。図 6.36 を使い、正の半サイクルの反転整流の動作を説明します。

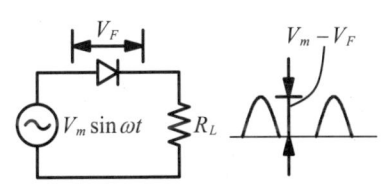

図 6.35　ダイオードで行う半波整流

V_{in} が（＋）のとき、OP アンプ出力は（－）となり、フィードバックは R_2 と

D_2 を通って OP アンプへ引き込みます。このとき $V_{in} = -V_{out}$ となるため、OP アンプ出力Ⓐ点は $-V_{out} - V_F$ のレベルまで引き込みます。

V_{in} が（−）のとき、OP アンプ出力は（＋）となり、フィードバックは D_1 を通り仮想接地Ⓑ点が 0[V] となるために、OP アンプ出力Ⓐ点が $+V_F$ レベルになるまで吐き出します。出力 V_{out} は R_2 を通り、仮想接地Ⓑ点へ接続されますから、出力は 0[V] です。

ダイオードの方向が反対になっている図6.37の負の半サイクルの反転整流は、上記とまったく逆の動作となります。

図6.38のフォロワを使った非反転の整流回路もありますが、負の半サイクルはフィードバックがとぎれ、動作が不安定ですから、反転整流回路の方が安全です。

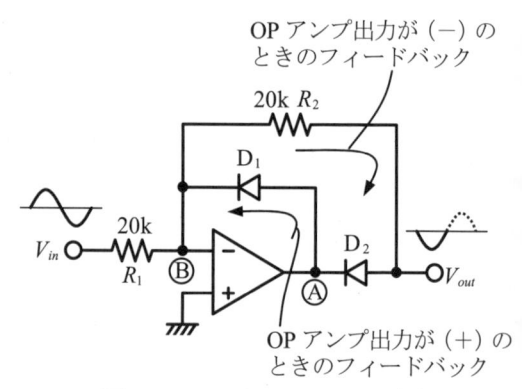

図 6.36　正の半サイクルの反転整流

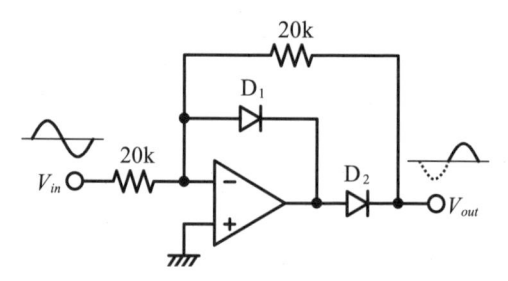

図 6.37　負の半サイクルの反転整流

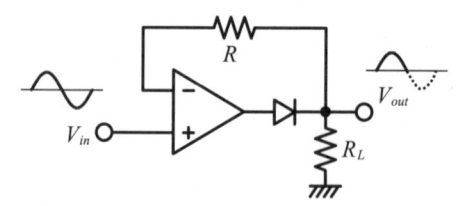

図 6.38　フォロワを使った非反転整流

6.2.3 全波整流回路

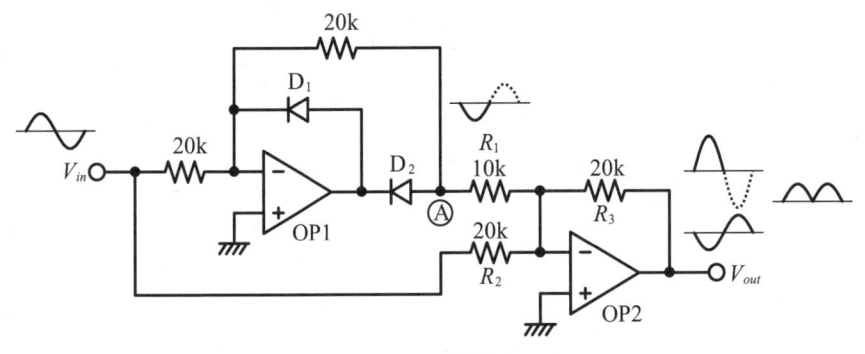

図 6.39 全波整流回路

　全波整流回路は前項の半波整流回路 ×2 回路ではありません。図 6.39 のように半波整流回路と加算回路の組み合わせです。図 6.39 の Ⓐ 点は、前項の正の半サイクルの反転整流出力です。この半波整流

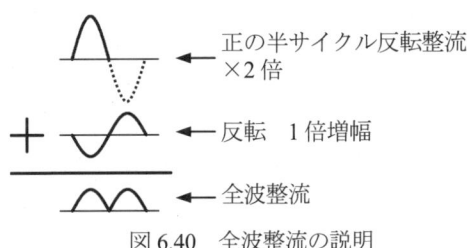

図 6.40 全波整流の説明

の出力を 2 段目の OP アンプ OP2 の抵抗比率 R_3/R_1 で 2 倍増幅し、反転加算します。整流出力は反転を 2 回していますから、図 6.40（上）のように非反転の半波整流を 2 倍した値になります。この値と $R_2 \cdot R_3$ の比率で元の交流を 1 倍反転増幅したものを OP2 で足し合わせると、図 6.40 のように全波整流になります。

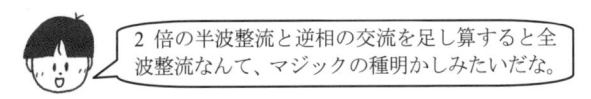

　　2 倍の半波整流と逆相の交流を足し算すると全波整流なんて、マジックの種明かしみたいだな。

6.2.4 積分回路

　積分回路はタイマやアナログ／デジタル変換に使われる、コンデンサ C に電荷 Q を蓄積する回路です。図 6.41 の積分の基本回路を使い、第 3 章の復習になりますが $Q = CV$ の関係を考えてみます。図 6.41 のコンデンサ C の両端電圧

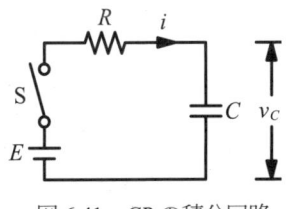

図 6.41 CR の積分回路

v_C は、

$$v_C = \frac{1}{C}\int i\,dt \qquad (6.19)$$

で表せますから、$Q = CV$ の関係から蓄積される電荷 Q は、

$$Q = CV = \int i\,dt \qquad (6.20)$$

図 6.42　CR 積分の過渡特性

となります。すなわち電荷 Q はコンデンサ C へ流れ込んだ充電電流 i の時間積分値です。

しかし、図 6.41 の回路では充電電流 i の値が初期値の $i_o = E/R$ から図 6.42 のような過渡特性を描き変化しますから、積分した電荷量 Q が時間 t に比例しません。そこで図 6.43 のように OP アンプの仮想接地を使った積分回路にすると、充電電流 i は V_{in}/R となり、積分出力 V_{out} は式（6.22）のように V_{in} の時間積分値となります。

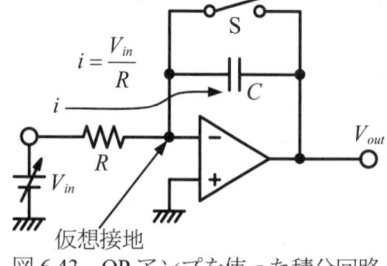

図 6.43　OP アンプを使った積分回路

$$V_{out} = -\frac{1}{C}\int i\,dt \qquad (6.21)$$

$$= -\frac{1}{C}\int \frac{V_{in}}{R}\,dt = -\frac{1}{CR}\int V_{in}\,dt \qquad (6.22)$$

CR だけの積分回路と OP アンプの積分回路を使い、図 6.44 のようにパルス波形を積分すると、両者の差がよく分かります。出力波形が CR だけの場合は、過渡特性を描き、OP アンプの場合は直線になります。

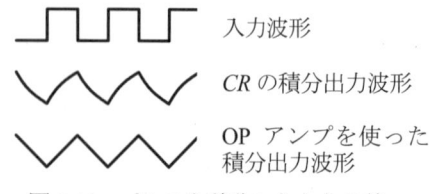

図 6.44　パルスを積分したときの差

OP アンプを使った積分回路では OP アンプのバイアス電流が誤差要因となりますから、積分回路には低バイアス電流の FET 入力 OP アンプを使って下さい。

積分の説明をすると、微分もと思いますが、微分回路の使用頻度は非常に低いので、今回は省略させていただきます。

6.2.5 交流増幅回路

　OPアンプを±両電源で使用すると、図6.45のように基本的には交流でも直流でも増幅できます。ですからOPアンプ教科書に必ず載っている、図6.47のような入力にコンデンサを追加した回路を交流増幅回路と呼ぶには少し抵抗を感じます。入力コンデンサを追加する理由は、交流を増幅するためでなく、目的の信号に重畳（乗った）した不安定なオフセットバイアス（直流分）を除去するためです。例えば図6.46のような1〔Vpp〕の信号に5〔V〕のオフセットバイアスが重畳した信号を5倍増幅するとオフセットだけで25〔V〕となり、OPアンプの動作領域を超えてしまいます。そこ

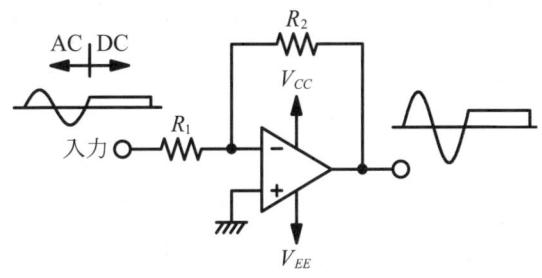

図6.45　OPアンプは交流も直流も対応可

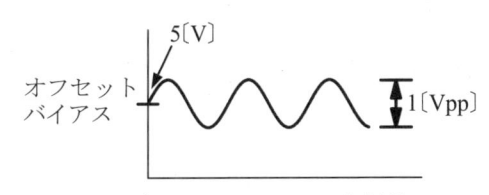

図6.46　扱いに困るのはこんな信号

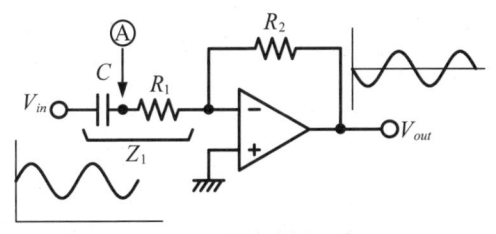

図6.47　交流増幅回路?

で図6.47のように入力コンデンサ C を追加して直流分をカットします。このときのOPアンプ増幅回路の直流的な入力位置は、図6.47のⒶ点となり、コンデンサ C と抵抗 R_1 はⒶ点に対して1段ハイパスフィルタになっています。
　しゃ断周波数 f_C は

$$f_C = \frac{1}{2\pi C R_1} \text{〔Hz〕} \tag{6.23}$$

となり、-6〔dB/oct〕の減衰特性を示します。
　また、電圧増幅率 $\dot{A}_V$ は

$$\dot{A}_V = \frac{V_{out}}{V_{in}} = -\frac{R_2}{Z_1} = -\frac{R_2}{R_1 - j\dfrac{1}{\omega C}} \tag{6.24}$$

ですから、周波数要素を含んだものとなります。

入力にコンデンサを追加することで、OP アンプの特徴である直流増幅能力が失われてしまいます。少し残念です。

> ここまでの回路は、全部仮想接地を使っています。

> 重要です。OP アンプの仮想接地と仮想短絡。

6.2.6 リミッタ回路

OP アンプ回路の出力電圧を一定以下に抑えるために、リミッタ回路を使います。例えば±15〔V〕電源動作の OP アンプ回路のアナログ信号を、5〔V〕系の ADC（アナログデジタル変換）へ引き渡すときには、素子の保護も含めたリミッタが必要です。

図 6.48 のパッシブリミッタ回路はよく見かけますが、どちらの回路も図 6.49 の点線で示すシャープなリミッタ特性はなく、実線のような特性となり、今一つ切れ味が鋭く出ません。

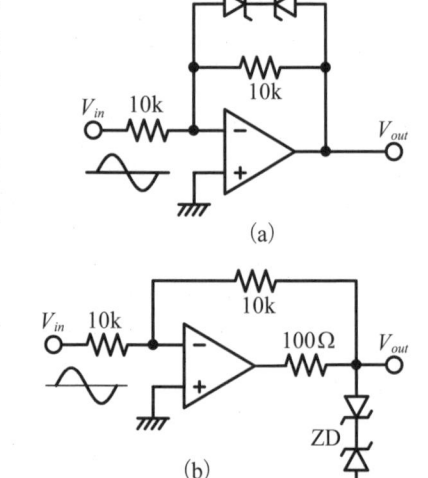

図 6.48 パッシブリミッタ回路

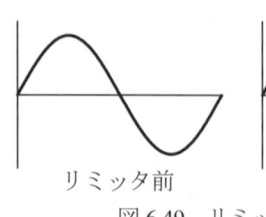

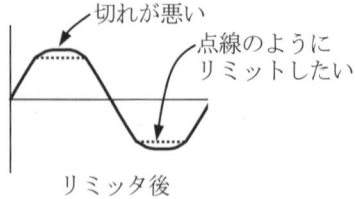

図 6.49 リミッタ性能

図 6.50 にリミッタ特性の鋭いアクティブリミッタ回路を示します。回路の OP1 が増幅回路、OP2 と OP3 がリミッタになります。（＋）側のリミッタ回路を使い、リミッタ動作を説明します。

V_{out} が（＋）側のリミット設定値以上になると、OP2 の（－）入力端子の電位が（＋）入力端子の設定電位以上になります。OP2 の出力電位は（－）とな

り、D_1 を通して引き込むことで（−）端子の電位を下げ、仮想短絡状態になろうとします。この動作が V_{out} の電位を下げるので、出力リミットになります。

このリミッタは各 OP アンプ出力が競合するため、OP1 出力の抵抗 R_1 が出力保護になります。リミッタ特性は、図 6.49 の点線で示すような鋭い特性が得られます。

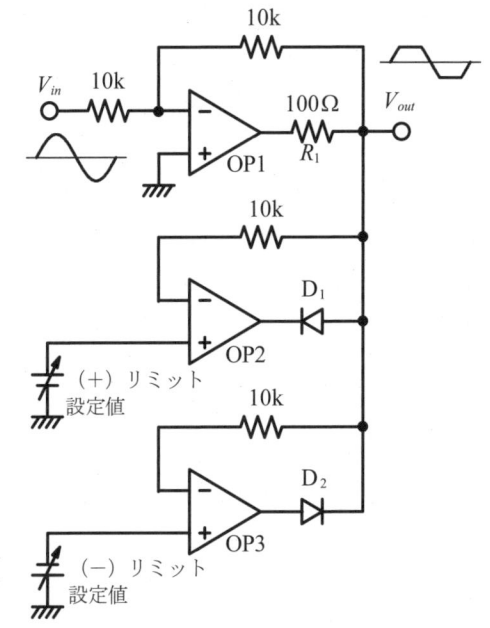

図 6.50　アクティブリミッタ

6.2.7　ローパスフィルタ

図 6.51 は OP アンプを使った 2 次ローパスフィルタ（ハイカットフィルタ）です。計装アンプなどでのノイズカットに大変重宝するフィルタです。

しゃ断周波数 f_C は

$$f_C = \frac{1}{2\pi R_1 \sqrt{C_1 \cdot C_2}} [\text{Hz}] \tag{6.25}$$

から求められ、$R_1 \cdot C_1$ と $R_2 \cdot C_2$ の 2 段フィルタですから、$C_1 = 2C_2, R_1 = R_2$ の条件で、図 6.52 のような −40 [dB/dec] のバタワース特性を示します。

このときの C_1 と C_2 の値は、式 (6.25) から

$$C_1 = \frac{1}{\sqrt{2}\pi R f_C} [\text{F}] \tag{6.26}$$

$$C_2 = \frac{1}{2\sqrt{2}\pi R f_C} [\text{F}] \tag{6.27}$$

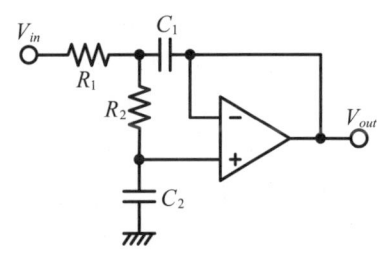

図 6.51　2 次ローパスフィルタ

となり、これらの式から図 6.52 に示す CR 定数とすると、しゃ断周波数 f_C は 100〔Hz〕となります。

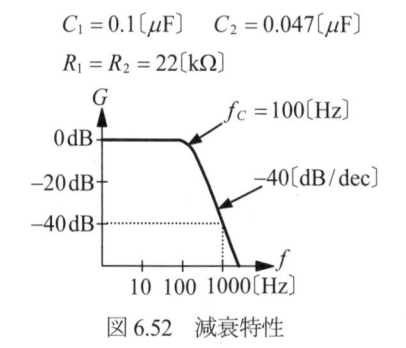

$C_1 = 0.1〔\mu F〕 \quad C_2 = 0.047〔\mu F〕$
$R_1 = R_2 = 22〔k\Omega〕$

図 6.52 減衰特性

―――― コラム　フィルタの基礎知識 ――――

・**フィルタの分類**

フィルタはいろいろな周波数成分の含まれる信号から、必要な周波数の帯域だけを通過させる回路です。フィルタは通過させる帯域により、図 6.I の 4 種類に分類されます。

① ローパスフィルタ（ハイカットフィルタ）

② ハイパスフィルタ（ローカットフィルタ）

③ バンドパスフィルタ

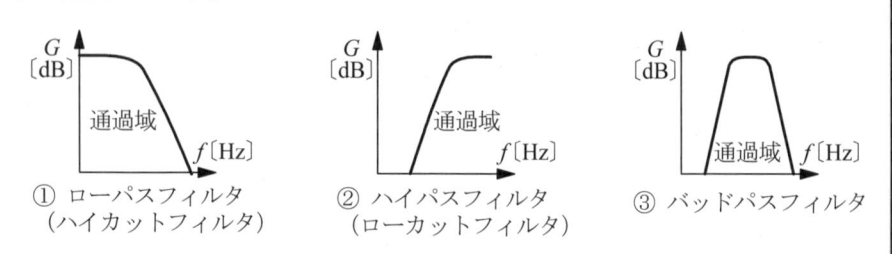

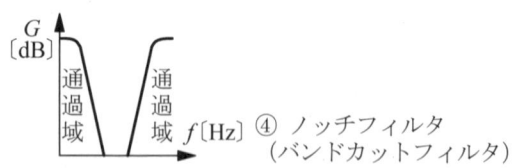

④ ノッチフィルタ（バンドカットフィルタ）

図 6.I　フィルタの分類

・**しゃ断周波数**

図 6.J のフィルタ特性において、フィルタが効き始めてゲインが 3〔dB〕低下したところの周波数をしゃ断周波数 f_C といいます。これは $1/\omega C = R$ となる周波数です。図 6.K (a) に示す 1 次フィルタ回路の出力電圧 V_{out} は

$$V_{out} = V_{in} \frac{R}{Z} \tag{6.E}$$

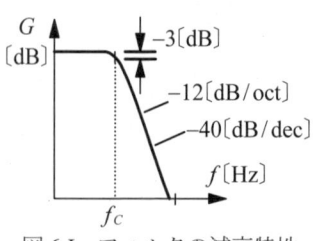

図 6.J　フィルタの減衰特性

となり、$1/\omega C = R$ の場合、図 6.K (b) のようにインピーダンス Z は $\sqrt{2}R$ ですから、出力電圧 V_{out} は

$$V_{out} = \frac{V_{in}}{\sqrt{2}} \qquad (6.F)$$

となり、これは -3〔dB〕です。

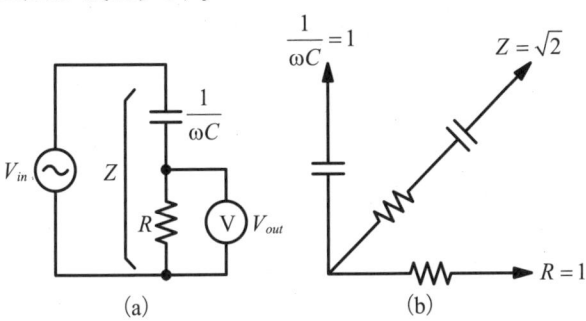

図 6.K　しゃ断周波数の説明

・減衰率の表し方

　フィルタの効き具合（減衰特性の傾斜）の表し方に、図 6.J のような 2 種類の表現が使われます。

$-mn$〔dB/oct〕

　周波数が 1 オクターブ（2 倍または 1/2）変化するに伴い、mn〔dB〕減衰します。

$-mn$〔dB/dec〕

　周波数が 10 倍または 1/10 に変化するに伴い、mn〔dB〕減衰します。

　図 6.J の -12〔dB/oct〕と -40〔dB/dec〕は同じ減衰率です。

・減衰カーブ

　少し大ざっぱな説明ですが、フィルタの減衰特性を図 6.L のような名前で呼びます。

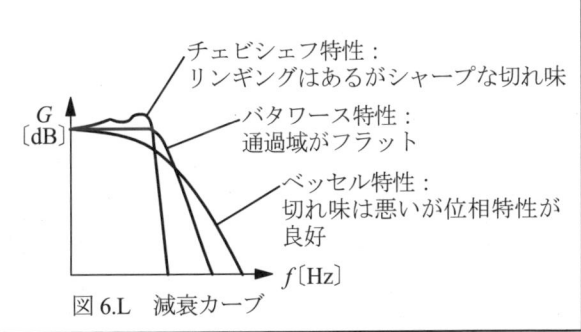

チェビシェフ特性：リンギングはあるがシャープな切れ味
バタワース特性：通過域がフラット
ベッセル特性：切れ味は悪いが位相特性が良好

図 6.L　減衰カーブ

🔔 まとめの時間です。

- OPアンプの定番モジュールのよく使う7回路を説明しています。各回路の機能と動作を理解して下さい。
- フィルタのしゃ断周波数 f_c はゲインが −3〔dB〕となる周波数です。
〔dB/oct〕〔dB/dec〕はフィルタの減衰特性を表します。

🔔 おさらい問題です。

問 6.4) 図 6.M に示す電流−電圧変換回路の出力電圧 V_{out} はいくらでしょうか。

図 6.M　電流−電圧変換回路

問 6.5) 図 6.N に示すローパスフィルタ回路のしゃ断周波数 f_c と減衰特性を求めて下さい。

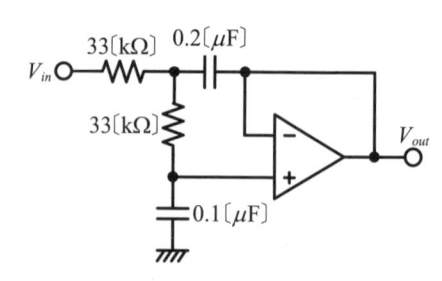

図 6.N　ローパスフィルタ

6.3 アナログ増幅デバイス

OP アンプに類似したアナログ増幅デバイスを数点紹介します。

6.3.1 パワーOP アンプ

　汎用の OP アンプは演算を目的に作られていますから、出力電流はソース・シンクともに10〔mA〕程度です。

　パワーOP アンプは OP アンプの持つ演算能力はそのままに残し、出力段のトランジスタをパワーアップした OP アンプです。出力パワーは±30〔V〕電源を使用し、負荷電流1.2〔A〕程度のものまであり、直接小型のサーボモータなどを駆動できます。

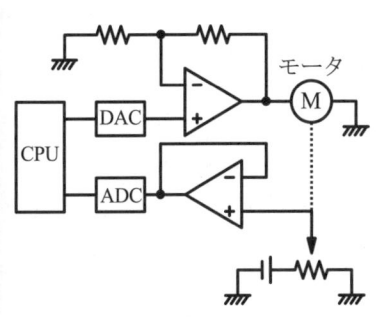

図 6.53　パワーOP アンプの使用例 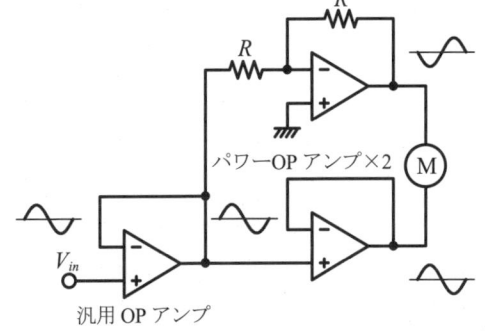　　図 6.54　パワーOP アンプの BTL 接続

　パワーOP アンプの入力側は汎用 OP アンプと同じですから、図 6.53 のように DAC の出力をパワーOP アンプに直結することで容易に CPU からモータ制御ができます。パワーOP アンプはこのように制御回路の簡略化ができる大変便利な素子ですが、動作速度が汎用 OP アンプと比較し、格段に遅いものが多いので注意して下さい。

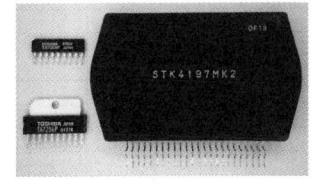

パワーOP アンプ
左：パワーOP アンプ
右：200〔W〕のパワーアンプモジュール

　またパワーOP アンプの出力をもう少しパワーアップしたいときは、図 6.54 のようにパワーOP アンプを 2 個使い、片側を逆相駆動することで BTL 接続となり、負荷電圧が見かけ上 2 倍にパワーアップします。

6.3.2 AF パワーアンプモジュール

　AF パワーアンプモジュールは、主にオーディオ用に使用されるハイブリッドのパワーアンプです。

　±の2電源で動作し入力は差動、出力はコンプリメンタリまたは準コンプリメンタリアンプの全段直結ですから、図 6.55 のように OP アンプとよく似ています。周波数特性も多少の位相補正を行うことで 50 [kHz] 以上まで低歪みで使用できます。

　しかし製作メーカが限られていることが難点です。このパワーアンプモジュールは高性能なハイパワーアンプですから、オーディオ用以外にもモータや大型の圧電素子の駆動に使用でき、大変便利です。

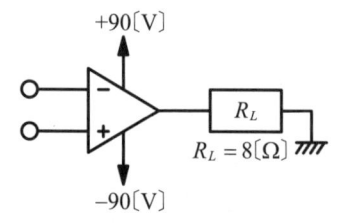

図 6.55　パワーアンプモジュール

6.3.3 アイソレーションアンプ（アイソレータ）

　アナログ信号を伝送するにあたり、コモンモードノイズの除去と誘導起電力による障害の除去に欠かせないものがアナログ信号を絶縁するアイソレーションアンプです。

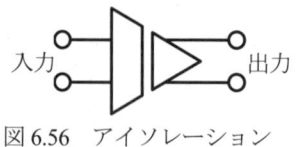

図 6.56　アイソレーションアンプの回路記号

　回路記号の統一されたものはありませんが、図 6.56 のように入力側と出力側の絶縁がよく分かるような記号が使われます。アイソレーションアンプは図 6.57 のブロック図に示すように、入力アンプ部分、出力アンプ部分および電源部に分かれ、それらが完全に絶縁されています。

　次に図 6.58、図 6.59 の熱電対温度計のアナログ信号伝送を使い、アイソレーションアンプの重要性と使い方を説明します。アナログ信号を伝送すると必ず伝送線にノイズが乗り

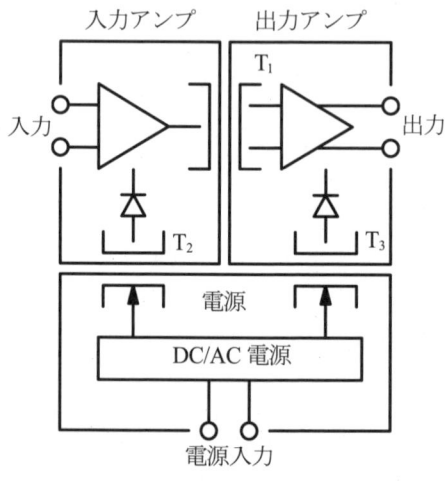

図 6.57　アイソレーションアンプブロック図

第 6 章　オペアンプ　287

ます。図 6.58 のアイソレーションなしの場合、ノイズは大地を基準に信号線とアース線に同じ波形のものが同じ量だけ乗ろうとします。しかし信号線とアース線では大地との結合度が違いますから、結果的に信号線へ多くのノイズが乗り、その差がノーマルモードノイズとなりアンプで増幅されます。

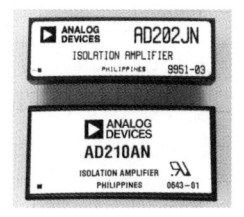

アイソレーションアンプ

1 個約 1 万円。高価ですが、アナログの入出力には必需品です。

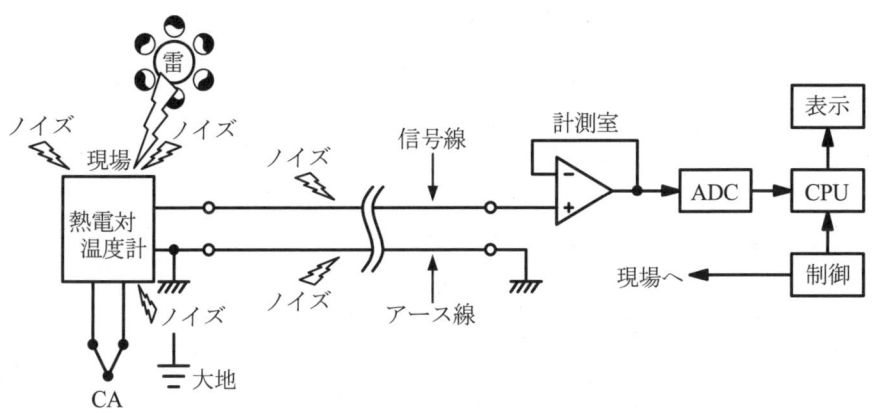

図 6.58　アナログ信号伝送（アイソレーションなし）

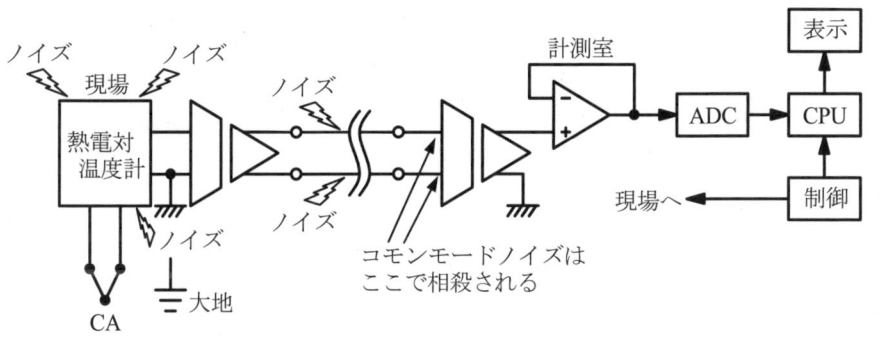

図 6.59　アナログ信号伝送（アイソレーションあり）

図 6.59 のアイソレーションありの場合、2 本信号線は完全に絶縁されていますから、2 本の信号線には大地を基準に同じ波形のノイズが同じ量だけの同相

ノイズが乗ります。計測室側（受け側）のアイソレーションアンプの入力は、差動増幅になっていますから、この同相ノイズはここで相殺され出力されません。2本の線間の信号だけが増幅されます。

また、現場機器と計測室内の機器のアースレベルの電位差が思わぬ事故につながります。極端な例ですが、もし現場に落雷があった場合、図6.58のアイソレーションなしであれば被害は計測室にまで及びますが、図6.59のようにアイソレーションされていると被害は最小限にとどまります。

このように計測用システムでは、アナログ信号を出す側も受ける側もアイソレーションすることが安全面、信頼性なども含め、礼儀のようになっています。

これで最終章の第6章が終了です。OPアンプはアナログ回路の主役です。OPアンプを扱う上で仮想接地、仮想短絡の考え方は大切です。よく理解してください。またアイソレーション（絶縁）の重要性を理解していただけたでしょうか。絶縁と平衡伝送はノイズ対策に最も効果的です。本書は第6章の後にA/D変換とノイズ対策について少し記述しています。参考にして下さい。最終章まで本書をご愛読いただき、ありがとうございました。今後ともお手元に置いて、参考書として活用いただければ幸いです。

第6章 卒業証書

《Appendix 1 A/D 変換方式について》

A/D 変換は大きく分けると図 7.1 のように直接電圧を比較する方式と、電圧を時間に置き換える方式があります。

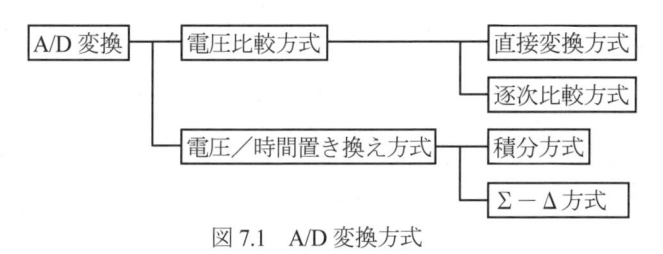

図 7.1　A/D 変換方式

・直接変換方式

図 7.2 はフラッシュ型と呼ばれる ADC です。分解能の数字と同じ数、例えば 8 ビット ADC であれば 256 個のコンパレータと分圧抵抗を図 7.2 のように接続します。アナログ入力値と同じ電圧レベルまでのコンパレータが 'ON' となりますから、'ON' 状態のコンパレータの数をデコードして出力します。この方式のものが最も高速変換の ADC ですが、多くのコンパレータを必要としますから、あまり分解能の高いものは製作できません。高速変換能力を活用し、ビデオ信号処理に多く使われています。

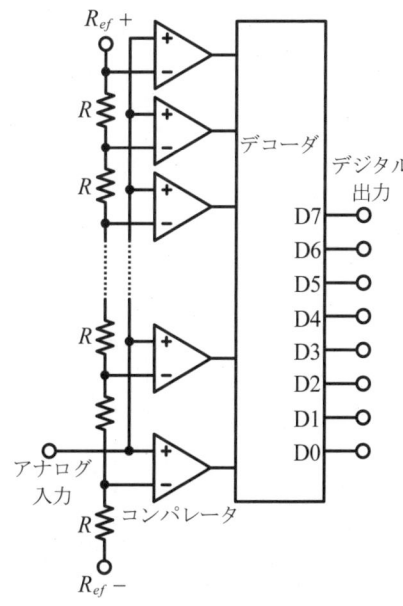

図 7.2　フラッシュ型 ADC 概略図

・逐次比較方式 ADC

逐次比較方式の ADC は図 7.3 のように、DAC とコンパレータおよびその制御回路と出力レジスタから構成されます。変換は先ず DAC から最上位ビットが '1' となる 1/2 フルスケール相当のアナログ値を出力し、コンパレータでアナログ入力値と比較を行い、その結果を出力レジスタにセットします。次に今セットした MSB の値と次のビット（1/4 フルスケール）を '1' としたものと OR 値を DAC から出力し、アナログ入力値との比較を行い、その結果を出力レ

ジスタにセットします。この動作を順次繰り返し、LSB まで実行します。これは天秤ばかりに分銅を 1/2、1/4、1/8…と順番に乗せる計測です。この逐次比較方式の ADC が現在最も汎用的に使用されています。

逐次比較方式の ADC は MSB から順番に比較する方式ですから、全ビットを比較するのに若干の時間差が発生します。この変換中にアナログ値が変化すると、つじつまが合わなくなります。アナログ入力値が変動する場合、変換速度の速い ADC を選択し、入力にサンプルホールド回路を追加して下さい。

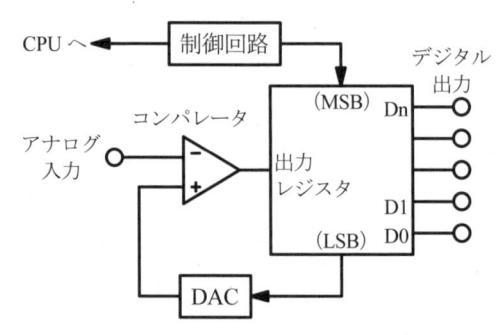

図 7.3 逐次比較方式 ADC 概略図

・積分方式 ADC

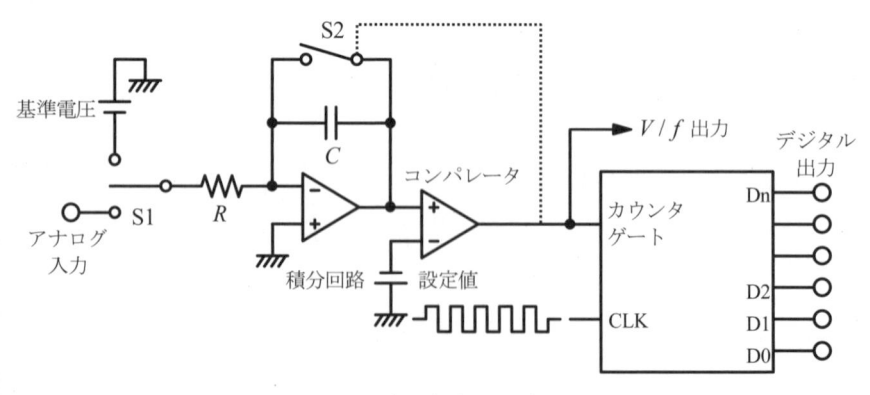

図 7.4 積分方式 ADC 概略図

図 7.4 に示す OP アンプを使った積分回路の出力は図 7.5 (a) のように、入力電圧と積分時間に比例します。アナログ入力値を積分し、時間に置き換える A/D コンバータを積分方式といい、積分値のリセット方法の違いで数種類の方式に分かれます。

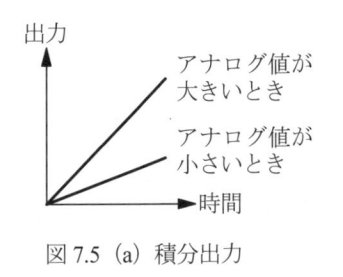

Appendix 1 A/D 変換方式について　291

図 7.5（a）積分出力

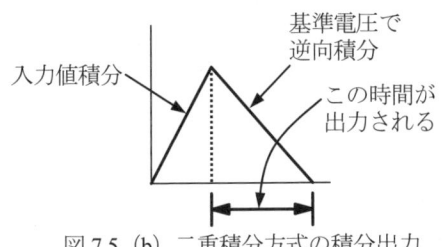

図 7.5（b）二重積分方式の積分出力

二重積分方式：
　図 7.4 の S2 は開とし、S1 をアナログ入力側に入れ、一定時間積分します。次に S1 を基準電圧側に切り替え、基準電圧で逆方向に積分（ディスチャージ側）します。このディスチャージに要する時間をパルスでカウントします。このときの積分出力は、図 7.5（b）のようになります。この方式は 1 つの積分回路をチャージとディスチャージに使うため、CR の定数による誤差を相殺します。

V/F コンバータ：
　図 7.4 の S1 をアナログ入力側に入れ、入力値を積分します。積分出力と設定値をコンパレータで比較し、設定電圧まで積分すると、S2 を 'ON' にして積分値をリセットし、また改めて積分を開始します。入力電圧が高いと積分値が設定値に至るまでの時間が短くなり、入力電圧が低いと長くなりますから、積分出力波形は図 7.6 のようになり、入力電圧に比例したパルス(V/f)が出力されます。

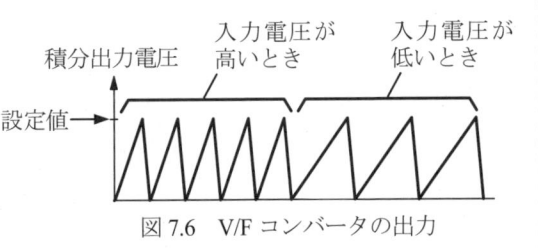

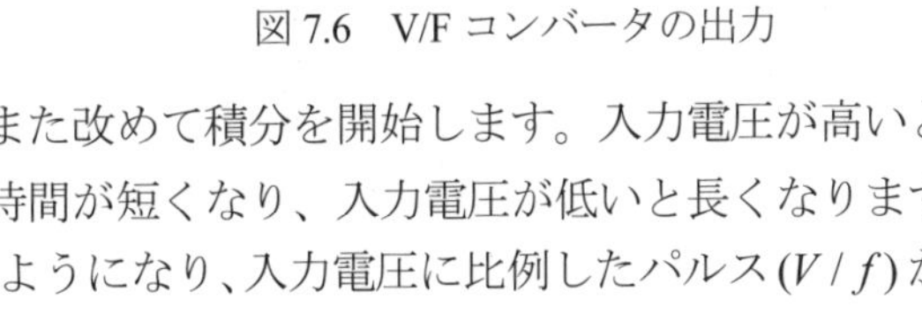

図 7.6　V/F コンバータの出力

・**Σ－Δ方式 ADC**
　Σ－Δ方式は、音楽 CD などに使われている A/D 変換方式です。アナログ値をビット列に置き換えし、これを DSP でフィルタ処理します。Σ－Δ方式 ADC は図 7.7 のように積分器とゼロレベルでコンパレートするコンパレータと 1 ビットの DAC で構成されます。変換動作を説明するために、アナログ入力は 0

〜1〔V〕フルスケール、1ビットDAC出力は0〔V〕または1〔V〕とします。

アナログ入力に0.4〔V〕が印加されたとします。積分は（＋）方向に0.4〔V〕偏差で積分を開始し、コンパレータ出力は'1'、出力ビット列も'1'となります。1サンプリング時間経過後、1ビットDACは入力ビットに対応して1〔V〕を出力します。積分器の偏差入力は0.4〔V〕−1〔V〕＝−0.6〔V〕となり、（−）方向に0.6〔V〕偏差で積分を行い、しばらくすると積分出力はマイナス値となりコンパレータ出力も反転します。

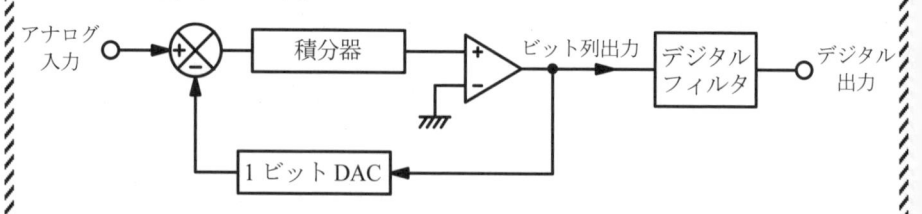

図 7.7　Σ−Δ方式 ADC 概略図

このように、1ビットDACの出力がアナログ入力値に追従して反転を繰り返すことにより、「少し足らない」「少し余る」という状態が平均され、ビット列の値が入力値に近づいてきます。この変換方式の精度を決める1つのファクタとして、デジタル出力を行う時間間隔とビット列をサンプルする時間間隔の比であるオーバサンプリングがあります。1つのデータ出力に対して、サンプリング数が多ければ変換精度は向上します。Σ−Δ方式A/D変換のΣは積算、Δは偏差を意味します。

CPUとA/D変換器のアプリケーションを設計すると、図7.8のようになります。

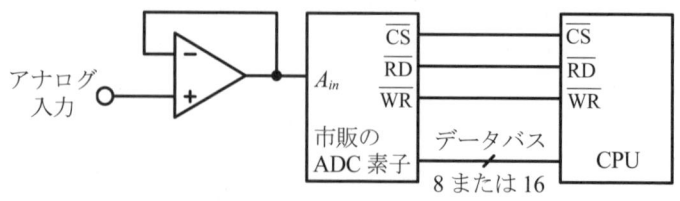

図 7.8　ADC と CPU のインタフェース例

ADCメーカのADC素子は、CPUに直結できる設計になっていますから、ユーザはADCにCPUバスを接続し、アナログ値を入力すれば変換方式に関係なく、容易にA/D変換値が得られます。

《Appendix 2 ノイズについて》
1. ノイズとは

- ノイズとは電磁波（電波）です。磁界と電界が交互に連なって伝搬していくものです。
- ノイズが電波であれば、対象周波数は電波法の範囲となり、3000000〔MHz〕以下の電磁波が対象となります。しかし、あまり低い周波数は電波として電線から飛び出しにくく、また、あまり高い周波数の電波は電線に乗りにくくなるため、実際は数10〔kHz〕〜100〔MHz〕が対象となります。
- 昨今、流行の EMC（Electro Magnetic Compatibility）とは、「ノイズを受けない、出さない対策」のことです。

2. ノイズになりやすい波形

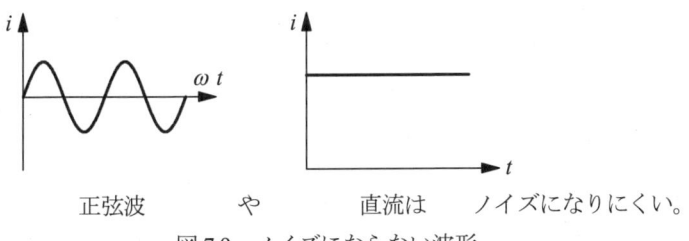

正弦波　や　直流　ノイズになりにくい。

図 7.9　ノイズにならない波形

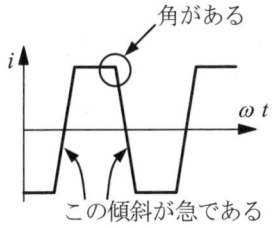

角がある

この傾斜が急である

このような波形がノイズになりやすい。それは、このような波形にはいろいろな周波数成分が含まれているからです。

図 7.10　ノイズになりやすい波形

図 7.11 のように基本の正弦波と奇数倍の周波数の高調波が重なると、図 7.10 の角張った波形に似てきます。

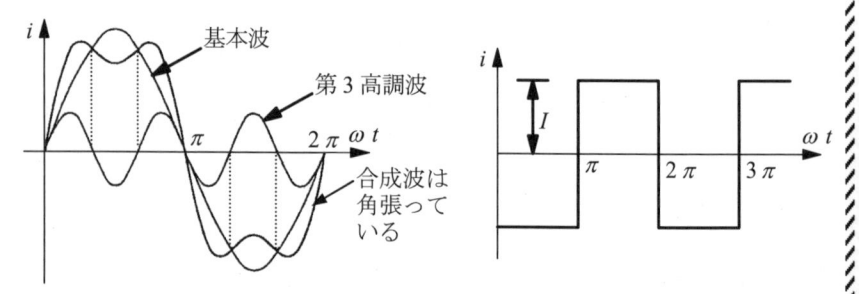

図 7.11　奇数高調波が含まれると角張ってくる　　図 7.12　矩形波

　図 7.12 のように完全な矩形波になると、限りなく高い周波数の高調波が含まれています。これを数式で表すと、

$$i(t) = \frac{4I}{\pi}\left(\sin\omega t + \frac{1}{3}\sin 3\omega t + \frac{1}{5}\sin 5\omega t + \frac{1}{7}\sin 7\omega t ...\right) \tag{7.1}$$

のようになり、奇数次の高調波が無限に重なり合っている様子がよく分かります。このように波形をいろいろな成分の正弦波に分解する手法を、フーリエ級数に展開するといいます。

3. コモンモードノイズとノーマルモードノイズ

　信号をA地点からB地点へ送るとき、図 7.13 のように2本の電線（線1、線2）を使います。しかし、本当はもう1本の電線である大地（地球）が平行に張られています。このとき、線1と線2の電線間に現れるノイズをノーマルモードノイズといい、対（大）地と線1または線2に現れる対（大）地間ノイズをコモンモードノイズといいます。

図 7.13　コモンモードとノーマルモードのノイズ

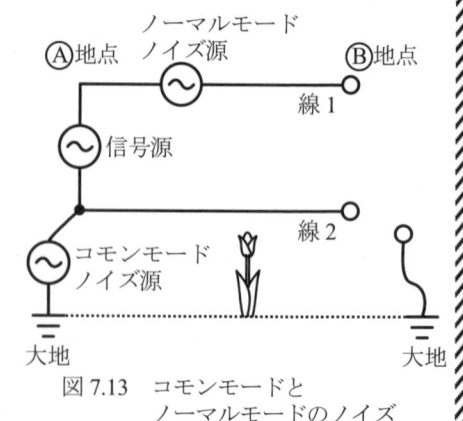

・**ノーマルモードノイズ**は信号と同じように線間に乗りますから、一度乗ってしまうと、もう消えません。フィルタなどで量を少なくする対策以外ありません。

- **コモンモードノイズ**は、行きの線と帰りの線にほとんど同じノイズ源が乗りますから、平衡伝送後アイソレーションまたは差動増幅することにより、相殺され消えます。ただし、平衡状態がくずれるとその分だけノーマルモードノイズに化けます。

4. 平衡伝送と不平衡伝送

電気の進む速度は光と同じ1〔秒間〕に30万〔km〕です。「これは1秒間に地球を7.5周する速さです」と、小学校で勉強しました。

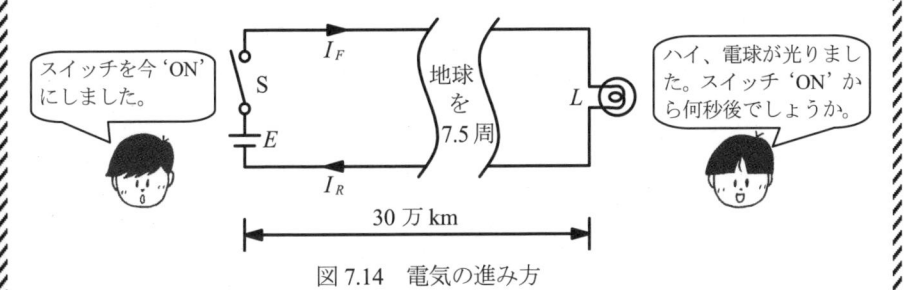

図7.14 電気の進み方

そこで、勉くんと学くんは図7.14のような大がかりな実験をしました。なんと地球に7.5周（30万km）の電線を張りました。

この実験ではスイッチ'ON'から何秒後に電球が光り、そのときの電流はどのように流れたでしょうか?

答1) スイッチ'ON'から「行きの電流 I_F」が1秒かけて電球まで行き、ここで電球が光り、その後1秒かけて「帰りの電流 I_R」が電源 E の⊖へ帰ります。

答2) スイッチ'ON'から「行きの電流 I_F」が1秒、"「帰りの電流 I_R」が1秒、合計2秒で電源 E の⊕から出た電流が、電源 E の⊖へ帰ります。ここで電球が光ります。

答3) スイッチ'ON'とともに「行きの電流 I_F」と「帰りの電流 I_R」が同時に流れ始め、1秒後に両方が電球まで届き電球が光ります。

正解は「答3」です。電気は「行きの電流 I_F」と「帰りの電流 I_R」が同時に伝わります。これが平衡伝送の基本です。行きの電線と帰りの電線が平衡に

なっていれば、行きの電流でできた磁界と帰りの電流でできた磁界が相殺され、外部へ影響しません。また平衡伝送線に外部からノイズが乗ってもコモンモードノイズですから、相殺することで除去は可能です。

・不平衡伝送

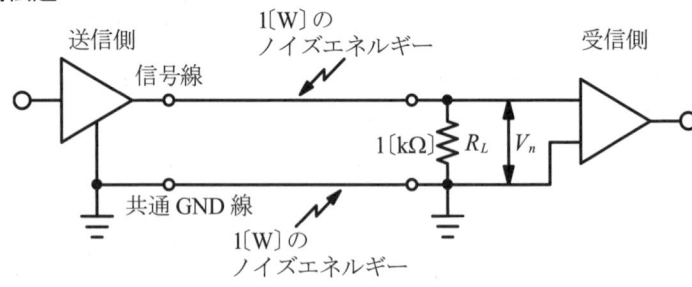

図 7.15　不平衡伝送の説明

図 7.15 は共通 GND 線が大地に接続され、最も不平衡状態となっている不平衡伝送の模式図です。

2 本の伝送線に 1〔W〕のコモンモードノイズが乗ったとき、共通 GND 線は大地に接続されていますから 0〔V〕ですが、信号線側の電位 V_n は

$$V_n = \sqrt{PR} \, [\mathrm{V}] \tag{7.2}$$

　　　　　└ 負荷抵抗
　　　└ ノイズエネルギー

の電位が発生し、$R_L = 1$〔kΩ〕とすると、31.6〔V〕の電位となります。

・平衡伝送

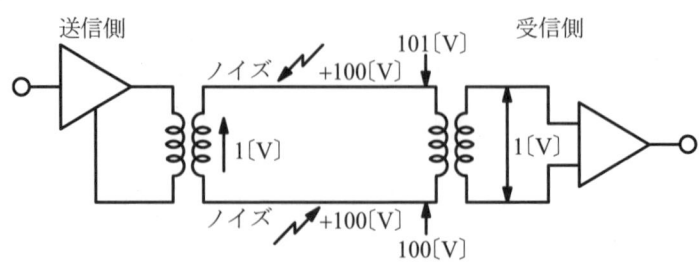

図 7.16　平衡伝送の説明

図 7.16 はトランス絶縁を施した平衡伝送の模式図です。

ある瞬間、図 7.16 のように送信側のトランスに信号電圧が 1〔V〕誘起された

とき、2本の信号線に+100〔V〕のコモンモードノイズが乗ったとします。この場合、2本の信号線の電位は101〔V〕と100〔V〕ですが電位差は1〔V〕となり、コモンモードノイズは受信側のトランスの2次側には影響しません。また、平衡伝送線は磁界の影響も相殺できます。

図 7.17 ツイスト線の回路記号

図 7.17 ツイスト線

平衡伝送を行うための電線には、図 7.17 のような電線をより合わせたツイスト線が最も適しています。ツイスト線は 2 本の電線の線間距離が絶えず一定であり、また、より合わせることで大地との結合度が平均化されます。

5. 電子回路のノイズ対策

電子回路からノイズを出さない、ノイズを受けないために次のような設計を行ってください。

・電源回路

外部から AC100〔V〕, DC24〔V〕などの電源が供給される場合、図 7.18 のように電源は必ず絶縁型のものを使います。基板内で使う電圧と供給される電圧が同じであっても絶縁は必要です。入力のラインフィルタは外部からのノイズのしゃ断と絶縁（スイッチング型）電源から出るスイッチングノイズを外部へ漏らさないためのものです。

図 7.18 電源回路

・アナログ絶縁

アナログ信号を外部の機器と受け渡しするときは、図 7.19 のように入力側も出力側も多少コスト高になりますが必ず絶縁しましょう。理由は

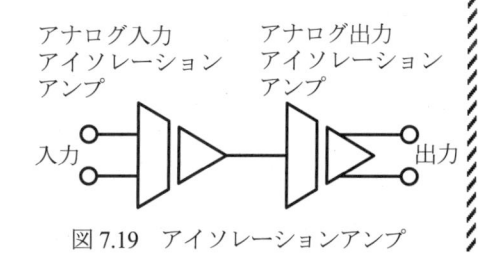

図 7.19 アイソレーションアンプ

6.3.3 項の、平衡伝送の項で説明した通りです。

・フォトカプラを使った絶縁
　接点入力またはデジタル信号入力に対しては、図 7.20 のようにフォトカプラを使い簡単に絶縁できます。

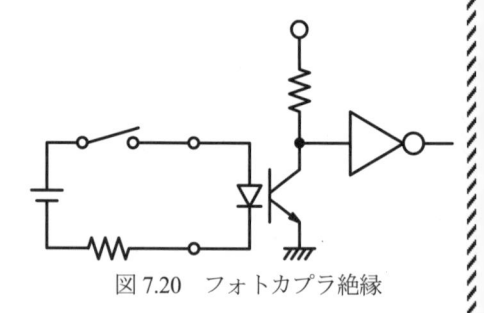

図 7.20　フォトカプラ絶縁

・入力インピーダンスを下げる
　入力インピーダンスを下げることでノイズを受けにくくなります。図 7.21 の回路の信号伝送線に 1 [W] のノイズエネルギーが乗ったとき、入力抵抗 R_i の値により入力されるノイズ電圧は次のようになります。

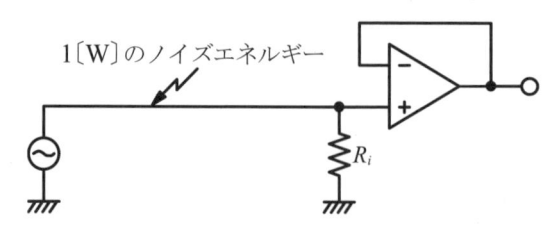

図 7.21　入力インピーダンスとノイズの説明

R_i が 100 [Ω] の場合

$E = \sqrt{PR}$ [V] より
$= \sqrt{1 \cdot 100}$
$= 10$ [V]

R_i が 100 [kΩ] の場合

$E = \sqrt{PR}$ [V] より
$= \sqrt{1 \cdot 100 \times 10^3}$
$\fallingdotseq 316$ [V]

となり、当然入力抵抗 R_i が小さい（入力インピーダンスが低い）方がノイズ電圧も低くなります。

・EMI フィルタの活用
　EMI（Electro Magnetic Interference）は日本語に直訳すると電磁的妨害となり、い

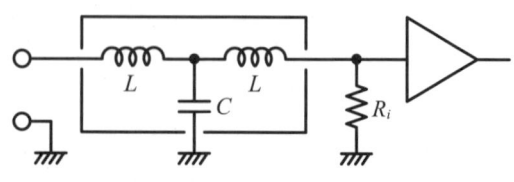

図 7.22　EMI フィルタを使った入力回路

わゆるノイズのことです。図7.22のようなLとCを使ったローパスフィルタを使い、周波数の高いノイズを通さなくします。このLとCのフィルタは、"EMIフィルタ"という名称で市販されています。

・スイッチングノイズの低減

　スイッチングノイズの低減はノイズを出さない対策です。図7.23のように逆起電力を吸収させるスナバに、CRのものとツェナ系のものを並列に接続します。図7.24のようにツェナで最大電圧をカットし、CRで急峻な波形変化に対応します。スナバ回路を少し工夫することで、スナバの損失を大きくすることなくノイズ対策ができます。

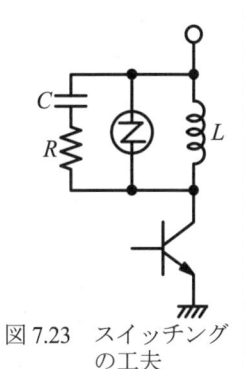

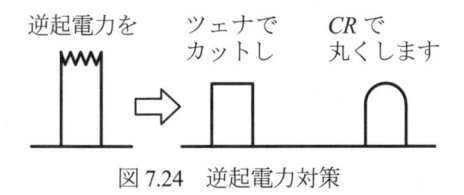

図7.23　スイッチングの工夫

図7.24　逆起電力対策

6. パスコンと基板パターン

　電子回路の大半は、プリント基板に組み付けられます。ノイズ対策に対しても基板上に描く配線パターンの設計は重要です。基板上のICへの電源供給と、パスコンの使い方について説明します。アナログとデジタルが混在する基板の電源パターンは、図7.25のようになります。電源とGNDはICの近くまで太いパターン（電源バー）を引き、そこから個別に各ICへ引き込みます。

　パスコンは3.2.6項で説明したように小銭入れですから、できるだけICの近くに付けます。これによりICから見る電源インピーダンスが下がり、ノイズ対策になります。デジタルGNDとアナログGNDは、1点で接続し、シグナルGNDとします。パターン設計は次の事項に注意して行って下さい。

① スルーホール（基板の上下パターンをつなぐ孔）をむやみに多用しない。
② パターンを直角に曲げない　（①②は、電気は急に曲がれないためです）。
③ 賛否ありますが、電源パターンをループにしない。ループ電流が流れます。
④ 電源バーをあまり長くしない。また、大電流が流れる電源バーは別に引く。

これは電圧降下による電位差を発生させないためです。

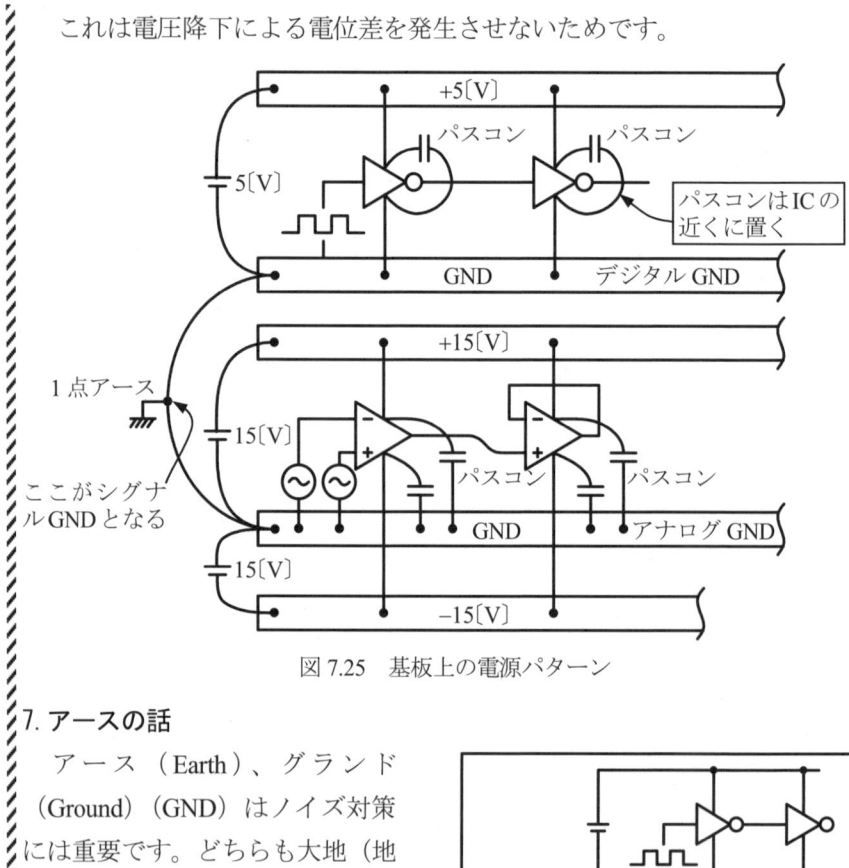

図 7.25　基板上の電源パターン

7. アースの話

　アース（Earth）、グランド（Ground）（GND）はノイズ対策には重要です。どちらも大地（地球）ですが、電子回路で扱う「アースに落とす」が少し紛らわしい表現になります。GND（アース）の扱いを図 7.26 を使い説明します。

　電子回路の信号の共通線をシグナルグランド SG、またはシグナルコモンといい、回路記号は ⏚ または ↧ を使います。電子回路を収納している箱(電気を通す鉄、銅、アルミなどの箱) をフレームグランド FG といい、回路記号は ⏚ を使います。本来 FG は感電防止のため大地へ

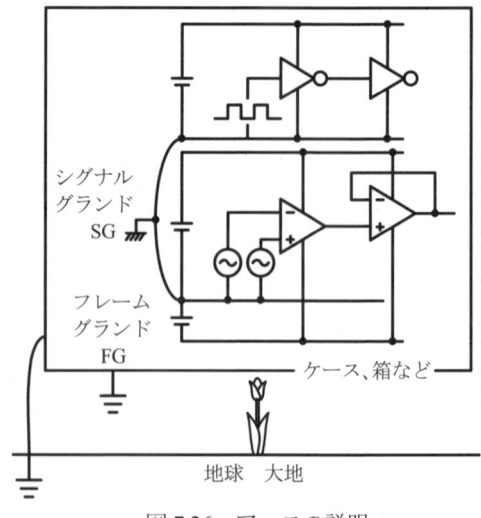

図 7.26　アースの説明

接続され、SG は信号を引き渡すためのコモンですから、FG と SG はまったく別ものです。

　しかし現実は FG を大地へ完全に接続していませんし、FG と SG を短絡している機器も多くあり、これが誘導起電力による障害の原因です。このようなアースの事情があるので、機器間の絶縁は重要です。

> Ground〔graund〕はグラウンドと発音するのが正しいようですが、グラウンドとグランドの2通りの発音が常用されています。出版社によっても扱いが異なります。本書ではグランドで統一しました。

電子工作を始めよう！

1. 用意するもの

　半田ゴテ、半田、ニッパー、ラジオペンチ、ピンセット、ドライバー、ハンドドリル、金ノコ、ヤスリ、アナログテスタ、デジタルテスタ、みの虫クリップ線、ピンクリップ線、電線いろいろ。

　工具は大切に扱えば一生使えます。特売品や輸入高級工具でなく、国産の中程度のものを揃えましょう。

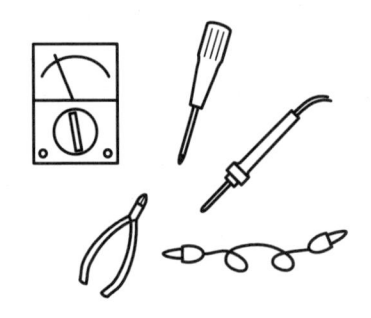

2. 実験用電源を用意しましょう。

　デジタル用の 5〔V〕電源と、アナログ用の ±15〔V〕電源はよく使います。あらかじめ用意しておくと便利です。図のように市販の AC/DC 電源をユニバーサル基板に取付け、DC 電源出力を端子に引き出します。

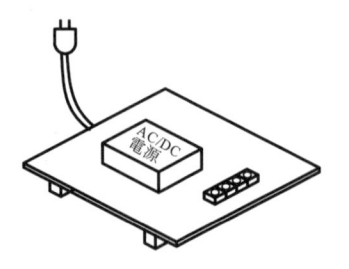

3. 部品をお譲りできます。

　個人の方、初心者の方にとって少量の部品を集めるのは大変な作業です。本書の説明に使った回路の部品、前述の実験用電源の部品など、原価＋送料程度で用意できます。このほかに 8 ビットから 32 ビットのコンピュータボードもあります。個人、団体を問わず、本書を片手にロボコンなど電子工作を志す方に最大限の協力をしたいと思います。

　詳しくは下記へ E-mail または FAX で連絡して下さい。

　　　　　　　　タマデン工業株式会社　システム開発課
　　　　　　　　〒706-0014　岡山県玉野市玉原 3-7-2
　　　　　　　　TEL 0863-31-5617　FAX 0863-32-4321
　　　　　　　　E-mail : sys@tama-den.co.jp
　　　　　　　　Home Page : http://www.tama-den.co.jp

問題解答

第1章	問1.1	$250[\Omega]$
	問1.2	$14.4[℃]$
	問1.3	$40[\Omega]$
	問1.4	$10[\Omega]$
	問1.5	① $0.2[A]$ ② $30[\Omega]$ ③ $8[\Omega]$ ④ $0.12[A]$
	問1.6	$0.2[A]$
第2章	問2.1	$0.5[A]$ $50[W]$
	問2.2	$254[V]$
	問2.3	式　線間電圧　$V = \sqrt{3} \cdot 100 = 173$ $173[V]$
		式　線電流　$I = \sqrt{3} I_P = \sqrt{3} \cdot V/R = 3$ $3[A]$
		式　消費電力　$P = \sqrt{3} VI \cos\theta = 898$ $898[W]$
	問2.4	式　線間電圧　$V = $ 相電圧 $= 100$ $100[V]$
		式　線電流　$I = V/R/\sqrt{3} = 0.58$ $0.58[A]$
		式　消費電力　$P = \sqrt{3} VI \cos\theta = 100$ $100[W]$
	問2.5	式　線間電圧　$V = \sqrt{3} \cdot 100 = 173$ $173[V]$
		式　線電流　$I = V/R/\sqrt{3} = 1$ $1[A]$
		式　消費電力　$P = \sqrt{3} VI \cos\theta = 300$ $300[W]$
第3章	問3.1	抵抗の種類　被膜抵抗
		抵抗精度　　抵抗精度は不要
		発熱量　式　$P = V^2/R = 5 \times 5 \div 510$ $0.05[W]$
	問3.2	赤 赤 赤 金
	問3.3	$120[k\Omega]$ $\pm 5[\%]$ $68[\Omega]$ $\pm 1[\%]$ $590[k\Omega]$ $\pm 1[\%]$
	問3.4	$25[\mu F]$
	問3.5	① ファラッド　② 電圧または電位差　③ 電荷
		④ 真空中の誘電率　⑤ 誘電体の誘電率
	問3.6	$10[\mu F]$
	問3.7	$60[Hz]$ のとき　$2654[\Omega]$　,　$120[Hz]$ のとき　$1327[\Omega]$
	問3.8	102

第3章	問3.9	問3.9.1 誘電体　問3.9.2 周波数特性 問3.9.3 マイクロファラッド　問3.9.4 ピコファラッド 問3.9.5 小さい　問3.9.6 小さい
	問3.10	60[Hz]のとき　376.8[Ω]　　120[Hz]のとき　753.6[Ω]
	問3.11	1389[Ω]　,　コンデンサより43.9度
	問3.12	50.35[kHz]　,　$Q=31.6$
第4章	問4.1	問4.1.1 99.3[mA]　問4.1.2 0[mA]　問4.1.3 −20[mA]
	問4.2	問4.2.1 降伏電圧　問4.2.2 順電圧　問4.2.3 逆回復時間 問4.2.4 降伏領域　問4.2.5 $P = I \cdot V_Z$
	問4.3	4.7[kΩ]　1[W]
	問4.4	問4.4.1 1.2[kΩ]　問4.4.2 1[kΩ]　問4.4.3 1[kΩ]以上
	問4.5	問4.5.1 暗電流　問4.5.2 絶縁　問4.5.3 ノイズ対策 問4.5.4 誘導起電力
	問4.6	図4.63 参照
	問4.7	問4.7.1 圧電効果　問4.7.2 逆圧電効果　問4.7.3 正帰還 問4.7.4 増幅器
	問4.8	Ⓐ $=5$[V]　Ⓑ $=0$[V]　Ⓒ $=5$[V]　Ⓓ $=0$[V]
	問4.9	問4.9.1 しきい値　問4.9.2 ノイズマージン 問4.9.3 伝搬遅延時間
	問4.10	問4.10.1 A接点　　問4.10.2 B接点 問4.10.3 チャタリング
	問4.11	$I = V_L / R_L = 0.2$[A] $P = I \cdot (E_O - V_L) = 0.2(16 - 12) = 0.8$[W]
第5章	問5.1	5.2.2 参照
	問5.2	180[kΩ]
	問5.3	$I_C = (V_{CC} - V_{CE})/R_L = 2.33$　2.33[A] $P_C = I_C \cdot V_{CE} = 2.33 \times 0.7 = 1.63$　1.63[W]
	問5.4	問5.4.1 $I_B = (V_{BB} + V_{in} - V_{BE})/R_B$　0.9[mA] 問5.4.2 $I_C = h_{fe} \cdot I_B$　180[mA] 問5.4.3 $V_C = V_{CC} - I_C R_L$　6[V]
	問5.5	問5.5.1 −0.6[V] 問5.5.2 ⓐエミッタフォロワまたはコレクタ接地 　　ⓑベース接地　ⓒ R_L / r_e

第5章	問5.6	問5.6.1 バイアスをカットオフに置くため電力効率が良い 問5.6.2 クロスオーバーひずみが出る 問5.6.3 プッシュプル増幅の説明など　※5.2.7参照
	問5.7	問5.7.1 負荷線　問5.7.2 h_{fe}　問5.7.3 $V_{CE(sat)}$ 問5.7.4 動作速度　問5.7.5 トランジション周波数 問5.7.6 電流増幅率
	問5.8	問5.8.1 $I_D \cdot R_S$ のバイアス電圧を確保する 問5.8.2 R_S の値を大きくするとバイアスは安定するが、最大ドレイン電流は下がる
	問5.9	12[mJ]
	問5.10	問5.10.1 MOS型FET　問5.10.2 エンハンスメント型 問5.10.3 Nチャンネル　問5.10.4 Pチャンネル 問5.10.5 定電流特性　問5.10.6 2乗特性
第6章	問6.1	問6.1.1 $V_{out} = -V_{in}\dfrac{R_2}{R_1}$　6[V] 問6.1.2 $V_{out} = V_{in} + V_{in}\dfrac{R_2}{R_1}$　6[V] 問6.1.3 $V_{out} = V_{in}$　-3[V] 問6.1.4 $V_{out} = \dfrac{R_2}{R_1}(V_{in2} - V_{in1})$　-12[V] 問6.1.5 $V_{in1} < V_{in2}$　13.5[V]
	問6.2	35[dB] = 40[dB] - 5[dB] または 35[dB] = 20[dB] + 10[dB] + 5[dB] 100[mV]×56倍 = 5.6[V]　5.6[V]
	問6.3	問6.3.1 仮想接地　問6.3.2 仮想短絡 問6.3.3 スルーレート　問6.3.4 $V/\mu s$ 問6.3.5 しゃ断周波数　f_T
	問6.4	3[V]
	問6.5	$f_C = \dfrac{1}{2\pi R\sqrt{C_1 C_2}} = 34[Hz]$ 減衰特性は -12[dB/oct] または -40[dB/dec]

索 引

英数字

2乗特性	247
2電源動作	266
40XXX シリーズ	168
74ABTXX シリーズ	169
74ALSXX シリーズ	169
74BCXX シリーズ	169
74FXX シリーズ	169
74HC シリーズ	168
74LSXX シリーズ	169
A型、B型、C型	62
A級シングル増幅器	222
A級増幅	223
A接点	187
AB級増幅	224
A/D 変換方式	289
ADC	289
Al 値	91
ALU	178
AND	171
ASIC	183
B級増幅	223,225
B接点	187
BTL 接続	285
C級増幅	224
C接点	187
CAN型	250
CCD イメージセンサ	151
CCW	62
CdS	150
CMOS	168
CMRR	220,259
CPLD	182
CPU	176,181
CPU コントローラ	179
CR スナバ	190
$\overline{CS}$	185
CT	93,95
CW	62
dB	270
dB/dec	283
dB/oct	283
D級増幅	246
D フリップフロップ	163,173
E24	57
E^2PROM	183
ECL	168
EMC	293
EMI 対策	298
EPROM	183
FET	199,238
FPGA	182
GAL	182
GND	254,300
HAL	182
h_{fe}	207
h_{ie}	207
h_{oe}	208
h_{re}	207
h パラメータ	207
$I_C - I_B$ 特性	223
$I_C - V_{CE}$ 特性	213
$I_D - V_{GS}$ 特性	243
$I \cdot E$ コア	102
JFET	239,240
J・K フリップフロップ	173
LC フィルタ	95
LED	137
MOS型 FET	239,240
MPU	176,181
N チャンネル FET	200,239
NAND	171
NOR	171
NOT	171
NPN トランジスタ	205
$\overline{OE}$	185
OP アンプ	252
OR	171
P チャンネル FET	200,239
PAL	182
PLA	182
PNP トランジスタ	205
PP 値(peak to peak value)	31
PSRR	259
PT	93

PWM 制御	232	圧電素子	159	オームの法則	4,6
Q	115	アドミタンス	112	オフセット調整	265
rail to rail	267	アドレスバス	178	オプトデバイス	137
RAM	183	アナログ増幅	202	オペアンプ	252
rms	31	アノード	118	温度ドリフト	256
ROM	183	アバランシュ耐量	248	温度係数	54,79
SCR	155	暗電流領域	141		
SSR	149	安全動作領域	234	**カ行**	
tan δ	81,83	位相角	26	開放電圧	17
TTL	168	イミッタンス	117	回路網	10
UJT	156	インストラクション		カウンタ	174,196
$V_{CE(sat)}$	227,230,234	デコーダ	178	書き込みサイクル	185
V/F コンバータ	291	インダクタ	96	角度関数	26
$\overline{WR}$	185	インダクタンス	88,117	加減算回路	263
Working Volt	79	インピーダンス		重ね合わせの定理	13
X_C	73		109,111,298	カスケード接続	229
X_L	107	インピーダンス変換		仮想グランド	267
Σ－Δ方式 ADC	291		94,210	仮想接地	261
		うず電流損	100	仮想短絡	261
ア行		エクスクルーシブ OR	172	カソード	118
アース	300	エミッタ	200,208	活性領域	203,230
アイソレーションアンプ		エミッタフォロワ	210	カットオフ電圧	203,247
	286	エミッタ接地増幅	208	過渡現象	67,102
アイソレータ	286	エラスタンス	117	可変コンデンサ	86
アウトプットイネーブル		エンコーダ	173	可変抵抗器	60
	185	エンハンスメント型		可変容量ダイオード	131
アクティブリミッタ	281		200,239	カラーコード	54,55,56
アセンブル	180	オーバートーン発振	162	カロリー	3
圧電スピーカ	165	オープンループ	214	カレントミラー	221
圧電ブザー	165	オープンループゲイン		機械語	180
圧電効果	159		214,252	帰還量	214

起電力	24	ゲートアレー	181	コンプリメンタリアンプ	225
擬似交流	24	ゲート接地増幅	242		
逆圧電効果	159	減衰	283	**サ行**	
逆回復時間	122,124	コア	89,91		
逆起電力	7,105	コア材料	99	サージノイズ	189
逆電圧 V_r	119	コイル	87	サーメット型トリマ	61
逆電流 I_r	119,124	降伏電圧	119	サーモグラフィー	147
逆電流保護ダイオード	193	高次共振周波数	162	最大許容電力消費	53,62
逆方向電圧伝達率	207	合成抵抗	8	最大値	26
キャッシュメモリ	181,183	合成容量	67	最大定格	233
キャパシタンス	117	高調波	294	最大励振レベル	160
キャラメル型	250	交流	24,27	サイリスタ	155
虚数軸	111	交流増幅回路	279	サセプタンス	112,117
共振	113	交流抵抗	111	差動増幅	219,263
共振周波数	115	交流電力	36	三角結線	41
キルヒホッフの法則	10	交流発電機	25	三角波	32
空芯コイル	89	固定バイアス	242	三相交流	38
クーロン	2,63	コモンモードノイズ	287,294	三相交流の電力	44
空乏領域	122	コルピッツ発振回路	132	三相送電	43,48
矩形波	32	コレクタ	200,210	三相発電機	39
くまとりコイル	188	コレクタ・エミッタ間飽和電圧	227,230,234	三端子レギュレータ	192
グランド	300	コレクタ接地増幅	210	サンプルホールド	290
クローズループ	214	コレクタ損失	222,230	残留磁束	100
クローズループゲイン	214,261	コンダクタンス	5,112	ジーメンス	5
クロスオーバ歪み	226	コンデンサ	63	磁界	28,100,293
クロック	163,179	コントロールバス	179	時間関数	26
クロックコントローラ	179	コンパレータ回路	264	しきい値	170
けい素鋼板	101	コンピュータ	176	磁気抵抗	90
ゲイン	252			磁気飽和	99
ゲート	200,240			シグナルコモン	300
				自己バイアス回路	215,243

自己誘導係数	88	スター結線	39	全波整流	277
実効値	30	スタック	183	相互インダクタンス	92
実行サイクル	177	スタティック RAM	183	ソース	200,240
時定数	69,103	スナバ素子	189	ソース接地増幅	242
シフトレジスタ	174	スリーステートバッファ	172	相電圧	40,41
しゃ断周波数	258	スルーレート	258	相電流	40,41
しゃ断電流	234	スレッショルド	170	増幅	200,260
受光素子	140	制御用リレー	189	ソリッドステートリレー	149
受動部品	50	成層鉄芯	101	ソリッド抵抗	51
摺動子	60	正弦波交流	27,29	ソレノイド	89,102
出力アドミタンス	208	静特性図	119,247		
出力インピーダンス	20	精密抵抗	51	**タ行**	
シュミットトリガ	172	整流ダイオード	120,125	ターンオフ	156
瞬時値	110	積層型コンデンサ	80	ターンオン	155
順電圧 V_F	119,124	積分回路	76,277	ダーリントン接続	226
順電流 I_F	119	積分方式ADC	290	ダイオード	118
順方向伝達アドミタンス	202	セグメント LED	152	大地	287,300
順方向電流増幅率	207	絶縁	286,297,298	ダイナミック RAM	184
焦電センサ	148	接合温度	123	ダイナミック点灯	139
ショットキバリアダイオード	125,126	接合型FET	239,240	太陽電池	150
振動モード	160	ゼットラップ	190	多回転トリマ	60
水晶発振モジュール	163	セメント抵抗	51	単相3線式送電	43
水晶発振回路	160	セラミックコンデンサ	85	単相送電	48
水晶発振子	159	セラミック発振子	163	タンタルコンデンサ	85
スイッチング	203,230	セラロック	163	単電源動作	266
スイッチングダイオード	126	ゼロクロス機能	149	短絡電流	18
スイッチング速度	230,235	センタタップ	125,126	遅延時間	235
スイッチング電源	101,232	線電流	40,41	チェビシェフ特性	283
		せん頭逆電圧	123	逐次比較方式ADC	289
		せん頭順電流	123	蓄積時間	235

チップセレクト	185	デルタ結線	41	トランジスタ	199
チップ抵抗	52	電圧位相	71,106	トランス	93
チャタリング	188,265	電圧拡大率	115	トランスファ接点	187
チョークコイル	95	電圧計測	19	トリガ	156
直流カット増幅	215,279	電圧降下	7	ドリフト	222,257
直流発電機	24	電圧単位	4	トリマ	60,61
ツイスト線	297	電圧利得	258	トロイダルコア	102
ツェナダイオード	128	電解コンデンサ	78,84	トロイダルコイル	96
ツェナ電圧	128	電源電圧除去比	259	ドレイン	200,240
抵抗	50	電子ボリューム	246	ドレイン接地増幅	242
抵抗ネットワーク	52	伝達特性	202,249		
抵抗値許容差	53	伝搬遅延時間	169	**ナ行**	
抵抗値表	57	電流-電圧変換	275	内部抵抗	16,19
抵抗変化特性	62	電流位相	71,106	長岡係数	89
ディスクリート部品		電流帰還型バイアス回路		ニーモニック	180
	199,243		216	二重積分方式	291
定常状態	70	電流計測	19	入力インピーダンス	
ディップパッケージ		電流単位	1		21,207,210
	167,252	電力瞬時値	48	入力オフセット電圧	256
ディレーティング	234	電力単位	3	入力オフセット電流	257
定電圧ダイオード	128	等価回路	16,20,254	入力バイアス電流	257
定電流回路	220,248	等価直列抵抗	160,164	入力換算雑音電圧	259
定電流特性	248	動作領域	203	ねりもの系の抵抗	51
逓倍	162	透磁率	2,89,92,98	ノイズ	189,286,293
低リークダイオード	126	同相信号除去比	220,259	ノイズフィルタ	95,96,281
データバス	178	銅損	100	ノイズマージン	170
データ領域	183	ドットマトリックスLED		ノーマルモードノイズ	
デコーダ	173,196		152		287,294
デコードサイクル	176	トライアック	157		
デシベル	270	ドライバ	198	**ハ行**	
デプレッション型	200,239	トランジション周波数	234	パーマロイ	89

バイアス	211	比誘電率	64,65	ブレーク接点	187
バイパスコンデンサ	216	表皮効果	100	フレミングの法則	28
ハイパスフィルタ	282	ファラッド	63	プログラマブルロジック	
バイファイラ巻	51	フーリエ級数	294		181
バイポーラトランジスタ		フィルタ	282	プログラム	179
	199	フィルムコンデンサ	85	プログラムカウンタ	177
パスコン	75,299	フェッチサイクル	176	平滑	75,95
発光ダイオード	137	フェライトコア	98	平均値	29
発振余裕度	161	フォトカプラ	143	平衡伝送	296
バタワース特性	283	フォトセンサ	148	並列共振	115
パッシブリミッタ	280	フォトダイオード	140	変換効率	145
バッファ	172	フォトトランジスタ	142	ヘンリー	88
バリコン	86	フォトボル	145	ベース	200,209
バリキャップ	132	フォロワ回路	262	ベース接地増幅	209
バリスタ	190	負荷線	212,230	ベクトル記号法	110
パルスエッジ	233	負荷容量	161	ベクトル和	111
パルストランス	94,156	複素数平面	110	ベッセル特性	283
パワーMOSFET	245,247	負帰還	214	方形波	27
パワーOPアンプ	285	プッシュプル増幅	223,225	鳳-テブナン定理	17
パワーアンプモジュール		不平衡伝送	296	ホーロー抵抗	51
	286	フライホイールダイオード		飽和	212,230
半導体メモリ	183		232	星形結線	39
反転増幅回路	260	フラッシュROM	183	保存温度	123,255
半波整流回路	275	フラッシュ型ADC	289	ボビン	51
ビーズ	97	フラットパッケージ		ボリューム	60
光ファイバジャイロ	148		167,252	ポテンショメータ	60,61
ピコファラッド	66,76	フリップフロップ	173,195	ポリ系コンデンサ	86
ヒステリシス損	100	ブリッジダイオード	125		
比透磁率	89,92	ブリッジ整流回路	121	**マ行**	
非反転増幅回路	261	プリセッタブルカウンタ		マイカコンデンサ	80
被膜系の抵抗	50		174	マイクロファラッド	66,76

巻線トリマ		61	誘電損失		82	リンギング	245
巻線抵抗		51	誘電率		64,65	レーザー距離計	148
巻物型コンデンサ		80	誘導起電力		286,301	レジスタ	178
マスク ROM		183	誘導性リアクタンス		106	レジスタンス	117
マルチバイブレータ		174	容量許容差		77	ローパスフィルタ	281
マルチファンクション		172	容量性リアクタンス		73	ロジック IC	167
マルチプレクサ		174	読み出しサイクル		185		
右手親指の法則		28					
右ネジの法則		28					

ラ行

ワ行

脈流	27,95	雷電瓶	86	ワッテージ	53
無誘導巻	51	ライトイネーブル	185	ワンタイム ROM	183
メイク接点	187	ラインフィルタ	96,297		
メインメモリ	181,184	ラッチ	173		
メモリ	177,183	リアクタンス	73,106,117		
メモリアクセス	184	力率	37		
面 LED	152	理想ダイオード	275		
漏れ電流	82	リッツ線	100		
		利得	252,271		

ヤ行

誘電正接	81,83	リミッタ回路	280	
		リレー	186	

■著者紹介

武下　博彦（たけした　ひろひこ）

　1954年岡山生まれ。
　タマデン工業株式会社において、コンピュータのハードウェア設計を行う傍ら、地方史の研究も熱心に行っています。岡山県内に700以上残存する山城跡のすべてを対象に資料収集と現地調査を行い、すべての山城跡に対して客観性のある歴史的評価を与えた資料を残したいと努力しています。しかし、対象数が多いため20年以上は必要であろうと思われるライフワークとなっています。
主著
　『TLCS-900/H&H2活用ハンドブック』CQ出版
　『図解 わかる実践アナログ回路』総合電子出版
　『図解 ET教科書 TLCS-900ファミリ + μIRON』オーム社

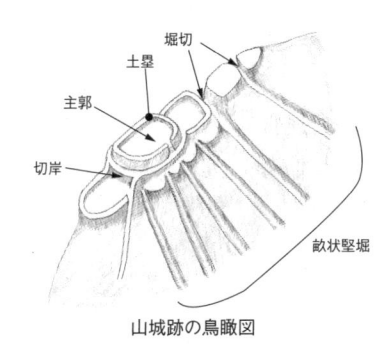

山城跡の鳥瞰図

新版
図解 わかる実践アナログ回路
2009年10月1日　初版第1刷発行

■著　者────武下博彦
■発行者────佐藤　守
■発行所────株式会社　大学教育出版
　　　　　　〒700-0953　岡山市南区西市855-4
　　　　　　電話 (086)244-1268㈹　FAX (086)246-0294
■印刷製本──サンコー印刷㈱
■装　　丁──ティーボーンデザイン事務所
■イラスト──大賀由紀子

ⓒ Hirohiko Takeshita 2009, Printed in japan
検印省略　　落丁・乱丁本はお取り替えいたします。
無断で本書の一部または全部を複写・複製することは禁じられています。

ISBN978-4-88730-904-3